鸟撞防范概论

赛道建 孙 涛 编著

科学出版社

北京

内 容 简 介

本书共分 11 章,系统介绍鸟撞、鸟情、驱鸟等鸟撞防范安全的相关内容。通过鸟撞鉴定与鸟情规律研究,加强机场鸟情监测,收集保存真实而准确、科学的原始资料,编制鸟情物候日历,进行科学的统计分析找出规避鸟撞事件的规律,开展智能化机场鸟撞防范预报和联动,以及根据飞行鸟情制定相关防范对策,选择最佳的驱鸟时机,指导机场布控和开展科学驱鸟,因地制宜地采取适用的技术方法开展科学的鸟撞防范工作。

本书突出鸟撞防范工作的实用性与操作性,有助于指导相关人员研究鸟撞防范工作,创新理念,提升机场鸟撞防范安全保障的科学水平。

本书可作为各类航空、飞行院校机场管理相关专业和驱鸟人员培训的教科书,也可作为鸟撞防范研究与组织管理人员必备的指导书、参考书。

图书在版编目(CIP)数据

鸟撞防范概论/赛道建,孙涛编著. —北京:科学出版社,2012

ISBN 978-7-03-035036-7

Ⅰ.①鸟⋯ Ⅱ.①赛⋯ ②孙⋯ Ⅲ.①飞机-鸟撞击-安全防护-研究 Ⅳ.①V328.2

中国版本图书馆 CIP 数据核字(2012)第 135281 号

责任编辑:丛 楠 王国栋 贺窑青 / 责任校对:陈玉凤
责任印制:赵 博 / 封面设计:谜底书装

科 学 出 版 社 出版

北京东黄城根北街 16 号
邮政编码:100717
http://www.sciencep.com

北京凌奇印刷有限责任公司印刷
科学出版社发行 各地新华书店经销

*

2012 年 6 月第 一 版 开本:B5(720×1000)
2025 年 2 月第五次印刷 印张:14 1/4
字数:248 000

定价:**69.80 元**
(如有印装质量问题,我社负责调换)

前　　言

随着人类环境保护意识的增强、生态环境的改善，鸟类数量急剧增加。同时，现代农业、电力行业、高铁和卫星发射，特别是航空业的飞速发展，飞行器的种类、数量和性能大增，使鸟类的飞翔路线与航线纵横交错，造成机、鸟之间发生激烈的空间竞争，致使鸟撞问题日益突出。据不完全统计，全世界每年发生2万多起鸟撞事件，造成高达26亿多美元的直接损失以及难以估量的间接损失，故国际航空联合会已将鸟撞列为A级空难，成为困扰世界航空界的一大难题。

在航空业快速发展的今天，机场驱鸟已经成为一种职业，成为防范鸟撞、保障飞行安全的一项重要工作。作为鸟撞防范工作者及其组织领导者必须知道鸟撞、鸟情及二者间相关性变化的基本规律，明白驱鸟工作的基本原理，具有扎实的专业知识和熟练的相关技能，具有极大的工作热情和较强的科研工作能力。只有这样，才能做好鸟撞防范工作。

开展科学的鸟撞防范工作，需要站在保障国家和人民生命财产安全的高度从整体考虑鸟撞防范相关工作，如设计、统筹安排鸟情、驱鸟与飞行发生鸟撞规律的研究等；需要从专业角度上用科学的态度做好每一项观察、记录和统计分析，做好鸟撞、鸟情、驱鸟研究等与测报有关的具体工作，为飞机的设计制造和材料的选择、开展科学的鸟情预报和驱鸟提供科学分析的准确数据；需要用科学的态度、发展的眼光对待鸟撞、鸟情、驱鸟研究，监控、测报鸟情，熟练运用各种驱鸟设备和技术；需要改进观念，创新方法，有效提升机场鸟情预测预报和鸟撞防范的科学水平。

同世界鸟撞形势类似，近年来我国军航、民航的鸟撞事件也呈明显上升趋势。鸟撞给国家和人民的生命财产造成巨大损失，严重影响航空安全，影响军航的日常训练和战斗力的提高。防范鸟撞已经成为机场一项长期的综合性日常工作，成为机场飞行安全保障工作中的重点和难点，已经引起有关部门的高度重视。但由于我国军航、民航鸟撞防范工作起步较晚，专业理论和基本技能薄弱，多数驱鸟人员没有受过系统的专业培训，大大制约了鸟撞防范工作的科学开展。因此，急需一本理论系统、技术指导实用性强的教科书，以解决为什么驱鸟，怎样科学驱鸟，以及驱鸟与防范鸟撞等与飞行安全保障有关的问题，以便指导相关人员进行系统的鸟撞防范专业理论学习，总结实践经验并上升到理论高度，用科学规律指导鸟撞防范工作，克服单纯工作型驱鸟的思想观念，主动用创新思维的方式开展防范工作，不断提升机场鸟撞防范工作的科学水平。

20世纪90年代，笔者曾参与新建机场对鸟类影响的环境评估工作，其后，一直在不同机场对机场鸟情、驱鸟与鸟撞进行了长时间而广泛的研究，并培训、指导机场鸟情研究和驱鸟工作，举办了多场针对管理人员、驱鸟人员和飞行员在内的各种类型的鸟撞防范知识讲座。为适应我国鸟撞防范严峻形势的需要，本书以不断提升机场鸟撞防范工作的科学水平为目的，以组织鸟情驱鸟员科学地做好工作为目标，设计、构建鸟撞防范知识体系，并根据多年的机场鸟撞、鸟情调研工作经验和指导鸟情与驱鸟调研的实际情况，利用多年的讲稿结合相关资料和参考文献编写而成。全书由赛道建、孙涛统稿定稿。希望本书的出版能对指导机场鸟撞防范工作的科学化、规范化和深入开展鸟撞防范工作发挥积极作用。

吕艳、鲍连艳等研究生和王秀璞参与了机场鸟情研究并收集资料，中国科学院院士郑光美教授对本书的编写提出了指导意见，本书受济南军区空军后勤部和山东省科技发展计划项目（机场区域智能化鸟撞预警防范系统的研制，2011YD01099）的大力支持，科学出版社对本书的编辑出版也给予了大力帮助，特表衷心谢意！

由于鸟撞防范研究工作在我国起步较晚，作者经验不足，资料收集不全，不当之处，敬请读者提出宝贵意见。

赛道建
2012 年 3 月 14 日于泉城

目　　录

彩图

（彩图请扫码）

第1章 绪　　言

本章提要：鸟类危害在农林业、城市建筑、卫生防疫及电业中广泛存在，采取各种手段进行驱鸟可减少因鸟害造成的损失。在航空领域，鸟类与飞行器相撞常造成重大灾难性的生命及财产损失，使鸟撞防范成为航空界一项重要的综合性安全保障科研工作和日常工作。

1.1　概念

在自然演化的过程中产生了占领天空并自由飞翔的鸟类。随着人类社会的发展，人们意识到保护环境和保护鸟类对维护自然生态平衡的重要性，并开始实施各种保护工程。毫无疑问，环境保护和保护鸟类对人类和自然生态平衡是件大好事！

随着鸟类数量的增加，生境选择和竞争作用使鸟类从其适宜的生境向机场附近扩散，或因机场周边人文经济环境的急剧变化，"恶化"的自然环境迫使鸟类选择较为适宜的机场环境，使机场鸟类的种类、数量增加，迁徙途经机场的鸟类数量也随之激增。于是，鸟类构成了威胁飞机飞行安全环境的重要组成部分。与此同时，随着科学技术的发展，人类制造的各种飞行器进入天空，飞行速度越来越快，静音强度加大，飞行频率越来越高。

机、鸟的种类和数量的急剧增加致使空间竞争加剧，飞机在飞行时与天空中飞翔的鸟相撞，就造成机鸟相撞的事件，简称"鸟撞"（bird strike）；鸟撞引起飞机损伤、飞行动力装置受损而失去动力，进一步引发飞行失控，在起飞、着陆阶段造成飞行中断、偏离或冲出跑道，在飞行时甚至造成飞机坠毁的事故等。虽然鸟撞在高速行驶的列车上也有可能发生，但由于"高铁"运行开始不久，且因鸟撞给高铁造成的危害较小而尚未引起重视，现在，鸟撞一般是指飞行器发生的机、鸟撞击事件。

一只飞鸟与飞机相撞，就像炮弹一样可产生巨大的撞击力，如一只 1.8kg 的鸟与速度 650km/h 的飞机相撞，可产生 33 870kg 的撞击力！一只小鸟"炮弹"以柔克刚，使巨大的钢铁飞机受损，空难事故发生，损失惨重，甚至是机毁人亡，给国家财产和人民的生命安全造成严重威胁（2.4.2 节）。飞鸟已成为飞行安全的重要杀手之一，这是人类在制造飞机的过程中，无论怎样设计和进行抗撞材料的选择都无法解决的问题。鸟撞已成为世界密切关注的严重威胁航空安全保障的问题，国际航空联合会已把鸟撞升级并确定为"A"类安全灾难。

　　于是，人们意识到了驱鸟对保障飞行安全的重要性。飞行安全①是一种"无危险的状态"，其定义是鸟类的活动不会对人、机产生伤害，不会导致风险，不造成损失。安全的基本目标是阻止或消除鸟撞风险变成危险的可能性；风险则是发生鸟撞危险的可能性，当危害超出允许的界限时，风险就变成了危险，也就是鸟撞防范不安全，即长时间没有发生鸟撞，并不等于不发生鸟撞，无事并不等于没有事，没有事并不等于飞行安全有保障。安全与否的关键在于飞行状态是否存在危险因素，存在危险因素就是不安全。衡量一个国家、地区和机场鸟撞防范安全的主要指标是事故、事故征候和空难发生的比例，这都可能是由鸟撞造成的。因此，机场必须实施驱鸟以消除鸟撞风险因素，科学开展鸟撞防范工作以便迫使鸟类离开航线、机场，保证航空飞行系统处于无危险的安全状态。

　　驱鸟的经验和鸟撞、鸟情规律的研究表明，防范鸟撞、保障飞行安全绝不仅仅是简单地"驱鸟"，鸟撞防范是一种综合性、专业性很强的飞行安全保障工作。机场鸟撞防范不仅需要驱鸟与鸟情调研人员的参与，而且是需要空勤、地勤等多方面人员共同参与才能完成的飞行安全保障工作。在鸟撞防范已成为机场日常安全保障工作重要任务的今天，只有进行机场鸟撞、鸟情规律变化的相关性及其与驱鸟之间关系的研究，才能不断提升鸟撞防范工作的科学水平，这也是研究机场如何保证飞行安全工作的重要课题。因此，鸟撞与鸟情的规建及其相关性、驱鸟设备的研制与技术的应用等科学研究便应运而生，形成了一门全新的飞行安全保障综合性学科——鸟撞防范学（bird-strike precautionology），以便系统研究鸟撞防范的经验教训，同安全防范理论指导机场鸟撞防范技术的开发应用，提升飞行安全保障的科学水平。

1.2　鸟撞防范是日常飞行安全的保障工作

　　基于鸟撞事件发生所造成的损失日益严重，许多机场都有驱鸟员在进行驱鸟，所采用的方法是用稻草人、鸟网、风车、锣鼓、鞭炮、猎枪及驱鸟车等，甚至是采用高新技术手段驱鸟，然而，"十八般武艺"都用上了，单纯驱鸟的效果始终不能令人满意。面对现实，人们不得不重新考虑驱鸟、鸟撞防范与飞行安全保障工作的关系。

1.2.1　鸟撞发生的三要素

　　鸟撞由人、机、鸟三要素组成。飞机在特定的环境中飞行，人、机、鸟及其他环境因素间信息的及时传递、处理与反馈构成了互相关联、制约、协同互动的复杂系统。在实现飞行安全的最佳组合中，人是主导因素，是鸟撞防范系统中的核心。

　　人类设计制造的飞机需要符合空气动力学的规律才能飞行。作为一种飞行工

---

　　①　本书的飞行安全指鸟撞防范安全。民航、军航其他方面的航空安全不在本书讨论范围。

具,其结构性能、特性、环境适应性和操作性等直接影响飞行安全,而且飞机的设计需要适合人的特点和心理要求,飞机设计符合人的特点,才能通过选拔与训练使人适应飞行的特点,达到人、机协调的最优化,保证并提高飞行性能。

鸟类作为飞行环境的重要组成部分,在许多情况下,通过驱鸟可使鸟类成为可控的飞行安全环境因素,也是航空安全管理需要重点关注的鸟撞防范工作。鸟撞防范涉及鸟类学、生态学、航空飞行、空管和雷达探测等多方面的内容。例如,飞机的安全设计不仅需要考虑部件材料硬度的应用、空气动力学原理,还需要考虑最大限度地减少鸟撞所造成的影响;根据预知的鸟类活动基本规律,设计制订航线和飞行计划,飞行过程中采取适当的规避措施;如何驱鸟使其离开航线、机场,降低风险、避免鸟撞发生;等等。

鸟撞防范不仅需要对飞行过程及其调度指挥、鸟情变化和驱鸟技术研究,而且需要进行飞行、鸟情和驱鸟相互关系方面的研究;需要研究、掌握鸟撞的发生规律、特点及其危害程度,并对危害程度进行科学评估,弄清楚事故发生的基本原因,从而制定并采取科学的规避措施,避免发生鸟撞;需要对飞行相关鸟情进行研究,建立鸟情数据库,为长期飞行安全保障提供有用、有效的科学信息;需要研究、探讨鸟情与飞行之间的关系,即鸟类(日、季节性、迁徙等)活动规律与鸟撞的关系,以及鸟类的生境、生态分布与鸟撞的关系,鸟种与鸟撞危害的关系等。驱鸟是鸟撞防范工作中重要的组成部分,需要研究适用的高新科学驱鸟技术及使用方法,研究驱鸟与飞行、鸟情、实施各种新技术方法的关系,会用、用好高新技术,取得良好驱鸟效果,全面提升科学驱避鸟类、共保飞行安全的科学水平。

只要有机、鸟飞行,就有可能发生鸟撞。鸟撞防范是机场一项长期、艰苦、复杂、多学科的系统工程,是一项综合性、专业性很强的飞行安全保障科学工作,需要调度指挥、空勤、地勤、鸟情和驱鸟等多方面人员的参与,是只有具有一定专业技能的多方面人员团结协作、进行深入研究才能共同完成的飞行安全保障工作。同时,鸟撞防范作为一个综合性跨学科工程,需要建立一套科学的、分工明确的、高效率的预警防范系统,利用计算机网络技术配合数码相机和摄像机,建立一个高效、专业、系统的鸟撞预警防范管理网络,实现鸟情信息共享,发布鸟撞风险预警信息,组织实施鸟撞防范工作。

1.2.2 鸟撞防范工作

要做好鸟撞防范工作就必须进行鸟撞发生、趋势变化规律的研究,进行鸟撞危害及其损失程度的研究评估,进行机场鸟情的研究,进行鸟情变化与鸟撞相关性和如何科学驱避鸟类的研究,进行驱鸟技术与方法的研究。通过科学研究,总结掌握规律,制定科学有效的防范对策、措施,并应用到具体的驱鸟工作中去,使空勤、地勤与驱鸟人员密切协作,实现科学驱鸟、避鸟,共同保障飞行安全。

1.2.2.1　科学驱鸟

科学驱鸟需要航空运营单位加强对机组人员和鸟情驱鸟员的模拟培训和实际培训，掌握航线飞行阶段的鸟情，进行科学的鸟情预报，指导驱鸟研究工作，及时提醒机组人员提高警惕，注意观察规避危险鸟情。

科学驱鸟需要根据鸟情预测预报和航班时间，实施飞行相关性驱鸟，需要在无飞行时的"日常驱鸟"加强机场鸟情规律的调查研究。依不同季节的鸟情及鸟撞发生概率的评估，确定驱鸟的强度和重点区域、方法，通过有效驱鸟措施，防止飞行期间鸟类，特别是鸟撞重点防范鸟种进入机场，禁止鸟类靠近航线，或者使即将靠近飞行航线、进入机场的鸟尽快离开。通过驱鸟，最起码要保证航线飞行时处于净空状态，才能保障飞行安全。当机场鸟撞概率评估达到 $70\%\sim80\%$ 或 80% 以上，重点鸟撞防范鸟种又占较大比例时，应报请飞行主管采取飞行避让措施，如临时中止飞行或改变航线等方法避免鸟撞发生。鸟情预测预报将为飞行管理和指挥机构提供准确的鸟情信息，也会告诉驱鸟员应该怎样驱鸟，引导鸟撞防范日常工作向着或沿着正确方向发展。

总之，科学驱鸟需要防范人员进行鸟撞与鸟情变化规律的研究，进行鸟撞危害的评估，进行鸟情及其与鸟撞相关性的预测、预报，进行驱鸟的技术、方法研究及其效果评估，充分认识鸟撞的严重危险性，认真做好鸟撞防范的各项工作。

1.2.2.2　请鸟让路

随机驱鸟由于没有研究、明确驱鸟与飞机飞行之间的时空关系，鸟类也就因不知道人们驱鸟的真实目的而达不到驱鸟预期的目标。由于机场食物、空间因素对鸟类具有强烈的吸引力，被驱赶的鸟类会因容易获得食物而随时重返机场，成为潜在的鸟撞风险因素。

机场要根据操作性条件反射的基本原理，用与动物行为心理有关的飞行相关驱鸟措施发出"飞行危险信号"。通过信号"告知危险"的方式有助于让鸟类"了解、适应、掌握"机场的飞行规律。熟悉机场飞行环境和飞行规律的鸟类在得到危险信号后，进入机场的鸟类，在飞行前接受到"飞行危险"信号会提前主动地撤离机场，或采取藏匿不动的行为策略避让飞机，从而避免了因慌不择路闯入航线而发生鸟撞；没有进入机场的鸟类"主动"到其他环境去觅食。由于飞行相关驱鸟措施是向鸟类告知飞机的飞行状态，如航线方向、机型、航班时间等，使鸟类"知道"飞行的飞机是一种致命性危险，直接危险警告驱鸟措施具有信号不断"强化"的作用，鸟类形成条件反射后就不易消退，从而与机场、飞机保持有效的安全距离（7.1.7 节），而对机场环境陌生的鸟类则容易进入飞行禁区而发生鸟撞。

在飞行前，发出飞机起飞的信号或将要进行伤害性驱鸟的信号，在飞行结束后发出飞行和驱鸟活动终止信号，飞行状态结合危险信号的告知会让鸟"了解、适应"机场飞行规律,鸟类采取主动避让行为躲避鸟撞。通过这样的驱鸟方式,请鸟类主动避让,减少、防止鸟类在"飞行危险"信号状态时进入机场航线。当鸟类形成条件反射并养成良好习惯时,鸟类(如经常在机场活动的喜鹊)就会在飞机准备起飞前离开机场,飞行结束时返回机场觅食,鸟类主动躲避飞行将有效避免鸟撞的发生(11.1.2 节)。

1.2.2.3　飞行避让

机场的选址、建设要根据鸟情条件决定,要避开鸟类的迁徙路线,选择鸟情简单、不适宜于鸟类生存的地方。机场建成后,就要根据鸟情预报和鸟撞规律,设计飞行航线、安排飞行计划,对机场飞行时段、高度、频率、航线进行适当调整(10.3 节);一旦发现威胁严重的鸟情,应立即加强飞行阶段的驱鸟强度,等鸟情改变后飞行。

飞行鸟撞防范不仅需要厂商按国家规定的高标准要求进行飞机的防撞设计、选材与制造,提高飞行器的抗撞击能力、减少撞击力,而且需要在安排飞行计划时,除了考虑天气条件外,也必须高度注意、重视严重鸟情出现的预报。鸟情预报有提醒飞行注意空域、鸟种以及采取某种驱鸟措施的作用,也有助于机组人员在飞行时多看一眼及时发现鸟情,保障飞行安全,利用平日模拟的鸟撞事故培养各种应急情况的处理能力和经验,按照安全操作规程冷静处置险情,避免(包括机组人员安抚乘客)焦躁情绪,保障飞机和人身安全。鸟撞防范要求飞行员掌握精湛的驾驶技术,能根据鸟情预报注意观察,就像发现敌机那样及时发现危险鸟情,借助他人的经验教训和防范预案,采取应急飞行避让措施避免鸟撞的发生。

在众多空难致灾因素中,鸟撞虽然不是最主要的因素,但却是构成航空事故链中重要的一环,已经成为非常严重的致灾因素。以上三方面是与飞行安全息息相关的鸟撞防范重要工作,偏废任一方面都可能危及飞行安全。

1.3　鸟撞防范研究进展

为了增加飞机的抗撞能力,减少撞击穿透力,防止鸟撞时对机体造成损伤,科学的鸟撞防范工作除了做好飞行器的设计制造和材料的选择外,还需要进行与鸟撞发生基本规律相关的研究工作,以便为飞机的设计制造、机场建设和驱鸟提供科学依据。

早期,当人们认识到鸟撞发生造成的严重危害后,采取的措施是对机场飞行区内所有鸟类进行无针对性,甚至是致死性"驱鸟",结果是无辜鸟类深受其害;为获得食物,有些鸟竟与驱鸟员玩起了"捉迷藏"的游戏,驱鸟员则疲于奔命。可见,采用静态、固定的被动驱鸟方式是不科学的,也不可能把鸟网支起来就万事大吉了!

随着军机和各种大型、高速、安静航空器的采用及航班量的增长,世界各地鸟撞事故的发生概率呈明显上升趋势，重大鸟撞事故屡有发生，造成严重的财产和生命损失，已经引起防范鸟撞相关部门的高度重视。有组织、有目的、有对象地开展鸟撞防范研究，将减少鸟撞事故和生命、财产的损失。防治成本高低、效果是否显著是检验防范工作的重要指标。

因此，开展鸟撞防范相关课题的研究攻关，依据动物行为心理进行非致死驱逐性驱鸟，依据"野生动物保护法"保护珍稀鸟类，保障航空安全，已成为摆在世界航空业面前的当务之急的重要任务。

1.3.1　国外鸟撞防范研究概况

第二次世界大战期间，欧美国家的防鸟撞工作就已经开始，但重点是放在飞机的抗撞性能和防止发动机吸入鸟的问题上，以便选择重量轻、耐撞等综合性能好的透明材料，用以改变飞机的整体结构，使其受力状况发生改变，提高抗鸟撞标准。

20世纪60年代后，国际重大鸟撞事故不断发生，一些国家相继成立"国家鸟撞委员会"，1963年，在法国巴黎召开了第一次"国际鸟撞会议"，研究减少和避免鸟撞事故的对策；西欧、北美国家或地区几乎全是"欧洲鸟撞委员会"（Bird Strike Committee Europe，BSCE）的成员，该委员会是1966年在德国法兰克福成立的，主要任务是召开会议、交流鸟撞研究及防鸟技术进展信息的交流，下设机场组、鸟类遗物鉴定组、雷达遥感组、飞机结构和发动机组、鸟类活动研究组和分析组6个工作组，协调各国研究计划的实施，并编辑出版了《不同国家用于机场周围减轻鸟撞危险的措施》等书籍。

国际民航组织（ICAO）所属《国际鸟撞信息系统》主管鸟撞事务，收集和交流有关鸟撞的信息，举行国际鸟撞研讨会，1977年在巴黎召开了世界鸟撞会议；1987年在墨西哥城召开了"减少鸟类威胁研讨会"。加拿大国家鸟撞委员会每年召开两次会议。1991年成立的美国鸟撞委员会每两年至少召开一次年会，出版会议论文集，也出版关于鸟撞防治的专著，如《鸟类对飞机的危害》、《鸟撞防治的生物学基础》（俄文）、《野生动物控制手册》等，德文杂志有《鸟类与航空》，每年两期。

20世纪70年代后，新机型设计就贯彻了抗鸟撞设计标准。例如，在螺旋桨、进气道、机翼、尾翼、挡风玻璃等的研制上，规定了一系列抗鸟撞设计标准，如飞机平飞时，风挡及机翼与一只1.8kg重的飞鸟（绝大部分鸟不超过此重量）相撞，不会产生危及飞行安全的损坏。美国航空条例规定，发动机制造厂商必须保证吸入1.8kg鸟后，不仅不能引起发动机起火爆炸，而且发动机与机体结构连接部位不得超过规定负荷；英国航空公司应用钛合金制成的空心风扇叶片，减少了飞鸟碎片进入发动机的概率，前风挡及气泡式气密座舱的设计已由平板型改为整体圆弧形，把硬连接过渡到软连接，以便鸟撞发生后鸟撞载荷能分散在飞机的整体结构上。采用轻质耐撞材料改善受力情况，提高抗鸟撞指标，使飞机能够经受强烈冲击力的干扰而继续飞行并安全着陆。许多国家在军用、民用飞机研制时都有自己的抗鸟撞标准。

20世纪80年代，美国空军使用避鸟模型（BAM），利用对鸟类活动的探测数据与历史数据，对飞行机组提供鸟类警告信息。通过BAM，将鸟类密度覆盖在标准美国地图上，指出了每平方千米特定的鸟撞风险值。BAM提供了60种对航空器低空飞行最危险的鸟类数据，通过计算机程序来访问，用户可获得不同地理位置、不同季节、一天中的不同时间、选定航路的鸟情信息。通过比较不同飞行计划的相关风险，用户能提前24h选择最安全的飞行时间和位置。

1998年，美国Geo-Marine公司鸟类研究实验室在空战指挥总部的资助下，开发了鸟类危险咨询系统（AHAS）。AHAS利用改进型气象雷达（NEXRAD）提供的数据，采用图像处理和神经网络等模式识别的算法，从雷达数据中准确地将生物学目标同其他目标区别开来，并实时地将雷达数据转变为鸟情信息。由于避鸟模型的设计考虑鸟类活动的历史数据、鸟类活动与天气状况的关系以及特定鸟类的撞击率等因素，能监控和预报美国48个州的鸟类活动，将雷达数据转变为鸟情信息。该雷达网提供的数据被用于追踪迁徙鸟群，在防范鸟撞的许多方面减少了鸟撞发生的可能性。但由于AHAS从NEXRAD气象雷达网上获取数据，气象雷达距离机场较远，受角度的限制而无法探测到机场低空飞行的鸟类，于是，机场区域鸟情探测成为人们研究的热点。

目前，该系统基于美国新安装的"下一代雷达"（NEXRAD）—WSR-88D气象雷达网，通过研发的算法软件让WSR-88D雷达能"在没有人的干预下，对雷达接受到的鸟的回波进行处理、测定数量和发布实时的鸟情信息"，每20～35min更新一次鸟撞风险的信息。该雷达网覆盖所有美国地区和加拿大南部地区，具有较强的探测弱目标的功能。为此，美国航空局（FAA）开发了机场终端区域鸟类危险咨询系统（TAHAS），利用两套雷达系统——终端多普勒气象雷达（TDWR）和机场监视雷达（ASR-9）监控机场鸟类活动。两套雷达系统具有探测生物目标的能力，可监控机场附近的鸟类活动，信息更新速度快而持续，能确定机场附近栖息和觅食的鸟群位置并估算其数目，通过空中交通管理控制系统或者直接的数据链向正在着陆和起飞的驾驶员发出实时鸟类活动状态警告，采取适当的防范措施，规避鸟撞事故的发生，但预警级别的准确程度和频率将直接影响驾驶员的飞行心理以及采取的防范措施。该雷达也可探测、记录全国范围内的鸟类活动规律和机场终端区域的鸟类活动状况，进而通过数据的积累、分析和预测，提供持续更新的信息，为减少鸟击事件提供科学的指导。

加拿大国家鸟撞研究会提出，应从各学科角度考虑鸟撞问题，基于生态学防鸟撞方面的考虑，开始对鸟撞展开了基础性的研究，被忽略的机场及周边环境管理被提到鸟撞防范工作的日程上来，在世界性鸟撞防范研究领域中开拓了一个新的思路、方法。

总之，鸟撞防范研究已从提高飞机抗撞性能扩展到鸟类群落生态、气象和环境治理等多个方面，并在采用雷达跟踪、计算机模拟迁徙预测、预报等方面取得了一定的进展，有效降低了鸟撞事故的发生率。

1.3.2 国内鸟撞防范研究概况

我国的鸟撞防范研究工作虽然起步较晚，但有一定的国内外经验可供借鉴，鸟撞防范的各方面工作发展迅速。

1994年，我国成立了鸟撞委员会，组织鸟类学家、生物学家和航空技术专家等开展鸟撞防治研究。1997年10月17日，中国民航总局下发了《关于进一步加强机场鸟害防治工作的通知》，要求机场成立管理机构，以一名主管为组长的鸟害防治领导小组，认真研究制订鸟害防治工作计划，并负责组织实施；要求机场成立驱鸟队，从早晨第一个航班飞机起飞或到达前30min到日落时间段内，进行连续性巡逻驱鸟。1999年，军航开始重视鸟撞防范工作，并与地方院校、科研部门合作，陆续开展卓有成效的机场鸟情研究和驱鸟工作。2000年8月，在第一次北美世界鸟撞大会上，清华大学的席葆树教授率团参加，并在会上作了《中国的鸟撞形势与对策》的报告，介绍了中国鸟撞和驱鸟产品的研制开发情况，受到与会代表的极大关注。

近年来，我国先后制订了《飞机鸟撞试验要求》、《民用飞机结构抗鸟撞设计与试验要求》标准，分别对军机、民机的风挡、机翼、尾翼的抗鸟撞设计指标、鸟重、验证方法等做了具体规定。另外，《飞机风挡设计规范》、《军用飞机强度和刚度规范其他载荷》、《飞机座舱盖设计》等对抗鸟撞要求也有明确规定，飞机前风挡及机翼在设计飞行速度、尾翼与鸟相撞时，均不应产生危及本航次飞行安全的损伤或破坏。民航局制定了《民用机场运行安全管理规定》、《民用航空安全信息管理规定》、《民用机场鸟害防范工作评估手册》、《中国民航鸟击防范工作指导手册》、《民用机场鸟情生态环境调研指南》等。2009年4月13日，温家宝总理签署了《民用机场管理条例》，从制度上对机场的安全和运营管理，特别是对机场安全环境保护和机场鸟撞防范工作做出了详细而具体的规定。规定自1998年1月1日起，凡在机场围界内或在起飞阶段高度100m以内、降落阶段高度60m以内发生鸟撞飞机，构成事故征候的，其责任和责任单位划定为机场管理机构，如上述范围之外发生鸟击飞行事故征候，其责任划定为"意外"；明确要求机场管理机构在鸟撞发生24h内将有关信息上报鸟撞防范信息网。

近年来，中国民航、军航加强了同地方科研部门的合作，进行了大量鸟撞防范研究，目前已经完成了一些相关的计算机软件系统，"中国民航鸟类快速查询系统"是其中重要的组成部分。该系统拥有800多种鸟类图像资料，包括各种鸟的形态、生态习性、迁徙时间、种群大小的详细信息，以及对航空安全可能造成的危险等数据。我国刚刚起步施行的"鸟撞雷达探测系统"和"智能预警联动系统"正在利用信息网络技术，规划探鸟雷达和智能信息的采集、应用发展的方向，试图将探鸟雷达获得的信息及时传递给飞行员、飞行调度员，以便决策、采取规避措施，降低鸟撞风险。同时，把鸟情信息快速传递给驱鸟员或监测网络，雷达直接与驱鸟设备相连组成一个强大鸟情数据库，实时共享鸟类监测、防控信息，争取尽早采用高科技手段，实现测、控、驱全天候的自动联动鸟撞防范系统。这些信息为机场鸟情研究提供了基础性支持，便于对机场鸟情的查询，同时，可结合机场鸟撞的具体情况，开展具有针对性的鸟撞防范研究。

　　结合我国民航、军航机场驱鸟的实际情况研发快速反应平台（图1-1），其报警器由执勤的驱鸟员操作或采用红外感应器，通过无线方式发送区域内的鸟情信息（包括报警点的地理坐标、鸟的飞翔方向、类型等），在电子地图上给予声光报警。根据声光报警级别，系统操作员可通过平台启动合理布控在机场对应区域的驱鸟设备，或通过系统建立起来的报警信息与驱鸟设备的联动关系，自动启动联动设备，保证时间上的实时性、空间上的全方位性，从而有效提高驱鸟效果。

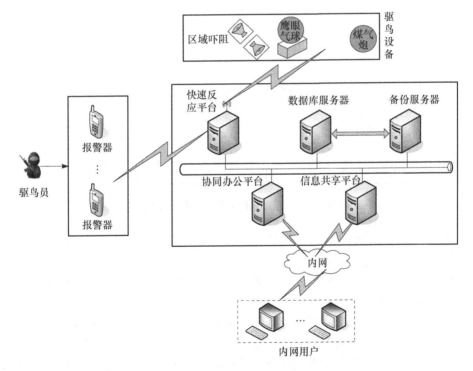

图1-1　机场预警系统平台示意图

　　获得真实有效的标准鸟情数据资源后，可基于数据挖掘技术（图1-2）对系统进一步完善，开发基于统计学及人工神经网络技术的鸟撞预警防范系统；利用先进的人工神经网络技术和数据挖掘技术，结合统计学方法及最优化理论，建立机场和区域性鸟情预测预警模型；建立一个以涵盖机场周边地区历史时期内的鸟情知识库，以及昆虫、生境、气候、环境等因素的历史数据记录为输入，并以各因素规律的统计、特定时间和特定区域鸟撞指数预测、危害等级预警、决策支持为输出的智能预测系统，完成一定时间内鸟情的科学预测和防范预警。

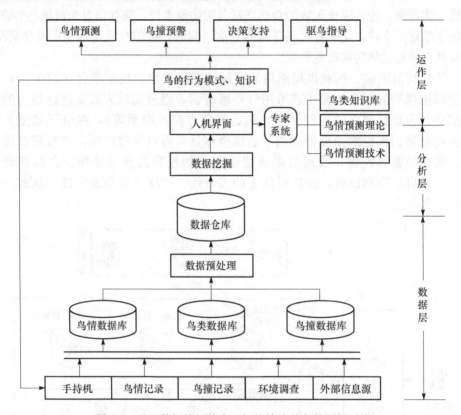

图 1-2　基于数据挖掘技术及智能算法的鸟情预报系统

　　快速预警反应系统将实现数据真实有效、输入全面而准确、自动挖掘深入而完整、输出快速而精确，具有界面清晰明了、操作简单、功能实用、易于扩展等特点，是人工无法替代的高科技方法，研发推广使用将极大提高我国机场鸟撞防范工作的科学化和信息化水平。

　　在我国，仅"对鸟撞问题十分重视"是远远不够的！因为从基础数据的收集、积累、研究到建立机场乃至全国的鸟情、鸟撞、驱鸟档案数据库；从机场鸟情研究到预测预报人才的培养等方面，至今还没有建立起必须执行而完善的制度，以便对鸟撞上报、鸟情的研究和测报进行规范化要求。没有基础的科学数据，必然影响对鸟撞规律完整面貌的整理分析，从而影响机场的鸟情研究、科学驱鸟和防范工作的深入开展，影响鸟撞防范科学水平的提高。需要做的基础性工作很多，任重而道远，重要的是工作已经快速起步，依托机场鸟击防范信息系统和中国民航鸟击航空器防范信息网, 国家航空安全技术中心已经建立了民航机场候鸟迁徙信息收集系统, 为建立全国鸟情信息系统并发布鸟情信息奠定了基础。雷达探测和识别鸟类的研究结合鸟撞防范信息系统的升级、改造与完善, 必将建立适合中国鸟情规律的避鸟模型和鸟情预警系统, 最终实现实时发布鸟情预警信息, 减少鸟撞, 保障航空安全。

1.3.3　鸟撞防范的发展趋势

毫无疑问, 在人和鸟共同利用空域、防范鸟撞的博弈中, 只要有飞行器上天就有可能发生鸟撞。人类只有认识鸟撞防范是机场长期的日常安全保障工作, 尊重鸟类的行为规律, "顺天时, 适地利"地开展鸟撞防范工作, 才能将鸟撞危害降低到最小。

1.3.3.1　理念的转变

广泛深入地开展监测、研究和掌握机场鸟类的活动、迁徙、数量及时间变化的规律, 以便提供真实的原始科学数据。从生态学的角度出发, 监测、改善机场周边驱防鸟类的生态环境。建立不同层次的预警防范系统。根据鸟撞防控的预测、预报, 因时、因地、因对象灵活地应用生物、物理、化学和光学等防治措施, 在机场范围内营造不利于鸟类生存的环境, 降低鸟类对机场环境的适应性, 促进机场生态体系的相对平衡, 用"主动防鸟"的新理念和行动改变"被动驱鸟"的现状。

为此, 需要加大机场鸟撞防范的培训力度和安全文化建设, 迅速提高相关人员的专业素质和能力。通过鸟撞防范安全文化教育, 满足人们精神需求, 激励相关人员产生奋发进取效应, 创造和谐、合作的氛围, 形成团结协作、积极向上的工作环境; 防范人员能将航空安全具体化为理想信念, 奋斗的目标和行为准则, 能把个人与驱鸟保障航空安全联系起来, 能在心理深层达成共识, 让"安全第一"文化成为一种"藏之于脑, 存之于心"防控鸟害的潜在力量, 激励大家自觉遵守安全规章制度和法律法规, 做好鸟撞防范的各项工作。

1.3.3.2　雷达与监控设备开发

用雷达观测鸟类活动已有 60 年的历史了。雷达操作员发现屏幕上出现非航空器未知目标的回波后, 经研究发现证实, 这种回波是由鸟类造成的。由此, 雷达被广泛应用到鸟类定期迁徙和防范鸟撞的研究中。

雷达作为观察鸟类活动的重要工具, 可在广大空域里识别鸟类, 可计算出群鸟的飞行方向和速度, 可长时间跟踪、记录鸟类的活动规律, 重要的是, 雷达能在夜间如同白天一样观测鸟类, 而目视观察具有很大的局限性, 雷达观测已成为一种测报鸟情的重要现代化手段。

20 世纪 60～70 年代, 欧洲利用鸟类雷达探测技术开发了鸟情通告 (BIRD-TAM) 系统, 提供近似实时的鸟情观测, 发布即时鸟撞预警信息, 但在数据量化处理方面却留下了大量的手工作业。90 年代，德国军用地球物理实验室开发的雷达鸟情探测系统沿用 BIRDTAM 的名字，利用计算机技术给出实时的鸟撞预警。该系统被广泛用来观察鸟类的迁徙活动，获取的鸟情资料已经提供给德国航空业和周边国家应用，对防范鸟撞发挥了重要的作用。

在将来，探鸟雷达及监控设备将得到广泛应用，以便及时观测、发现潜在的鸟撞风险，有针对性地采取有效防范措施，防止鸟撞的发生。探鸟雷达的性能不仅取决于较强的探测性能，需要研制、选用探测能力更强和分辨率更高的雷达，以便能够在更远距离上探测到更小的飞鸟目标，而且需要飞鸟目标的识别与基于现有数据的跟踪算法以提高算法识别率。为此，需要设定较低的阈值，引入大量的假目标，优良的跟踪算法能在跟踪小目标的同时排除假目标。因此，用雷达探鸟需要开发基于数据关联技术的多目标识别跟踪算法，并在应用于雷达探鸟的实践中检验完善，以便在跟踪未知数目的多个目标时，使系统在实现低"漏警率"的同时保持低"虚警率"（11.5.6 节）。

1.3.3.3　网络智能信息平台建设

随着网络技术的快速发展，机场鸟情测报将由相对孤立转向互相联系的区域性测报，鸟撞防范信息技术的采用将实现数据信息资源的共享。基于统计学理论、最优化理论、人工智能理论、数据挖掘理论等，在先进计算机技术、通信技术、地理信息系统技术的支持下，研制构建智能鸟撞预警系统。最终，将结合人工和智能两种手段，充分发挥网络化软件平台测控一体化的强大作用，将鸟情观测、危机处理及智能预测连为一体，解决"鸟情信息采集—智能分析预测—设备智能联动"的问题，实现实时高效率的鸟撞防范。伴随驱鸟设备的改进和增多，高科技含量驱鸟设备的布局必将与鸟情紧密结合起来，根据机场鸟情的特点合理布局驱鸟设备，针对不同的鸟采取不同的驱鸟措施，不断积累总结经验，摸索出针对各种鸟的有效驱赶措施，反馈到系统中指导今后的机场联动驱鸟工作。

在鸟情信息收集方面，智能自动监控系统具有自动化程度高、数据分析存储快速、受天气和光线条件影响小等优点。随着雷达测报系统的进一步完善和计算机软件技术的飞速发展，该系统的开发将能对跑道附近和进近、离场空域里的高危鸟种及鸟群进行跟踪，根据飞机的飞行特征，随时测算、确定鸟类与正在飞行的飞机相撞的可能性；同时，指示飞行采取推迟到达，或离场、绕飞，或从鸟群飞行轨迹旁边飞过，或减速、加大进近下降率，或提高爬升率等飞行方案防范鸟撞发生，高新技术的应用将实现快速、准确、智能化地鸟撞防范过程的高效自动化处理，使机场及地区的鸟情观测更加科学而精确。因此，该系统将在鸟撞防范工作中得到更为广泛的应用。

1.3.3.4　综合防范合作模式的建立

鸟撞防范不仅需要设立预防专项资金，支持机场鸟撞防范研究，而且需要相关单位建立长期的合作关系，及时地全面记录、收集机场和世界各地的鸟撞防范信息，以及鸟撞、鸟情、驱鸟研究的详细材料。随着机场鸟类科学的各种观测资料的积累，建立完善的鸟情数据库后（8.2节），经统计分析，就能找出容易导致鸟撞发生的因素和规律，利用多媒体技术将音频、视频、文字、图像等信息与传统的数据处理过程紧密结合，提供计算机数字化的信息快速处理方式，并与遥感地理信息系统叠加进行分析，提高对鸟类的快速识别能力和行为轨迹的预判能力，发展包括鸟情预警在内的机场鸟撞防范信息系统。随着Internet技术的发展，相对孤立的各机场不仅需要实现鸟情报警信息采集、紧急处置与驱鸟设备的联动与自动化，而且必然要转向与其他机场相互紧密联系的飞行驱鸟联动系统，做到数据、信息、经验共享，准确定位、预测不同时空的鸟情，对鸟撞风险进行预判、预警，使对机场鸟类的控制、鸟撞事故的预防更具有科学性和可预防性，服务于机场鸟撞防范工作。

鸟撞防范是一项系统工程，需要多方通力合作和学术研究的深入开展，需要飞行器的设计和材料的选择既能符合空气动力学原理，又能提升发动机的抗撞击能力和防护强度；需要重视对世界鸟撞信息的收集与研究，加强对自己机场鸟撞防范的规律研究，以适应民航、军航全球化飞行的需要。

因此，未来需要做好以下几方面的工作。

成立、完善专业的咨询服务机构，增强与国际间鸟撞防范理论、技术的交流合作，完善机场鸟情信息查询、快速反应系统，实现数字化自动加工处理。

建立并完善鸟类、鸟撞和DNA的标本、图片库和数据库，便于进行鸟撞研究和鸟类物种的甄别，进行鸟撞防范规律的研究，指导机场防范工作的深入开展。

建立完善鸟撞防范安全分析评估体系，增加风险评估模型的可操作性和针对性、实用性，实现对鸟情的快速人、机、设备的联动反应。

在高科技和鸟类行为学理论的指导下，加强机场鸟类栖息环境的研究，加强对迁徙鸟类和夜行性鸟类，特别是发生过鸟撞之鸟的防范理论、技术和原因的研究；加强鸟撞防范新技术、新设备、新系统的自主研发、应用，降低对国外的依赖程度；将高新科技与鸟类学知识结合，掌握相关的技能，全面提升鸟撞防范的科学水平。

复习思考题

1. 什么是鸟撞？
2. 为什么会发生鸟撞？
3. 鸟撞发生的基本要素和必要条件有哪些？
4. 为什么需要进行鸟撞防范？
5. 鸟撞防范发展的基本趋势。

第2章 鸟撞研究

本章提要： 鸟撞规律的研究将告诉人们为什么必须重视科学驱鸟、防范鸟撞。需要加强对飞行的方向、阶段、高度，鸟撞的左右部位、机型、架次及其比例，以及发生的季节、时段等鸟撞规律的研究；需要记录科学而精确的全息鸟撞资料，为不断深入的高科技鸟撞防范研究提供科学依据。

千百万年以来，地球的领空一直由鸟类和蝙蝠占有，是它们在天空中自由翱翔。自从人类发明了飞机，人类与鸟类在天空中的冲突也随之出现。近年来，由于生态环境的改善和人们保护动物意识的提高，鸟类的种群数量迅速增加，许多鸟类便重新扩散活动到机场附近地区，同时，各种飞机的数量急剧增加，飞行速度、飞行频率也在不断地大幅度提高，飞机与飞鸟在机场资源方面产生的竞争日益明显。丰富的昆虫等各种小动物和草籽为鸟类提供充足的食物，临时性积水增加了食物的供应量，较少人为干扰的空旷空间有利于鸟类活动，于是，机场成为吸引鸟类的重要环境。同时，声音相对小而高速飞行的飞机对鸟类失去一定的报警作用，人们又常常忽视鸟类演化史中形成的飞翔活动自然规律，结果，惨重的鸟撞事件不断发生。

随着鸟撞事件的增多，人们开始重视鸟撞研究，探讨鸟撞发生的基本规律和造成的损失，评估鸟撞的危害程度，其结果告诉人们为什么需要重视驱鸟，为什么需要探讨鸟撞发生与鸟情变化规律的关系。评价鸟撞防范工作的效果，为鸟撞防范的决策和驱鸟技术的研究提供了科学依据。

2.1 鸟撞因素

鸟撞是否发生以及鸟撞造成的损害程度是由多方面因素决定的，其基本要素是有活动的飞机和鸟。鸟撞发生的必要条件是飞鸟在航线的飞行阶段上活动，并且与快速飞来的飞机相遇，否则，如果有一方不活动或躲避对方，将不会发生鸟撞。可见，鸟撞的发生与鸟类的繁殖、迁徙等行为和数量的季节性时间变化有关，更与高速飞机的飞行阶段及其相关区域的鸟类种类和数量有着密切的关系。

2.1.1 飞机因素

2.1.1.1 飞机的设计制造

随着科学的发展，人类制造了类型、速度不同的各种飞行器。飞机设计更加符合空气动力学原理，动力增大，阻力减小，速度不断提高，声音却由大减小，甚至是隐形、无声的。飞行器的这些特征使鸟类无法及时发现飞机，提前产生躲避危险的行为反应，增加了鸟撞的机会。高涵道比发动机因动力大、噪声小而得到大力发展，但其暴露面大、速度快，如波音 737 飞机的发动机风扇直径达 1.5m，进气量为 320kg/s；波音 747 进气量为 820kg/s；波音 777 进气量为 1420kg/s；进气速度高达 100~120m/s。鸟稍微接近发动机就会被吸进去，发动机的旋转切线速度高达 450m/s，被鸟撞击的概率就大；飞鸟一旦撞到叶片上，会立即将叶片打断、卷入发动机中，造成发动机严重损坏（图 7-3）。

鸟撞飞机的主要原因是，涡轮发动机出现后，飞机的速度大大提高，速度超过 160km/h 时，鸟类即使发现危险也来不及避让，同时，装有高涵道比发动机的飞机使自身的迎面面积增大，极大的空气吸力进入发动机入口常将鸟吸入进气道，从而增加了鸟撞发动机的可能性；飞机速度增加、噪声降低，飞翔活动的鸟难以提前觉察、躲避，也加大了鸟撞飞机发生的概率。因此，飞行器的形态大小，如机头是锥形还是穹窿形、发动机是 1 个还是 2 个、其排列位置如何、发动机叶片和进气道有无防护设施等，都与鸟撞发生及其造成危害的程度密切相关。

抗撞材料的选择与使用虽增加了机身的抗撞击能力，减少了鸟撞的危害程度，但并不能防止鸟撞，更不能杜绝撞击力变化对不同部位的撞击伤害程度。利用飞机黑匣子记录真实的鸟撞参数，将提升鸟撞试验与实际数据结合的研究方法，有助于改进飞行器的设计制造。因此，防范鸟撞是飞机设计制造和机场一项长期的共同的飞行安全保障工作。

2.1.1.2 飞机的类型与大小

虽然飞机的大小和质量与鸟撞风险无直接的关系，但大型而警示标志明显的飞机活动，鸟类因容易发现而逃离；小而隐身的飞机鸟类则难以发现。大型飞机通常有更大的可能造成严重损坏的撞击面，大型飞机采用的是高涵道比喷气式发动机，声音较小，巨大吸力很容易将附近活动的鸟类吸入发动机造成鸟撞事故，如波音 737 的发动机位置低，在起飞和着陆过程中容易吸入受惊起飞的鸟。

2.1.1.3 起降时间

有资料统计显示，许多机场包括军用机场，早晨的航班数相对较少，傍晚夜航接近常见吞吐量；不熟悉机场环境的鸟类数量，尤其是在鸟类迁徙季节猛增，而由于傍晚光线昏暗，影响人与鸟的视觉观察，是机场防范鸟撞的重点时段。其他起降频率高的时段，也会增加鸟撞发生的概率。掌握并根据鸟类活动规律进行驱鸟，避开鸟类活动高峰期飞行，将有助于降低鸟撞风险。

2.1.1.4 飞行频率

对于鸟撞因素来说，飞机起降的频率、架次也是一个重要的参数。700m 以下的空域不仅是鸟类最多、活动最频繁的空域,而且该空域正是飞机经常处于起飞滑跑、爬升或下降、进近着陆阶段,飞机的动力、速度较大,机身处于上仰或下俯状态,空勤人员应急处置难度大,鸟撞的概率高而危害严重,也是最危险的飞行高度和阶段。

机场越繁忙,鸟撞的潜在风险就越大(7.3.4节)。机场的飞行频率越高,雷达探测防范鸟撞的分辨难度越大,同时,机场驱鸟的任务越重,驱鸟难度增加。由于不同航线上的客流量不同,如传统节日客流量大增,飞行频率高增加了鸟撞的机会。但有的机场每周仅几天有少量航班,也会发生鸟撞,可见,鸟撞与飞行频率、架次有关,到来的航班使鸟类产生惊慌行为,而成为突然性鸟撞的重要原因。

2.1.2　环境因素

由于自然和人类经济生产活动等因素,常造成机场及周边环境的改观。例如,植树造林,树木发育成林后,环境适宜吸引森林鸟类;保留较大面积水域和沼泽湿地,旱田耕作、灌水,水域湿地环境和旱田改观吸引众多水鸟。自然环境的改观和人造景观,如砍伐森林、改湿地为旱田,可暂时减少森林鸟类或水鸟,但自然演替到一定时期,适应该生境的鸟类种类和数量仍会达到较高的密度,新的鸟类群落会造成新的飞行安全威胁。

当机场选址忽略了鸟撞的生态环境问题,把机场建在了鸟类丰富的地区或候鸟迁徙的路线上时,由于鸟类在越冬地和繁殖地之间进行定期、集群迁飞,种类多,种群数量大,集群规模大,昼夜活动频繁,使大量鸟类出现或栖息于机场附近造成鸟撞,威胁飞行安全。因此,新机场在选址、设计及施工时(10.3节)必须充分考虑鸟类生存的生态环境及其迁徙路线,以减少机场建成后运营过程中驱鸟和鸟撞防范的成本。

2.1.3　鸟类因素

由于环境保护和人类长期对野生动物采取保护措施,鸟类的数量急剧增加,如滨海机场的鸥鸟数量几十年来增长了20倍、鸬鹚增长了40倍,据估计三江平原湿地上鸟类有200多种,数量多达480万只。北美的加拿大鹅10年由280万只激增至现在的480万只,有人预言10年后还可能蔓延到中国来。天空中鸟多,鸟撞的机会也多,在机场活动鸟类的种类,特别是各种鸟的数量及其动态变化、活动方式,是否穿越航线及在航线上活动的时间、数量等,都是影响飞行安全的重要因素。

求生是动物的本能,鸟也有求生的欲望,并不想撞死在飞机上。人们平时可以观察到,鸟与人总是保持一定的距离,有时相隔较远,有时会更近些,感到安全有威胁时才会飞走。而在天空飞翔的鸟类更显得自由自在，警觉性小于地面的鸟类，对高速活动的飞机比对人类活动的警觉性小；感到有安全威胁时，感官灵敏而飞翔能力强的鸟能提前采取行为躲避靠近的飞机，反之，发现危险晚而反应迟钝的一些鸟（如初次进行迁徙的鸟）则可能已经与快速飞来的飞机相撞了。

处于鸟类迁徙路线上的机场，迁徙期内会有大量鸟类出现或栖息于机场附近，鸟类在觅食或归巢夜栖时会途经机场飞行区，从而影响机场的正常飞行。较大鸟类造成的鸟撞危害严重，高频率的活动会造成危害严重的鸟撞事件不断发生。但成群的小鸟也不容忽视，一旦小鸟成群被吸入发动机堵塞了发动机的进气道，也会导致发动机损坏熄火，甚至酿成空难事故。

可见，鸟撞危害程度与撞击鸟的质量相关，鸟撞发生率与鸟类的数量（总质量）密切相关。鸟撞不仅与机场鸟种有关，也与鸟的数量和行为方式有关，如何让鸟类提前感受到飞机威胁的存在，从而采取规避行为是预防鸟撞发生的重要因素。

2.1.4　人的因素

人是航空飞行安全最活跃的因素，也是造成飞行事故的主因。因此，发挥人的主观能动性和创造性是解决鸟撞问题的关键因素。

鸟撞人为因素的研究是航空界最关注的航空安全研究课题。航空安全需要研究、探讨机场与全国航空安全中突出的人为因素问题，需要研究发生鸟撞的科技原因及文化背景，需要借鉴国内外航空相关行业研究的成果，提出解决我国航空安全保障的技术、方法、措施和政策，需要不断跟踪研究成果的实际应用效果，从而改进鸟撞防范工作，持续发展使之更加科学化。

由于飞行员驾机的主要精力放在观察地形、地貌和建筑物等肉眼能看到标志物上，百米外的鸟仅仅是个小点，思想高度集中的驾机飞行员往往忽略苍穹中的一个小点，等飞行员看清是鸟，从思考决定操作到飞机产生反应，其过程与鸟类发现飞机危险产生躲避行为一样，需要有一定的"反应时"，等到机鸟反应产生时已晚，"嘭"的一声，飞机发生有感或无感震动，鸟撞已经发生了。在鸟撞博弈中，如何利用高科技仪器对飞行员实时发出预警，提前采取规避措施就成为鸟撞防范的最后一道防线。

2.1.4.1　鸟情预报

飞行员避鸟，要经过发现目标、决策躲避、推拉驾驶杆、踏舵等基本操作过程，时间已超过鸟受惊、迟疑、扇翅、飞逃等过程；鸟类发现危险到产生飞逃行为仅有 1s，而这段路程，飞行速度超过 200m/s 的飞机不用 1s 就到，鸟类连一次完整的扇翅动作都不能完成。飞行时，突然发生的各种惊动（如人、动物和捕食）也会扰乱鸟的飞翔活动，受判断飞翔方向等因素的影响，迫近相遇的飞机，鸟来不及反应就难逃相撞厄运，即使开启自动驾驶仪的飞机，情况也是基本相同的。

因此，研究、掌握鸟情规律，进行准确的预测预报和预警，不仅有助于进行驱鸟，而且能提醒飞行员等相关人员注意，共同做好防范准备，减少鸟撞发生。

2.1.4.2　驱鸟

被动驱鸟是看到鸟才去驱赶，或用定时播放天敌鸣叫声、固定的稻草人等"死板"的方式驱鸟。结果是鸟类习惯化后便与人玩起了"捉迷藏"，总是保持一定距离在机场栖息飞翔，不科学的驱鸟还可能将离开航线的鸟驱向飞行航线，增加鸟撞发生的概率。

主动驱鸟则是研究、掌握鸟类进出机场的活动规律，并根据鸟类行为特点研究有效的驱鸟理论、技术与方法。例如，在飞行期间对机场鸟情实施监控，提前在机场某区域设防，实施人工和智能化联合驱鸟，采取有效驱鸟措施和技术防止鸟源地鸟类在飞机飞行过程中进入机场，或迫使已经进入机场的鸟类快速离开，从而减少机场鸟类的数量和停留时间，有效防范鸟撞发生（7.1.7 节）。一旦发生鸟撞，能利用监控录像和观测记录资料进行鸟撞与鸟情规律的分析研究，探讨科学的防范技术方法（11.3 节至 11.5 节）。可见，不同的驱鸟技术、方法和实施方案等将直接影响驱鸟的效果和防范工作的有效性。

2.1.4.3　机场空管

空管部门确定航线时，要避免与鸟类的迁徙飞翔路线和高度发生冲突。需要减少飞行航线与飞翔路线的重叠与交叉；在飞行高度上尽量避开鸟类活动频繁的高度层；航班架次激增时要避开鸟类活动高峰期，确定并选择鸟类数量活动的低峰期飞行是可以避免鸟撞发生的。

通过教育，提升鸟撞防范人员的科学素质和专业水平，充分认识防范工作的长期性、重要性和鸟撞的突发性和严重危害性，长时间没有发生鸟撞，并不等于不发生鸟撞，无事并不等于没事，没事并不等于飞行安全有保障。要加强鸟撞防范的专业学习，深入开展鸟撞、鸟情、驱鸟及其相关性和有效驱鸟技术方法的研究，保证防范措施更加科学合理，用科学的方法保障飞行安全。

2.1.5　人、机、鸟综合因素

俗话说"鸟为食亡"，由于机场有极少人类干扰的空旷活动空间、丰富的食物资源，因而对鸟类具有极强的吸引力，绝对禁止鸟类光顾机场的想法、做法是不现实的，特别是在飞行间期，无论采用何等高超的驱鸟技术也是无法做到的。鸟类知道机场有"美食"，就会偷偷地溜进机场取食，在飞行期间，侵入机场的鸟就成为鸟撞的潜在威胁。

鸟撞防范的重点是避免航线与鸟类的飞翔路线重叠与交叉,关键是避免机、鸟在飞行航线、飞翔路线上相遇。机、鸟的相对运动位置关系有同向、相向和按一定角度交叉三种,空间位置运动轨迹则有靠近、分离和保持不变三种关系,运行位置轨迹趋向靠近到重叠就会发生鸟撞。在危险逼近的过程中,人与鸟凭借敏锐而关注危险的感官能及早发现危险发生的规律,提前采取规避措施避免鸟撞。显然,这与敏锐的感官是否注意到危险征兆即将来临有关,也与机、鸟的相对运行速度和躲避能力有关,飞翔能力强而灵活的鸟能避开飞机,否则,发现危险为时已晚,就可能发生鸟撞。但不论鸟类的飞翔能力强弱,只有预知危险即将降临才能在一定的时间差范围内提前采取规避行为,避免机、鸟发生相遇。

随着机、鸟数量的快速增加,将发生机场空间资源的激烈竞争。如果不清楚、也不考虑飞机飞行、鸟类飞翔和驱鸟三者间动态关系,盲目地强调"驱鸟","全天候地假驱鸟",即与飞行无关的驱鸟使鸟类形成习惯化后,即使"十八般武艺"都用上也达不到理想的驱鸟效果。但是,人类依据动物"操作性条件反射"原理,通过驱鸟提前告知"危险真情",即告知"飞机马上飞行,有鸟撞危险"、"注意飞翔安全",请鸟主动避让、离开飞行航线,而鸟类则主动采取逃离飞行现场或静伏不动的行为策略,与飞机和谐利用空间将避免鸟撞发生 (11.1.2 节)。否则,驱鸟、飞行和飞翔三者的时间、空间相对关系处理不好,将会增加鸟撞发生的概率。人类用特定的驱鸟信号提前告知飞行信息,让鸟类做好逃离准备,就能主动避免鸟撞的发生。

2.2 鸟撞的基本特点

飞机与飞鸟在机场附近进行激烈的时空竞争过程中,导致鸟、机相撞事件不断发生,鸟撞概率增大,并表现一定的规律性特点。

2.2.1 鸟撞的发生趋势

国际鸟撞组织的统计,全世界每年发生约 2 万次有记录的鸟撞事件,造成巨大的生命、财产损失,还有许多没有记录的鸟撞事件。鸟撞已成为航空三大自然灾害之一,成为影响民航与军航飞行安全和航飞能力的重要因素之一。

据不完全统计,1985 年以来,美国空军和民航发生撞击飞机次数呈明显的上升趋势 (图 2-1),到 2009 年分别达到 5019 次和 9000 次。美国鸟撞事件报告的年发生量达 14 000 多次,日本航空公司每年记录的鸟撞事故 250~300 次;每万架次飞行平均发生鸟撞事件,澳大利亚航空公司是 4.3 次、法国是 9.74 次、德国是 7.1 次。

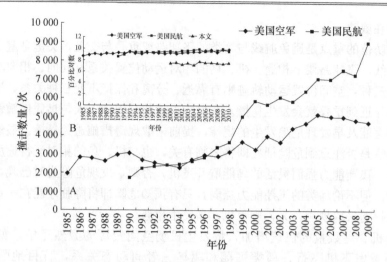

图 2-1　鸟撞的数量变化（A）与我国的拟合曲线（B）比较（孙涛和赛道建，2011）

中国民航和军航缺乏详细的研究报道，但发生构成飞行事故征候的鸟撞事件也呈类似的上升趋势，据中国民航鸟击航空器防范信息统计，2008 年报告的鸟撞事件比 2007 年增长约 60%，其中发生在机场责任区内的鸟撞事件同比增幅约 200%，增幅明显。

将鸟撞形势与趋势与实际情况比较分析，就能发现鸟撞高发期与组织体制改变、防范工作等因素是否有关，同时也会告诫人们，要克服鸟撞防范是临时任务的观点和做法，不能没有鸟撞就放松警惕，要树立长期防范鸟撞的思想，充分认识防范鸟撞就像"保健大夫"那样，是防患于未然，而不是"医生治病"、发生鸟撞后才重视，即使机场多年没有发生鸟撞，也要借鉴历史、国内、国外鸟撞的经验教训，只要有事业心，就能把鸟撞防范工作做好！

2.2.2　鸟撞发生的损失

统计资料表明，全世界每年发生 2 万多次鸟撞，不同国家、地区每天至少发生 2～9 次鸟撞；1950～2002 年，全球军航共发生 353 起严重事故，死亡人数达 165 人。1988 年以来，全球因鸟撞死亡人数达到 219 人以上，可见，鸟、机相撞常造成机毁人亡的严重事故（表 2-1、图 2-2）。

表 2-1　美国空军鸟击事件损失情况

年　份	损失飞机数/架	伤亡人数/人	年　份	损失飞机数/架	伤亡人数/人
1973～1979	7	1	2000～2009	14	0
1980～1989	11	8			
1990～1999	11	26	37 年合计	43	35

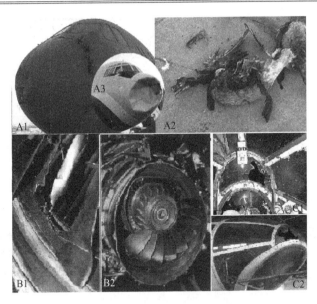

图 2-2　鸟撞造成的危害及部位

A、B、C 为几起不同的事故

　　美国航空公司有记载的鸟撞达 3000 多起，损失 3 亿～5 亿美元；日本航空公司记录有 250 多次鸟撞事故，损失约 60 万美元；原苏联民航每年发生鸟撞多达 1500 次。1960 年 10 月 4 日，在美国波士顿起飞的英国彗星号客机撞上紫椋鸟，飞机坠毁，机上 72 人中 62 人丧生；1962 年 11 月 23 日，一架子爵号飞机在 1800m 高空撞上天鹅坠毁，机上 17 人全部遇难；1987 年，美国战略轰炸机与白鹈鹕相撞起火坠毁，6 名乘员中 3 人死亡；1996 年，美国军航一架由波音 707 改装的 E23A 预警机从军航基地以 426km/h 的速度滑跑起飞时，撞上 30 多只加拿大鹅，2 台发动机起火飞机坠毁，24 名空勤人员全部遇难。

　　我国每年也有上百次鸟撞发生。1960 年以来，我国因鸟撞造成 328 架飞机损毁，有 321 人死亡；1992～2008 年，因鸟撞已导致 20 起严重飞行事故、58 起飞行事故征候和 210 起飞行问题，损失飞机 18 架、牺牲飞行员 12 名。1991 年 5 月 24 日，台湾一架战斗机与鸽子相撞而坠毁，24 名空勤人员全部遇难；1993 年 2 月 24 日，一架军用飞机在杭州遭遇鸟撞，机毁人亡。"2007 年十大感动中国人物"中的李剑英烈士就是驾驶战鹰在空中撞鸟不幸遇难的，2006 年 11 月 14 日，李剑英驾驶飞机在下滑着陆过程中遭遇鸽群撞击，导致发动机熄火，空中停车，为了保护国家和人民群众的生命财产安全，他毅然先后三次放弃跳伞求生机会，而不幸殉难。总之，突发性鸟撞一旦发生，常给国家和人民造成重大经济和生命财产损失。

　　鸟撞不仅可以造成机毁人亡的严重事故，而且造成巨额的直接和间接经济损失（7.2.1 节）。例如，更换一个风扇叶片需 1.6 万美元，风挡需 2 000～100 000 美元。美国每年因鸟撞事故损失 3.5 亿～5.0 亿美元，美国联邦航空局（Federal

Aviation Administration，FAA）报告，1991～1999 年平均每次鸟撞的直接损失约 9 万美元，在 1990～2009 年，美国民航每年因鸟类及其他野生动物撞机导致的损失达 6 亿美元。每 10 年所损失的飞机数都在增加，但近 10 年伤亡人数为零，这无疑与无人飞机的广泛使用和重视保护人员的飞机设计制造技术的提高有着密切关系。中国民航 1991～2002 年因鸟撞造成的经济损失约 3.54 亿元人民币；1989 年以来，每万飞行架次鸟撞率为 0.27，1990～2008 年上半年鸟撞导致的直接损失高达 6.3 亿元人民币；美国每年因鸟撞造成的直接损失 5.3 亿～6 亿美元，间接损失是直接损失的 20 多倍，约 122 亿美元以上，停飞或延误航班超过 50 万 h。由于制造新飞行器成本的不断上升，经济损失还会增加。

众多鸟撞事件告诫人们，灾难性、突发性鸟撞事故随时都有可能发生，一旦发生，处置起来难度极大。国际国内一件件空难事故向航空与科学界提出了保障航空安全的迫切课题，要求相关人员必须以对国家财产和生命安全高度负责的态度，开展并做好理论联系实际的鸟撞防范研究工作，确保航空飞行安全，提高军航战斗力。

2.2.3 鸟撞发生的突然性

鸟撞具有多发性和突发性等特点，是一种具有不同危害程度的飞行事故。一旦发生就有可能造成灾难性后果；不仅会造成意想不到的重大经济损失，而且直接威胁空勤人员及旅客的生命安全。多数鸟撞发生在晨昏和夜间等鸟类飞翔活动频繁的时段，开展专项调研、探索区域性鸟撞规律，有助于针对本机场严重威胁的鸟类，研究有效测控防范手段和方法，提高鸟撞防范的科学水平，保障飞行安全。

2.3 鸟撞的基本规律

虽然鸟撞事件是一次一次、一件一件地发生，但将各机场、区域、公司和全国历年来发生的鸟撞事件准确记录下来，然后汇总集中，经过科学的统计分析和研究，就能找出其中规律性的东西。弄清楚并掌握鸟撞的基本规律，就可以针对鸟情规律研究防范鸟撞的措施，提升飞行安全保障的科学水平。因此，做好鸟撞防范工作的基础是必须进行鸟撞与鸟情规律及其相关性研究。

将历年发生的鸟撞事件按年度进行汇总、统计，便能探索鸟撞发生呈现的是上升或下降趋势（图 2-1）。在飞行频率基本相同的情况下，统计结果如果显示鸟撞发生呈上升趋势，可能与人们认识不足、没有采取驱鸟措施、鸟类增加等因素有关；鸟撞频率呈下降趋势，可能与责任确定、组织明确、先进驱鸟措施实施得力等情况有关。落实责任制及其执行力度对保障飞行安全发挥了十分重要的作用，但随着各种飞行器数量、飞行频次增加、速度加快，而驱鸟技术水平没有质量上的提高，不能深入研究、掌握规避鸟撞的规律，鸟撞发生频率还会重新呈现增加趋势，增加趋势可能与鸟撞发生的高度、飞行阶段等的改变等新问题有关。伴随飞行技术的不断发展以及环境保护将使鸟类数量继续增加，鸟撞还必将发生。也就是说，鸟撞防范研究是一项长期任务，需要有专门的专业人才常抓不懈、持续地开展下去。

2.3.1　鸟撞的时间规律

鸟撞时间规律分析的目的是找出鸟撞容易发生的季节和具体时间。鸟撞结合鸟情规律的研究便于探讨二者间的相关性，以便考虑、安排适当的飞行计划，如同根据乘客多少安排航班、航次一样，尽量避开鸟撞易发时间飞行。

2.3.1.1　鸟撞的季节性规律

将鸟撞事件按月份统计分析（图 2-3），说明 1～10 月鸟撞呈双峰型上升趋势，11 月、12 月下降。民航的鸟撞事件有 24.2% 发生在 4～6 月，有 51.1% 发生在 7～10 月；军航鸟撞事件有 29.0% 发生在 4～6 月，有 51.2% 发生在 7～10 月。1993～1995 年，FAA 的研究资料是 9 月 310 次、8 月 280 次、10 月 270 次、7 月 240 次、5 月 190 次、11 月 180 次；中国民航 1997 年发生 36 次鸟撞，其中 9 月发生 24 次，约占全年的 66.7%，因而，世界鸟撞防范专家称 9 月为"黑色 9 月"。鸟撞结合鸟类迁徙、繁殖规律的研究使人们发现，鸟撞的发生与鸟类的繁殖活动，特别是与鸟类的季节性迁徙活动密切相关。在我国，鸟类数量有两次增长高峰期，春季候鸟向北迁徙，繁殖鸟的营巢、觅食育雏活动逐渐增多；秋季北方候鸟大量南迁，这些情况会使不同地区的鸟类数量剧增，因此，我国每年的 4 月、5 月、9 月和 10 月前后是鸟撞事故发生的高峰期。

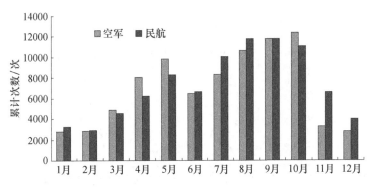

图 2-3　鸟撞发生的季节性变化

但是，各机场的环境条件不同，鸟情和鸟撞也有各自机场和地区的特点。虽然年度鸟撞曲线双峰型的发生是与鸟类的迁徙相关，但军航某机场 10 年的鸟撞研究表明，不仅峰值集中出现在 7 月，而且连续几年集中发生，单峰型鸟撞曲线对应鸟情研究的结果表明，鸟撞在 7 月猛增的原因，一是与新机型飞机初次开飞有关；二是与当地鸟类繁殖后期集群游荡觅食活动有关；三是与麦田改为水稻秧田、周边人为干扰骤减等因素相关。采取并加强了相应的驱鸟措施并在跑道延长线外改建公路后，鸟类对飞机飞行有所适应，鸟撞迅速减少。因此，各机场结合自身条件进行相应的鸟情研究，有助于探讨鸟撞与鸟情间的关系，为制定有效而针对性强的驱鸟措施提供科学依据。

图 2-3 显示，民航与军航发生鸟撞在不同月份是有所差异的，其差异既与鸟情的变化有关，也与机型、飞行架次有关，如 11 月至翌年 2 月，民航高于军航，可能与人们乘飞机出行增加和军航飞行训练减少相关。鸟撞规律的研究还应该考虑架次百分比；将不同区域、机场每万架次发生鸟撞的多少是否与当地鸟类迁徙季节同步发生进行比较，才能真实反映机场鸟撞与鸟情的季节性规律相关性。将鸟情与飞行鸟撞发生情况进行同步比较研究，弄清楚鸟撞发生季节性规律的道理，才能为季节性和时段性鸟撞防范工作提供科学的依据。

2.3.1.2　鸟撞的日规律

将每天发生的鸟撞事件按照具体时间（小时）和年、季节进行统计分析，就会发现不同年份及季节的日鸟撞规律（图 2-4）是不同的。统计分析可以让我们知道鸟撞发生是比较平均，还是集中发生在某个时间段，以便将鸟撞与鸟情进行比较研究能找出鸟撞与鸟情变化间的关系。例如，把一天分为早、中、晚三个时段，鸟类上午忙于外出觅食，傍晚回巢过夜，有统计显示 76.6% 鸟撞事件发生在早、晚时段，这说明此时段是驱鸟防范鸟撞的重要时段。民航资料显示，夜间发生的鸟撞事故约占总鸟撞事故的 55.3%，高峰集中在上半夜、月份多在鸟的迁徙期，出现这种情况可能与鸟的夜行性迁徙活动、航班安排有关。

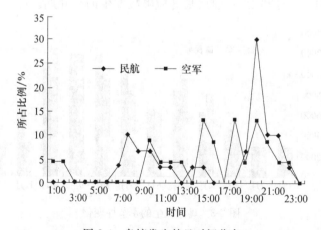

图 2-4　鸟撞发生的日时间分布

在纬度相同的不同季节、地方甚至是同一个地方，同是 19:00，有的地方已经进入夜间，有的地方则是下午、黄昏，纬度相似、经度不同的机场如济南、西安、乌鲁木齐，济南已经进入夜间、黎明，后者则还是下午、深夜。因此，鸟撞与鸟类日活动规律的曲线还应按日出、日落时间调整（而不是统一按北京时间）后进行比较分析，才能说明鸟撞是与鸟类的日活动（觅食、归巢）规律有关，还是与鸟类的行为、活动方式或其他因素有关。经度相似、纬度不同的机场，如哈尔滨、济南、上海、福建机场的日规律相似，但在不同季节发生某种迁徙鸟的鸟撞，春季福建在前、哈尔滨在后，秋季则反之；鸟撞物种鉴定符合这种情况，才能说明鸟撞发生与该鸟类的迁徙活动密切相关；否则，其相关因素需要进行深入的研究探讨，不能笼统地说鸟撞与鸟类的季节性迁徙相关。因此，研究并准确掌握鸟类的迁徙规律、日活动规律及其与鸟撞发生规律的相关性，是进行鸟情预测预报、提前做好防范准备工作的基础。

2.3.2　鸟撞的区域性规律

将各机场发生的鸟撞事件按照不同机场或地域、空域，甚至是机场分区进行统计分析（表 2-2），就能了解鸟撞发生的"宏观、微观"分布情况，了解掌握鸟撞发生的地域、空域和机场分区性规律，就可以发现某机场或区域性的鸟撞规律是高于或低于总体水平，从而确定鸟撞重点防范的区域及不同类型的机场。然后，分析找出其中的原因，将有助于开展针对性防范措施的研究，根据鸟情采取有效措施驱鸟，并指导全局性鸟撞防范工作的深入开展。可见，将鸟撞与鸟类活动分布规律进行比较研究，有助于探讨鸟撞与鸟情变化的相关性，从而为制订飞行计划、采取飞行规避方法、措施和机场驱鸟提供测报依据。

表 2-2　区域机场的鸟撞事件统计（示范）

机场鸟撞时间	A机场	B机场	C机场	D机场	E机场	F机场	G机场	H机场	I机场	区	总计
201103110955A*	1									II	
201105110755G							1			II	
201110210935G							1			III	
201108110905C			1							IV	
...	...	...	...	...	...	...	...	...	...		
合计	××	××	××	××	××	××	××	××	××	...	××

　＊A、B……各机场鸟撞记录详见3.2.2节，此表显示G机场全区9月发生鸟撞为多，7月、9月各 x 次。机场的II区发生的鸟撞多于其他区。

2.3.2.1　不同地域的鸟撞规律

我国许多机场都有鸟撞事件发生。机场因所处地理位置不同，鸟撞发生与当地鸟类的种类、数量、出现月份、个体体重、危害等级等因素密切关系。图 2-5 显示各地情况有所不同，鸟撞发生的百分比依次为中南、华东、西南、华北等，地域性鸟撞规律研究表明，中南、华东等地区的鸟撞防范工作和鸟情研究是我国的重点地区。

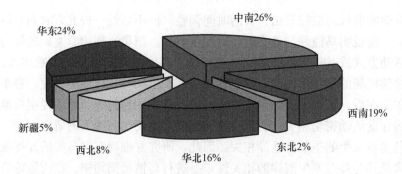

图 2-5　我国不同区域发生鸟撞的情况

　　地域机场的环境情况各不相同。由于鸟撞突发性强，要搞清楚区域性规律问题，各机场必须进行科学的日常鸟情研究，才能在发生鸟撞时找出对应的鸟情记录，探讨鸟情与鸟撞规律间的关系及有效的防范措施。从图 2-3 不难看出，鸟撞与季节性鸟类迁徙活动有关，也与各地鸟类群落区系组成、种群数量变化及其繁殖活动有关。结合当地鸟情，重视重点地域鸟情和驱鸟技术、方法的研究，将取得明显的驱鸟实效，有益于推动鸟撞防范工作的深入开展。但不论多发地域还是少发地域，只要有的机场发生鸟撞的频率比其他机场和平均水平高或者较低，就应该分析造成这种差别和地域性差别的主要原因，探讨解决问题的方法。

　　因此，需要加强机场、地域性的鸟类活动分布规律的科学研究。特别是对各机场加强科学的日常鸟情研究工作是十分必要的，因为机场鸟撞防范研究是区域性和全国性研究的基础。

2.3.2.2　空域鸟撞的发生规律

　　不同地域的鸟撞记录，按飞行空域进行统计分析，就能发现某空域鸟撞频率的高低。由于高频率鸟撞空域，机场驱鸟措施是无法在该空域实施的，需要根据鸟情的季节性变化，对航线进行微调，或者根据鸟情预报，空勤人员注意观察，及时发现鸟情并采取有效的规避措施，避免鸟撞发生，这种研究也为空域鸟撞防范提出了新的课题。

2.3.2.3　机场不同分区的鸟撞规律

　　鸟撞发生不仅存在地域性、空域性差异，而且与飞行起降的不同阶段相关，机场各区的鸟撞也存在着差异。将机场鸟撞按分区进行统计分析，如爬升阶段（图 4-1、表 2-2）发生鸟撞的危险性极大。鸟撞发生是与主向飞行Ⅲ、Ⅳ区及其延长线的Ⅴ、Ⅵ区的鸟情有关？还是与逆向飞行Ⅰ、Ⅱ区及其延长线Ⅶ、Ⅷ区的鸟情有关？主向、逆向及其分区鸟撞的比例不同，表明驱鸟的重点应该放在那个区！如果调研结果显示，逆飞外侧（Ⅱ区）的鸟撞比率高，那么，只要有逆飞，就应加强外侧草坪驱鸟工作，防止鸟类从此区侵入航线。降落进近阶段发生鸟撞的危险性次之；同样，也存在着主向飞行与Ⅶ、Ⅷ区，逆向飞行与Ⅴ、Ⅵ区的鸟情相关性问题，滑跑阶段的鸟撞发生，主向起飞降落与1、2（Ⅰ、Ⅱ）分区、逆向起飞降落与3、2（Ⅲ、Ⅳ）分区的鸟情有关，图4-1中跑道区2是滑跑、滑行重叠区，需要保证在主飞、逆飞时没有鸟类侵入该区及其对应的草坪区。

机场分区鸟撞研究将有助于探讨不同飞行阶段的鸟撞情况。各区的鸟撞情况表明该区鸟撞与跑道内侧区或外侧区鸟情的相关（7.1.1节）程度。鸟情不同应该给予不同的关注，采取具体的针对性措施科学地驱鸟，并总结经验，用以指导机场鸟撞防范工作的深入开展。

2.3.3　飞行高度和阶段的鸟撞规律

发生鸟撞时，在空间一定有个具体的位置。由于人们的经验感觉不同，可形成有感或无感鸟撞；监测技术方法是否具先进性也使一些鸟撞可测得或无法测得，从而影响对鸟撞空间位置的确定。将已知鸟撞按空间位置统计分析，就能知道鸟撞的位置，即飞机飞行的高度和飞行阶段，为规避飞行阶段鸟撞提供防范依据。

鸟撞按发生的高度和飞行阶段的统计见表2-3，通过对表2-3的分析，就可以总结鸟撞发生的高度和飞行阶段的基本规律。例如，在地面试飞时，有的飞机将鸟吸入并撞坏机件及发动机造成事故；如果鸟撞发生高度集中在100m以下，属机场驱鸟的责任范围，可根据飞行阶段确定重点驱鸟是在滑跑、起飞，还是降落、滑行阶段，便于加强重点防控措施。显然，潜在的突发性起飞爬升阶段的鸟撞，事故发生时，由于空勤人员来不及做出应急反应，危险性更大。可见，加强飞行高度、阶段的鸟撞研究，将有助于推动对机场鸟情与驱鸟技术的研究。

表 2-3　鸟撞发生高度的统计（示范）

机场鸟撞时间	高度/m							
	0	~50	~100	~200	~500	~1000	~2000	~3000
201103110855A		1						
201105110755G			1					
201109150856G	1							
201110210835G		1						
201108110905C					1			
合计								

注：0m，表明是从起飞线到离陆线的滑跑及着陆后滑行阶段发生的鸟撞。有了鸟撞高度的原始记录，不同的高度范围可根据研究的深入而进一步细分。A、C、G为机场名称

国际民航组织的统计数据（表2-4）显示，鸟撞高度多发生在39.4m以下，鸟撞85%发生在700m以下，其中90%在300m以下；起飞与着陆滑行阶段分别占39%、30%。这说明起飞、滑行阶段是驱鸟工作的重点，应结合损失的评估确定加

强该飞行阶段鸟种的驱鸟强度。我国鸟撞事故发生的高度在 1000m 以下的占事故
总数的 85.5%，500m 以下的占 79.1%，300m 以下的占 62.6%；67.5%的鸟撞事
故发生在飞机起飞、降落和滑行阶段。2002 年的鸟撞发生飞行阶段表明，起飞和
进近是鸟撞多发的飞行阶段（图 2-6、图 4-1）。国际国内有关数据显示鸟撞多发于
不同高度的飞行阶段（表 2-4、图 2-6）。

表 2-4　国际民航组织关于鸟撞的统计　　　　　　　　（单位：%）

飞行阶段	所占比率	飞行阶段	所占比率	飞行阶段	所占比率
起飞滑跑	39.19	爬升阶段	11.16	巡航阶段	4.18
进近阶段	13.12	着陆滑行	30.20	其他	2.15

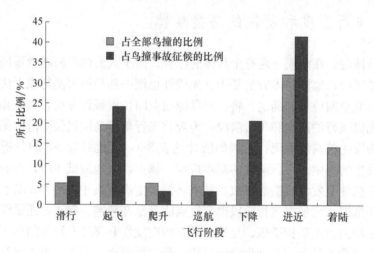

图 2-6　鸟撞发生的飞行阶段

　　如果知道何时、什么季节鸟撞发生在 100m 以下的起飞滑跑、爬升阶段，就可
以主动加强对责任区范围内的鸟撞防范工作。根据鸟撞发生的时间及飞行阶段，驱
鸟人员重视机场某区并针对发生过鸟撞的鸟采取有效的驱鸟措施，加强这一飞行阶
段和高度的鸟情观察与驱鸟工作，就可防范鸟撞的发生。如果在鸟类迁徙季节，鸟
撞发生在 100m 以上的爬升、低空巡航、下降等中高空域，此空域正是迁徙鸟飞行
的高度，可通过鸟情测报，提供信息让空勤人员注意采取适当的规避措施。鸟撞事
故发生的高度取决于鸟飞的高度，中高空鸟撞的不断发生则对鸟撞防范工作提出了
新的挑战。机场现有驱鸟技术方法对这一飞翔高度的鸟类无能为力，需要研究更先
进、更高空域的驱避鸟类技术和方法，以便及时提醒空勤人员注意观察某空域的鸟
情和提前采取规避措施。事实证明，鸟撞防范工作应该是由机场、区域航空公司和
空管部门共同协作完成的。因此，要特别重视对飞行高度和飞行阶段鸟撞发生情况
的观察、记录和分析评估，探讨不同高度和飞行阶段鸟撞发生的规律、损失程度和
应对措施。

　　当年的鸟撞统计数据与往年相比，发生在机场责任区范围内的鸟撞减少，如滑行、起飞和着陆阶段等低空的鸟撞次数下降，说明鸟撞防范工作（包括鸟情研究、驱鸟技术的研究、合理技术路线的设计和新技术的采用等）取得了一定的成效，需要总结经验，分析是采取、加强机场责任区范围内低空和地面的哪些鸟撞防范工作，还是有其他原因，才减少机场及其附近区域的鸟类活动的，成功的经验、方法如何继续发扬，才能进一步降低起飞爬升和降落阶段的鸟撞概率。否则，发生在飞行爬升阶段后和降落进近阶段前等中低空的鸟撞数量将会增加。鸟撞增多说明驱鸟措施不得力，需要结合具体情况总结教训，关注季节性该飞翔高度鸟类活动规律的研究，需要加强鸟撞防范和驱避鸟类措施的研究和高科技化，加强中高空鸟情规律和驱鸟技术、方法的研究与改进，不断提升飞行安全保障水平。

　　不同地域或机场鸟撞的发生高度和飞行阶段是有一定差异的。差异性说明，各机场的鸟撞与鸟情的季节性变化相关，需要认真进行不同飞行阶段的鸟类季节性和日活动规律的研究，掌握鸟类的活动分布规律，为飞行安全提供科学保障。

　　2006 年 1～6 月民航统计的鸟撞资料显示，能确定飞行高度的鸟撞记录所占比例较小。对大量鸟击事件发生的高度和飞行阶段缺乏详细的记录，较多"不详"记录（图 2-7）影响对鸟撞规律的研究。说明应加强有关人员科研素质地培养，需要加强科学而规范的鸟撞记录，以便为研究不同年份、区域和机场的鸟撞发生规律提供真实的可靠原始资料。同时，说明飞机的设计制造单位需要加强对飞机自身安全自动监测和处理等信息系统的研制，加强机载黑匣子记录的功能和参数的研究，以便提供精确的研究数据，自动监测飞行的状态和进行鸟情相关信息的处理，及时反馈给飞行员采取适当的应急措施，保证飞行安全。另外，也表明研究人员需要及时向飞行员、地勤人员等有关人员收集与鸟撞发生的相关信息，开展深入的科学研究。

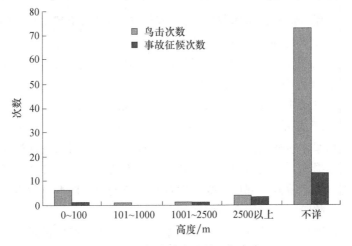

图 2-7　民航鸟撞发生的飞行高度

2.3.4　鸟撞的部位

　　根据对飞机机体部位的划分（图 2-8），机场将每次鸟撞发生的部位记录下来。然后，按不同单位、区域、全国或日、月、年进行集中汇总，按照鸟撞部位和鸟种进行分类整理和统计分析，有助于研究鸟撞发生部位的日、月、年的规律和损失程度（表 2-5）及其发生的基本趋势，为确定重点鸟种的鸟情、驱鸟技术研究和指导鸟撞防范工作提供科学依据。

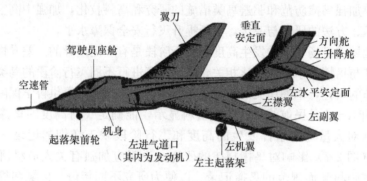

图 2-8　飞机主要组成部分

表 2-5　鸟撞部位的比率　　　　　　　　　　　（单位:%）

鸟撞部位	所占比率	鸟撞部位	所占比率	鸟撞部位	所占比率
发动机	28.4	机身	11.6	起落架	6.3
机翼	17.7	风挡玻璃	9.6	螺旋桨	4.2
机头	12.2	雷达罩	8.4	皮托管	1.6

　　虽然翼、尾翼、油箱、机体蒙皮、雷达罩、机头等部位都发生过鸟撞，但已有的研究显示，发动机鸟撞发生率高达 20%～73.02%（国际平均 24%），而且不同时期其比例不同（图 2-9）。在国际 ICAO 鸟撞信息系统（IBIS）收到 2000 年的 7926 次鸟撞部位报告中，风挡 1361 起、机头 1355 起、发动机 1100 起；造成损坏的 360 起，其中发动机的损坏和撞击率最高，为 32.73%。

　　表 2-4、表 2-5 显示，起飞阶段发生鸟撞的比例较高。这是因为起飞阶段，发动机处于最大功率，转速最高、吸气量最大，鸟更容易被吸入发动机内，造成多级发动机叶片发生损伤，也极易引起Ⅰ、Ⅱ级飞行事故，对飞行安全造成的潜在危险性高。发动机和雷达罩两个部位遭受鸟撞将对航空安全造成严重危害，特别是起飞阶段发动机发生故障对飞行安全的威胁最大。

　　目前已有的数据，仅部分（46%）有左、右发动机鸟撞的记录，但多无飞机飞行方向的记录。这种只有左、右发动机而无飞行方向、阶段的鸟撞记录势必影响鸟

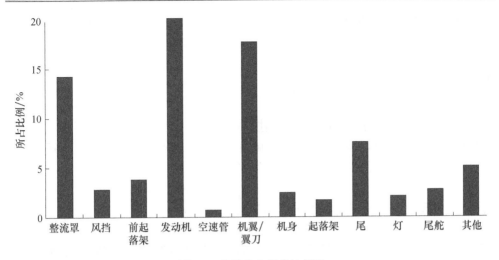

图 2-9 鸟撞发生部位比例图

撞的分析结果，无法说明鸟撞与机场分区、飞行阶段的航线内、外侧鸟情的关系，没有鸟撞与鸟情时空关系的分析就无法实施针对性驱鸟。左、右发动机发生鸟撞与飞行方向、鸟情和驱鸟相关，记录有鸟撞部位的左、右和飞行方向、阶段，有助于探讨航线两侧的鸟情、驱鸟与鸟撞的相关性。例如，左、右发动机各50％的鸟撞比例，无飞行方向、阶段的记录；那么，按图4-1中的AB主飞方向起飞分析，左、右发动机鸟撞各半比例说明鸟撞与机场B端跑道两侧，即Ⅲ、Ⅳ区及延长线端草坪Ⅴ、Ⅵ区的鸟情有关，如主飞爬升阶段，证明是B端跑道两侧的鸟情引起同样频率的鸟撞，应该同样重视防范跑道两侧Ⅲ、Ⅳ区的鸟情；如果鸟撞有了左、右部位和飞机飞行方向、阶段的记录，逆向飞行，则应重视Ⅰ、Ⅱ区和Ⅶ、Ⅷ区的鸟情。如果各50％右发动机鸟撞的飞行是AB主飞BA逆飞方向起飞时发生，全部鸟撞与跑道Ⅲ、Ⅴ内侧草坪的鸟情有关，而与Ⅳ、Ⅵ外侧备降道一侧的鸟情无关，说明应该加强机场内侧草坪的鸟情监控、预报与驱赶。类似的情况是，一些机场鸟撞是内侧草坪的鸟情造成的，而另一些机场则是备降道侧的鸟情造成的，需要明确是何处鸟情造成的鸟撞才能有针对性地驱鸟；如果主向、逆向的鸟撞左、右侧各50％，则需要根据飞行方向确定、加强跑道内侧、外侧的鸟情监控和驱鸟，否则，需要区分是航线内侧或是外侧的鸟引起的鸟撞，然后，根据起飞方向确定驱鸟重点区域。可见，科学的鸟撞记录是鸟撞防范工作十分重要的基础。只有进行日常鸟情观察记录，在鸟撞时才会有同步的鸟情佐证，为机场驱鸟提供科学依据。

不同部位的鸟撞对飞机造成的危害程度是不一样的（7.1.2节，图2-2、第7章图7-3），高频率发动机鸟撞不仅对飞机造成不同程度的危害，造成较大经济损失，而且具有潜在的严重危险。例如，鸟撞击左侧发动机占鸟撞总数的30％、占发动机的85％的结果表明，不仅需要高度重视飞机的设计制造和防撞材料的选择，而且必须加强针对飞行方向左侧鸟情和驱鸟技术等规避措施的研究；如果确定撞击之鸟来自左前方，就应特别关注机场飞行方向左侧（即航线的内侧）该鸟的鸟情观察，提前准备应急防范措施减少事故的发生。

2.4　鸟撞研究的重要性

高频率发动机鸟撞和不断增加的鸟撞趋势说明防范形势严峻，需要高度重视并加强对鸟撞防范研究，提升飞行安全保障科学水平。这已成为机场、航空领导部门需要解决的迫在眉睫的日常而重要的工作。

2.4.1　研究鸟撞规律指导防范工作

飞行阶段、高度、部位等的鸟撞研究是反映鸟类的空间分布和机场驱鸟效果的重要依据。一个好的规划、设计将促进鸟撞防范工作的深入开展，长期发挥对机场飞行安全的保障。虽然机场的主要飞行方向是 AB 方向，但发生鸟撞时，M 机场（图 4-1）可能是 AB 方向飞行，N 机场则可能是 BA 方向飞行，右侧对于 M 机场是备降道、跑道外侧，N 机场则是滑行道（内侧）一侧；即使是同一机场也会根据风向等条件，将飞行方向调整为逆向 BA 方向而使其飞行的左右侧与 AB 方向相反。起飞滑跑、降落滑行可以在跑道 2 区重叠，但降落滑行还要通过滑行道。

跑道两侧的鸟情及环境变化情况是不同的。如果鸟撞研究有左右部位及飞行方向的记录，将为确定机场重点鸟情防范区提供依据。某机场鸟撞发生于右侧的进气口、发动机、翼，AB 方向飞行是外侧鸟飞向航线造成的，则与机场鸟源地，如林地、湿地等环境有大量鸟类栖息、觅食活动侵入机场航线有关；而 BA 方向飞行，机场内侧场外生境虽有较多鸟类，但它们进入机场需要穿越滑行道上宽阔的草坪，需要较长时间飞翔才能到达航线，容易被发现、被驱赶。可见，鸟撞应与草坪中藏匿的鸟突然起飞侵入航线相关，这可能是由各种"错误"巡逻驱鸟时机的干扰引起鸟类惊慌逃飞造成的。

虽然飞行方向、阶段、高度、左右部位、时间等鸟撞研究直接反映鸟情变化与驱鸟工作的效率，但记录不仅需要记录鸟撞的部位，还需要记录左、右侧和飞机的飞行方向等，才有助于对鸟撞与鸟情、驱鸟规律的深入研究。机型、飞行速度、架次数与鸟撞发生也存在一定的关系，研究掌握各种机型的鸟撞规律，有助于比较分析、改进飞机防撞性能的设计制造技术，有助于研究机场鸟情规律和针对性驱鸟技术，科学开展鸟撞防范，因此，需要做好科学的鸟撞原始记录，认真开展鸟撞防范研究。

2.4.2　评估危害

20 世纪 60 年代以来，由于喷气式等各种新型飞机的不断研制成功，飞行速度加快，灾难性的重大鸟撞事故在世界各地不断发生。鸟撞可能出现的最坏结果就是飞机伤亡（hull loss），即造成飞机坠毁、人员伤亡的事件，或者其他不可修理的损害（图2-2）。如何评估鸟撞发生造成的损失及其危害等级是鸟撞研究的重要内容之一。飞行鸟撞危害评估有助于航行、着陆应急措施的准备实施，有助于采取针对性措施、加强防范工作保障安全着陆。

鸟撞不仅会造成直接的经济损失，而且可以造成难以计算的间接损失，事后进行科学的鸟撞危害鉴定和损失的评估，有助于事故的善后处理和相关工作的开展。鸟撞对飞机的损害程度不同（图2-2、图7-3），应急防范措施也各不相同，因此，必须制定、规范鸟撞危害评估的统一标准、程序，以便进行科学的鸟撞鉴定与损失评估，为开展防范工作提供的依据。

在目前，为便于对鸟撞防范的研究，可参考以下鸟撞危害等级标准，确定鸟撞造成损失的程度，以加强有针对性的驱鸟技术措施、实施方法的研究，制定应急防范预案，用好各种适宜技术措施进行科学的防范。

无损害：机身见有羽毛、血迹，但对航行器没有造成可见明显损伤，属于没有对飞行造成明显影响的无感鸟撞。无明显的直接经济损失，直接损失<0.5万元。

轻度损害：有羽毛、血迹且有所感觉，对飞行（视觉和操作）有一定影响，或航行器表面被撞有轻微变形，基本不影响飞行。经济损失较小，直接损失0.5万～2万元。

中度损害：航行器某部位被撞形成明显凹陷，或油箱被撞变形，或发动机风扇叶片损害性扭曲少于6片，可按规范操作正常着陆。经济损失较大，直接损失2万～5万元。

严重损害：航行器遭受损害较重，或发动机超过6片的风扇叶片损害性扭曲并有创伤性损害。经济损失较重，直接损失5万～10万元。

重大损害：航行器遭受损害严重，需更换发动机零件或发动机超过6片的风扇叶片遭受创伤性损害。经济损失重大，直接损失10万元以上。

特大损害：对飞机造成无法修复的损伤，造成停机、发生机毁，甚至人亡事故。

评估鸟撞危害与划分危害等级，其目的是确定重点驱鸟对象，明确何时对何种鸟采取何种驱鸟技术方法。撞击造成中度以上损失的鸟应该引起重视，采取必要的措施驱鸟，加强机场责任范围内对此类鸟的防范措施及方法研究，提高驱鸟效率；对造成严重程度以上损失的鸟，应该加强针对性防范驱鸟措施研究，高度重视对进入机场鸟群的驱赶，保证驱鸟的高效率，制定应急防范措施和工作程序；对造成重大级别以上损失的鸟给予特别注意，采取更加严厉的针对性驱鸟措施，即使它们在机场附近出现也要考虑积极的应对措施，防止它们靠近、进入机场，对飞行安全构成潜在威胁，采取严厉措施防止它们靠近航线，采取一切方法避免、杜绝鸟撞发生。

复习思考题

1. 为什么要研究鸟撞？
2. 鸟撞由哪些因素造成？
3. 研究鸟撞发生的基本特点、规律有何意义？
4. 简述我国鸟撞发生的基本特点、规律。
5. 国内外鸟撞发生的规律有何异同？为什么？

第3章　鸟撞分析与鉴定

本章提要: 鸟撞分析包括应急与事后两种。应急分析是采取针对性操控措施,保证安全飞行、着陆,避免事故扩大的重要举措;事后分析有助于探讨鸟情与鸟撞发生规律间的相关性,有助于对事故的科学鉴定,确定事故类型及危害程度,明确责任,研究防范措施和驱鸟方法。鸟撞分析与鉴定的水平是衡量机场鸟撞防范工作科学水平的重要标准。

鸟撞一旦发生,不应惊惶失措、麻木不仁,让事件成为不解之谜,而是要搜集人证、物证,认真做好科学记录,为探讨鸟撞发生、发展的基本规律提供科学的依据。是否进行科学的鸟撞分析鉴定,这是衡量机场鸟撞防范安全工作科学水平的重要标准。

3.1　鸟撞的分析与处理

3.1.1　飞行鸟撞的应急分析处理

飞行员避鸟要经过发现目标、考虑决策、操作飞机和飞机启动等基本过程,所需时间已超过鸟的受惊、迟疑、飞逃等过程,而二者相撞的时间不超过 1s,鸟完整扇动一次翅膀的时间都没有,人、鸟来不及反应,鸟撞就已经发生了。

空勤人员应根据鸟情预报做好思想准备,提前了解甚至考虑针对各种情况的应急规避措施;在飞行过程中,注意观察并及时发现前方空域是否有鸟群飞翔活动,并根据鸟群的飞翔特点和掌握的相关知识,迅速预测、判断鸟群飞翔轨迹的方向、距离,按照自身飞行阶段的特点,果断采取行动,如拉升飞行轨迹,或正常飞行,或中止飞行等不同方法,保证飞行安全。在进近着陆阶段,被告知机场区内有危险鸟情时,除考虑安全着陆的方案外,还应该做好复飞的准备,但应在复飞马力加好、确定发动机或主要部件没有被鸟撞击后才可以复飞;如遇到严重的鸟情,应像对待其他危及飞行安全的事故一样,在怀疑存在安全隐患时,要等条件转好后,再考虑正常着陆。

飞行发生鸟撞时,根据仪器指示和自我感觉到的烟味、气味或震动程度,要迅速恢复并保持正常心态,分析、评估和判断飞机受损程度,以及是否影响飞行和影响程度,迅速将分析判断的情况报告指挥调度员,并考虑包括迫降在内的各种应急处理措施。当发现飞鸟可能向风挡袭来，除戴好防护面罩外，要迅速将头低下，以防风挡被击穿后受伤；风挡被击穿后，应迅速减小飞行速度以减少疾风的影响；当风挡出现裂纹时，应该按照飞行操纵手册中的规定程序保持良好的心理状态进行处理。

鸟撞产生的声响要比撞击带来的损坏严重。所以，确定发生鸟撞后，驾驶员要保持稳定的良好情绪和心理，正确操作、控制好飞行状态，参照飞行检查单、执行相应的紧急程序，快速做完检查单的项目和完成必要的措施后，估计飞机受损程度对着陆性能的影响，并根据情况考虑着陆的备用方案。同时，向空管领导报告飞机受损情况和飞行状况，必要时，寻求机场应急人员的帮助；如果怀疑结构和操纵系统受损，准备着陆前要考虑检查飞机的操纵能力，避免电传操纵飞机操纵面受损造成不稳定摆动而使操纵缺少方向感影响安全着陆。

3.1.2　鸟撞后的分析探讨

鸟撞后，应在主管和专业人员的组织领导下，根据鸟情的观察记录、测报、是否提请飞行注意等情况，结合鸟撞的历史和危害、损失程度等鉴定的结果，进行鸟类活动规律与鸟撞、驱鸟相关性分析，研究鸟类是从哪个方向来、如何进出机场的，探讨航线内、外侧的驱鸟与飞行、飞翔的关系及其对鸟类活动和防范鸟撞产生的影响（4.4节）；探讨飞行阶段鸟情与鸟撞规律间的关系，找出对飞行安全威胁程度不同的鸟种（7.2节）；探讨所采取措施的利弊、草坪巡逻驱鸟对鸟类活动和鸟撞的影响及注意事项（11.4节）。

鸟撞防范胜于事故处理。总结经验，不断改进鸟撞防范工作，研究分析和掌握鸟撞、鸟情规律，构建鸟撞数据库将对鸟情研究提出更高的要求，使之更趋科学化、规范化，以便根据鸟撞与鸟情规律间的相关关系和危害程度的不同，采取适当的或应急的处理方法进行科学驱鸟，把鸟撞对航空器安全的威胁降低到最低程度。

3.1.2.1　痕迹分析

鸟撞的发生虽有无感和有感之分，但鸟撞总会在飞机上留下一定的痕迹（如血迹、羽毛或撞击痕迹），收集保留这些痕迹标本，有助于通过机体伤痕分析撞击鸟的大小，以及撞击的方向、力度和危害程度，并借助血迹和羽毛进行鸟撞物种鉴定，确定不同季节的重点防范对象。

不论是空勤人员提供的有感鸟撞，还是由地勤人员在检修过程中发现的无感鸟撞，主管专业人员都要进行记录和鸟撞痕迹分析。痕迹分析能缩小鸟撞物种的鉴定范围，有助于评估鸟种的危害程度（7.2节），并为鸟撞试验提供验证数据；有助于结合国际经验教训分析鸟撞与鸟情规律间的关系，科学开展鸟撞防范工作。

3.1.2.2　机场鸟情分析

鸟撞是瞬间发生的，此前，不会留下任何可用的鸟撞信息，只有持续的鸟情观察记录才能为科学分析提供信息。要分析研究鸟情与鸟撞规律间的关系，需要科学准确地观察记录鸟情，有了真实的鸟情观察记录，才能经过统计分析找出鸟类的活动规律。可见，鸟情研究有助于提升飞行鸟情预测预报水平，有助于构建机场特色的鸟情物候日历，为长期鸟情预报做好准备工作，有助于分析发生鸟撞的机场与宏观规律间的关系，探讨机场鸟情决定的机场鸟撞的规律特点。

做到这些，不仅可以知道怎样研究掌握鸟情、鸟撞规律，知道怎样才能做好科学鸟撞防范工作，而且能明白这样做的道理（1.2.2 节、7.1.7 节）。科学设计、研究掌握机场鸟情、鸟撞与驱鸟规律，并根据鸟情规律科学地开展机场鸟撞防范，开展科学的飞行相关驱鸟，能够避免经验主义，提升鸟撞防范科学水平，保障飞行安全。

3.1.3　鸟撞的分析报告

鸟撞防范是飞行安全工作的重要组成部分，需要建立科学规范而准确的记录和事实报告制度。

习惯上，鸟撞后进行所谓的事故调查，做"结论、确定责任"后完事，并不深入进行鸟撞规律性研究。之所以出现这种情况，一是缺乏专业人才及责任制度。二是报告了事实真相，有些个人、单位怕追究责任、怕麻烦，从而采取"大事化小，小事化了"的工作方式，不能及时如实上报，或者因没有造成危害性事故，对"小事"见惯了，发生了轻度伤害的鸟撞后麻木不仁，认为没有事；不断重复低科技水平的简单工作，结果是看似事故少，其实，小事多了就积成机毁人亡的大事故。可见，组织行为影响、决定个人行为，也会给科学的鸟撞分析造成一定的正面或负面影响。驱鸟时，思想上麻痹大意，技术上落后，驱鸟违背科学规律，导致机场鸟撞防范存在严重的安全隐患因素。

当机场形成一种安全保障环境，即大家学习科学知识，研究好用并用好高新技术，掌握鸟情科学规律，掌握主动防范鸟撞的规律，进行持续而科学的研究型鸟撞防范工作，将使鸟撞成为一种可控的飞行安全隐患。在这种状态下，虽然出一点小事，但飞行环境是安全的！因为鸟撞防范工作中"小事"的做法经过分析总结已经成为宝贵的经验，可为驱鸟等防范工作提供科学的借鉴。小事通过自我检查、找出规律，总结经验、掌握规律，有助于主动地开展科学的鸟撞防范工作，就能避免大的事故出现；小事为构建鸟撞防范数据库收集到真实的第一手资料，也为实现信息化管理奠定了基础。

　　将"事故鉴定责任报告"变为"免责报告",便于激励有关人员为鸟撞防范工作做出自己应有的贡献。"免责报告"将促使人们认真收集原始资料、保护现场,进行科学的记录,对鸟撞事件进行充分的科学分析,对鸟撞防范工作进行评价,找出事故发生的飞行、鸟情和人为因素等原因。从而能够发现问题,找出解决问题的方法,不断提升相关人员的专业理论、技术水平及专业素质,提高飞行安全保障能力,不断提升机场鸟撞防范工作的科技含量,规划机场、区域和全国的鸟撞防范信息化管理,保证防范工作迅速实现科学化、信息化。

　　鸟撞的分析、鉴定、上报工作说明,机场鸟撞防范研究是一项综合性、专业性很强的安全保障工作。做好此项工作需要加强对机场鸟情和驱鸟技术的研究,需要空勤、地勤人员的共同参与,科学记录引发事件的各种因素,探讨鸟撞的危害程度和防范规律,提升驱鸟工作的科学水平。因此,需要"知己知彼",即知鸟情,知道机场驱鸟的技术水平和方法,提升鸟撞防范科学研究水平,已成为机场安全保障工作的一项重要而长期的日常工作。

3.2　鸟撞记录

　　鸟撞事件是一件一件发生的,怎样才能知道其发生的特点、趋势和规律呢? 简单地说,就是通过对准确记录的鸟撞事件进行科学的统计分析,所以,没有准确而科学的记录,就无法进行科学的分析。有了一段时间的鸟撞记录,就可以进行科学的统计分析,发现其中的规律、原因,找出解决问题的方法。科学的记录不仅为鸟撞分析、改善驱鸟工作提供科学依据,而且为飞机的研制提供防撞基础参数,因为这是真实的一次抗鸟撞"科学试验"。

　　鸟撞规律的研究(2.3 节)、危害程度的分析(2.4 节)及鸟撞发生与鸟情的相关性(第4章、第7章)、驱鸟措施的确定与实施(第11章)都是通过对记录的科学分析研究得出来的。可见,鸟撞记录是非常重要的,需要机场拥有掌握丰富专业知识的鸟撞防范研究人员,需要用科学的态度做好这项工作。需要特别指出的是,做好科学的记录、报告是在做"免责报告"。认真准确地做好记录是为鸟撞防范工作做出了自己的贡献,因为科学翔实的记录有助于保证鸟撞研究的科学性;否则,专业主管人员有意不进行翔实的记录或不进行记录就是失职,应该负有责任。在鸟撞防范工作中,虽然不存在对鸟的"经济赔偿"问题,但只有重视经济损失、总结经验教训,才能避免事故的一再发生。作为一项"苦劳多,功劳少"的工作,过分强调个人、单位的事故责任是对鸟撞事件的"认识问题",会掩盖鸟撞发生的事实真相,影响防范规律的研究,妨碍了防范工作的科学发展。这种错误认识显然是在有意无意地制造鸟撞事件,而不是规避鸟撞。

　　发生鸟撞后,由于鸟撞防范人员专业水平的差异和态度不同,其指导思想和做法各不相同。一种做法是,能不做记录的就不做,必须做记录时,则是任务观点,为了所谓的"不担责任",许多该记录内容没有记录,结果是事情过去后,要调研其中规律性的东西时,却无法从原始记录中找到任何相关信息。另一种做法是,以对国家财产和人民生命安全高度负责的责任感,采用科学的态度和方法,有明确的鸟撞、鸟情记录的目的和要求,将事件及发生过程准确而全面真实地记录下来;科学的鸟撞记录含有尽可能多的信息,能为鸟撞的分析评估提供科学有益的证据,记录含有更多鸟撞与鸟情、驱鸟研究所需要的可用信息。

3.2.1 鸟撞记录的内容和人员

鸟撞记录至少涉及空勤、地勤、鸟情驱鸟员和专业人员 4 方面人员的观察记录和情况汇总(表 3-1)。安全专业负责人员负责收集鸟撞信息,并进行综合统计分析,探讨机场与地区、全国的鸟撞规律与鸟情、驱鸟间的关系,制定科学的针对性鸟撞防范措施,为领导决策提供科学依据。

表 3-1 鸟撞报告表的基本内容(假设情况示范举例)

机场:首都机场	记录的内容	备 注
时间:年月日时分	2011 年 9 月 21 日 17 时 35 分*(文件名、标本号码)	
天气:云、雾、能见度等	昨夜中雨,雨后有雾,能见度约 500m	
机型与编号		
当日总班次及本机起飞次数	第几架次/日总架次	
空勤:1.1 感觉	有、无撞击感,听到"砰"声,部位及对飞行影响等	
1.2 视觉	是否看到血迹,血斑大小,鸟形态及数量等	
1.3 高度位置	三转弯,高度表读数等	
1.4 飞行阶段、空域	巡行(起飞、爬升、降落滑行……),X 森林(水库)上方	
1.5 飞行状态与方向	影响飞行的程度,飞行方向(图 4-1)	
1.6 飞行速度	600km	
1.7 心理状态	血迹影响视觉,保持飞行一圈渐清,想到采取的做法	
1.8 采取的处理方法	保持飞行,纠偏,感觉到的飞行状况	
地勤:2.1 鸟撞部位	某部位血迹斑有杯口大;发动机;左翼;油箱等	
2.2 危害程度	机身某部无损或凹坑杯口大;1 叶片轻度、2 叶片重度弯曲、3 片断裂;左翼蒙皮破孔 8cm,凹陷深 3cm	
2.3 经济损失	更换 6 叶片,合计××元	
2.4 采集鸟标本	羽毛种类与数量,标本号:201009211735 羽 001 首都机场	
2.5 标本保存处	羽毛或残体标本,保存于本场鸟情研究室	

续表

机场：首都机场	记录的内容	备 注
鸟情：3.1 预测预报及措施	总数 1000 只，某区 800 只；配发、燃放鞭炮数……	
3.2 预告飞行员	预告注意空域、时间及鸟情	
3.3 鸟撞时观察记录	种类、总数：如 5 种，1900 只，该区 3 种，1300 只	
穿越航线种类、数量	XX、XX 鸟，只数/日	
采取的驱鸟措施	发生鸟撞区起飞、降落前放鞭炮，共 100 支	
飞行：4.1 飞行密度	900 架次/日	
4.2 航班、组飞行间隔	30min	
4.3 机间隔	5min	
4.3 鸟撞时	第 3 飞行间隔后、开始，组内第二架机	
4.4 应急处理方法及结果	结果如何？安全降落、冲出跑道等	
鸟撞鸟情规律的分析探讨	鸟撞发生是否是鸟情日活动峰期，与鸟情测报结果是否吻合，改进、加强鸟情科研，提高测报水平、驱鸟措施等	
鸟撞鉴定情况与结论	依据……鉴定结论为……	

　　* 鸟撞的时间、高度等能确定到具体的时间、高度的，记录具体数字，不能确定具体情况的无感鸟撞，由检修发现，军航时间是起飞到降落这段时间，民航不管是否继续航飞，应标明检修起飞机场至降落机场的时间，对应的飞行高度与阶段也可参考时间进行估计；对于有感或无感鸟撞，警戒观察甚至玩耍的小孩等地面人员都可能是鸟撞时间、高度、飞行阶段的证人。因此，应以高度负责的态度做好鸟撞记录，全面收集，以保证记录数据含有更多可利用的信息和更高的可信度，数据越真实、精确，越便于对鸟撞规律进行科学分析，如果用"不详"等字眼将有用的信息掩埋，将无法进行相关规律的分析。

3.2.1.1　空勤人员

　　飞行安全首先关乎飞行员、乘务员及乘客等的生命安全和国家财产安全。飞行员是鸟、机关系的重要观察员和操作人员，飞行期间，特别是发现有感鸟撞时（如风挡撒血）他们要初步确定鸟撞部位、危害程度等，并考虑需要采取的应急驾机技术；同时，依据高度及导航仪表将鸟撞的高度、位置及时报告防范中心！

　　着陆后，飞行员应详细报告整个过程及所观察到的情况，提供看到的仪器显示情况和鸟情，提供嗅到的烟味、气味大小及程度，提供感觉到的情况（如撞击感、耗油情况），提供听到撞击声的大小和时间信息等，以便与地面观察资料相互印证，也为事故与征候的鉴定提供科学依据。

　　空勤人员多看上一眼，就可以及时发现具有危险的鸟情，便于处置飞行鸟情；一个口头报告，就为机场鸟撞防范研究做出了自己的贡献；飞行员采用的应急处理方法将为今后航空安全提供有益的宝贵经验！

3.2.1.2　地勤人员

　　地勤人员除了检修飞机外，也可利用鸟撞痕迹提供可靠的鸟撞信息。即使是无感鸟撞,也要提供具体时间(如飞行起降时间段,某机场至另一机场或本机场的空域等),协助安全负责人员做好撞击的具体部位、大小、形状与程度记录,参与并负责收集羽毛、碎片等实物标本和相关照片等,为鸟撞鉴定提供可靠证据。

3.2.1.3 鸟情驱鸟人员

鸟情驱鸟人员应该提供发生鸟撞当日及当时观察到的鸟情。需要提供对鸟类行为所做的判断及采取的相关措施、鸟类的行为反应等情况的记录;需要用准确的数据检验对鸟类的种类、数量、分布和日活动等鸟情变化规律预测的准确性,为鸟撞科学分析、鸟情预报提供有价值的鸟情资料。

3.2.1.4 指挥调度人员与安全负责人员

指挥调度人员应该提供接受鸟撞与鸟情报告的时间及其他相关情况,以及采取的应急指挥措施等书面材料,以便对鸟撞的发生做出综合性的分析、鉴定,安全负责人要完成鸟撞鉴定报告。

总之,只有真实的原始记录资料,才能进行科学系统的鸟撞研究,探讨事故发生的原因及其防范措施;才能将鸟撞与鸟情研究进行比较研究,探讨鸟撞与鸟情变化的关系、规律,制定针对重点防范对象的措施进行科学驱鸟。因此,必须用科学的态度和方法做好鸟撞记录和鉴定,而不仅仅是所谓的简单"事故"记录。鸟撞记录是一切鸟撞防范工作及科学研究的基础,需要以上人员以科学认真的态度积极参与。

3.2.2 科学的鸟撞记录与汇总

为了科学地研究、分析鸟撞,找出规律为鸟撞防范提供科学依据,机场主管和专业人员必需清楚鸟撞记录应该记录哪些内容,怎样进行记录、汇总,保证记录含有对鸟撞防范规律研究有意义的更多信息。

简单地说,应该记录所有与鸟撞发生有关的信息,包括所有物证(如照片、残留物等实物)和有关人员感觉到、看到的一切,保证记录含有尽可能多的信息量,以便将来研究时能从中找到相关信息,便于科学研究的深入开展。表 3-1 为鸟撞发生后应该记录的基本内容,其他情况包括记录人员的看法、分析判断等可用备注加以说明,或在鉴定后详细说明。

如表 3-1 所示,鸟撞记录的文件名是 201109211735XX(羽毛)机场名。这既是发生鸟撞的时间、地点,又是鸟残体或羽毛、血迹等的标本号,唯一的文件名便于对鸟撞数据库的建立和进行长期鸟撞规律的分析研究。

同时,将表 3-1 中记录的内容填入统一设计的标准的鸟撞汇总表,即 excel 表内(表 3-2),并用电子文档将鸟撞报告表和 excel 表各上报一份,机场存档一份,以备机场鸟撞研究使用,也便于对各层次、地域性的鸟撞事件进行统计分析,探讨不同层次鸟撞规律性的问题。

表 3-2　鸟撞汇总上报表内容

名称	方向*	部位	危害程度	阶段	高度	标本号	保存处	鸟种	机型	速度	气候	损失	备注
…	…	…	…		…	…	…	…	…	…	…	…	…
2011092117 35 首都机场	AB	左发动机	3 个 1 级叶片重度弯曲	爬升	50	201109211735 首都羽毛 01	机场鸟情室	xx				xxx 万	
…	…	…	…	…	…	…	…	…	…	…	…	…	…

*记录鸟撞发生时的飞行方向，参见图 4-1 与 3.3.1 节。

　　有了上述记录和汇总表，就能实现鸟撞研究的不同目的和要求，如名称一栏，按机场、月份和时段进行统计分析，可探讨地域、季节、时段等鸟撞基本规律（2.3 节）；飞行方向一栏的统计能分析鸟撞相关性规律等（第 7 章）方面的问题，为鸟情和驱鸟研究提供依据。

　　统计分析过程中如发现不清楚的问题，还可以从查阅原始记录和标本，甚至是询问有关"当事"人员找到答案；如果没有翔实的原始资料，事过以后就无法找到答案。经常将鸟撞与鸟情、驱鸟数据等进行不同的比较分析，有助于探讨鸟撞、鸟情、驱鸟之间的关系，促进鸟撞防范工作的深入开展。

3.2.3　科学记录与鸟撞防范

　　有了科学而真实、全面的鸟撞记录和保存完好的鸟撞标本，将为长久的鸟撞研究留下有价值的基础科学研究资料。科学的记录有助于研究、探讨鸟撞是如何发生的及其发生的基本规律，为评估鸟撞危害程度及损失大小奠定基础，也为鸟撞试验的科学性提供真实的"检验"结果。同时，记录也是分析鸟撞与鸟情间关系的重要依据，是保障飞行安全而进行的日常基本工作。

　　有了科学记录才能比较、评估鸟撞的危害程度，分析、找出重点驱鸟对象，提醒有关人员重视事件的发生，有利于责任事故的科学认定；科学的记录有助于构建机场、区域性、全国性鸟撞、鸟情的数据库，评估机场鸟类危害性及潜在危害性，从而确定重点驱鸟对象，为制定科学的鸟撞防范措施提供依据（7.3 节、8.2 节、11.4 节）；对记录的分析研究有助于提出新的任务，以便对鸟撞防范规律进行深入比较、分析，从众多鸟类中发现易发生鸟撞的鸟，制定科学的针对性防范措施，促进驱鸟工作的开展。

　　科学研究需要真实而准确的原始记录。目前，我国许多机场缺乏准确而全面的原始鸟情、鸟撞的记录和统计分析、预报等相关资料，从而影响相关统计分析，影响有关规律的探讨和科学驱鸟工作的开展。需要加强对专业人才的培养，建立鸟撞防范工作真实历史资料的收集与研究制度，建立机场鸟情的档案和数据库，由定性说明转变为定量研究，探讨、掌握鸟撞规律，指导驱鸟工作，提升机场安全保障的科学水平（10.4 节）。

3.2.4　鸟撞试验

鸟撞试验是根据相对运动理论，以高速飞行的"鸟"撞击"飞机"进行模拟的。目前，模拟试验的主要方法有空气炮法、火箭滑车法两种，由于火箭滑车法的试验费用高，一般多用空气炮法进行试验。

试验空气炮由气罐、炮管及其附件构成。试验时，先向气罐输入高压气体达到额定值，然后，快速释放气体，气流推动"鸟弹"高速出膛撞击试验机件。同时，用精密仪器测量其速度、位移、应变、撞击力等参数，并用高速摄影技术拍摄"鸟撞"瞬间的动态全过程。试验结束后，对照被测参数、曲线、摄影记录等检查、核定机件的损伤程度，检验设计与试验结果之间的偏差，判断机件抗鸟撞的承受能力，做出是否可用于飞行器制造材料的试验结论。

模拟鸟撞试验是新机型抗鸟撞设计验证的重要一环，新机型的设计制造必须经过鸟撞试验。通过试验可以检验材料的硬度，选出经得住飞鸟撞击和空气动力学考验的材料制造飞机，保证飞行撞鸟在一般情况下是"安全"的。

但鸟撞事件，不论是否发生事故，只要科学对待并进行准确的分析探讨，都将对飞机抗鸟撞标准的制定具有十分重要的意义（3.1.2 节、3.2.2 节），即进行科学的鸟撞研究是必要且重要的一项航空安全保障工作。另外，飞机的抗撞设计需要经过地面鸟撞的模拟试验，才能验证其可靠性，这种安全的可靠性必须通过飞行鸟撞的"实践"来进行检验。因此，许多国家制定了严格的相关标准，检验此类试验的科学性、可靠性，以便确保相关标准符合保障空中飞行安全的实际情况。

3.3　鸟撞鉴定程序

有感鸟撞，首先是飞行员、乘务人员及乘客感受到飞机的撞击感或晃动感；无感鸟撞是地面检修人员在检修过程中发现的。不论是有感还是无感鸟撞，飞行器上安装的先进检测设备（如黑匣子）都有可能监测到鸟撞的信息，需要充分利用这些信息开展相关研究。

飞行时，飞行相关人员一旦发现鸟撞，需要依据感官判断鸟撞的危害程度，考虑并报告准备采取的应急处理的方案，也需要及时向机场的安全调度指挥部门提供鸟撞时间、感受情况和伤害程度的估计等多方面可供记录的信息，以便地勤安全保障人员做好必要的心理行为和设施准备。

接到报告，值勤记录人员要详细记录鸟撞的有关信息，以便作为鸟撞事故和规律分析研究的依据。重要的是，该信息是便于安全指挥部门采取必要的应急措施进行事故处置的依据，如实施应急降落着陆过程的保护措施和消防等准备工作，防范事故的进一步扩大。

撞鸟飞机着陆后，机场鸟撞防范安保部门应该依据事先得到相关鸟撞信息，根据自身权限和技术能力进行必要的处置。

3.3.1　保护现场

安检人员到达后，首先是与所有相关人员保护发生鸟撞的现状和现场，防止任何破坏撞机现场情况的行为发生，以保证按鸟撞鉴定要求提取真实的原始数据，保证鸟撞鉴定分析的科学性。

3.3.2　采集鸟撞证据

在保护好现场的前提下，安检人员采集一切有效的鸟撞证据，如羽毛、鸟类残体、血肉痕迹及飞机受伤部位等标本等，并进行现场拍照，做好相关记录；不能采集鸟撞标本、进行鉴定的机场，要请有关鉴定单位进行标本的采集和事故鉴定。

3.3.3　收集相关信息

参考鸟撞记录上报表的要求，安检人员要尽可能收集、记录详细信息。做好记录是为机场鸟撞的研究、伤害损失的鉴定和区域性鸟撞研究提供客观的科学依据。从科学研究和保障飞行安全的角度看，科学地收集鸟撞资料将为鸟撞防范做出贡献，因为记录的事实为科学的鸟撞防范研究提供了有效的数据，也为其他机场提供了可供借鉴的经验教训。

3.3.4　进行事故的初步分析

将收集到的相关信息，结合鸟撞发生的飞行阶段和方向、飞机部位、观察到的鸟情和采取的措施等组织起来进行分析，找出事故发生的原因和需要补充的各种信息，并即时补充完整，探讨防范、避免鸟撞的有效措施和方法。切忌只管记录，不进行初步分析的做法。

3.3.5　鸟撞事故鉴定

有资质的鉴定委员会结合事件的有关记录、证据、事故分析，以及直接、间接经济损失报告，对事故的原因、等级、损失大小、防范措施等做出综合的结论性鉴定。

如果确定是责任事故，则必须明确各部门承担责任的原因及应该负担的责任等。在肯定积极汇报鸟撞信息为航空安全做出贡献的同时，对已构成事故征候、特别是对造成事故的鸟撞事件，单位隐瞒不报或不能及时如实地记录上报、没有对应时间的鸟情记录、损坏现场或不认真分析事故原因等，应该明确是一种"责任事故"，即不胜任工作或无胜任工作的素质和能力。

总之，通过鸟撞的记录和分析鉴定，可以探讨、掌握鸟撞规律，提升飞机设计制造人员、飞行员、乘务员、地勤保障人员、鸟情驱鸟员，甚至是乘客对鸟撞空难事故严重性的认识，在安全负责人的组织下，共同参与、积极认真地做好鸟撞防范工作，保障飞行安全。

复习思考题

1. 如何进行鸟撞分析？
2. 鸟撞分析有什么意义？
3. 如何进行鸟撞危害和损失的评估？
4. 怎样才能做好鸟撞记录？
5. 进行鸟撞鉴定需要遵循哪些基本程序？

第4章 鸟情研究

本章提要：研究机场鸟情需要学习、掌握、应用科学的方法。研究、掌握鸟类的活动分布规律，才能知道何时在何处用什么技术主动驱鸟，也是探讨鸟情规律及其与鸟撞关系的基本条件。

通过对空气动力学问题的研究，人们解决了飞机快速飞行与摩擦的一系列难题，在攻克一个个飞行难题后，鸟撞仍然不断发生，并常常造成重大损失。事实证明，鸟撞是由飞机的飞行和鸟的飞翔活动两个基本要素构成的。经常存在的鸟情隐患险于瞬时发生的鸟撞，无法单纯从飞机的设计制造与抗撞材料的选择等方面解决鸟撞造成的空难问题。

于是，人们开始研究鸟类分布活动对飞行安全的影响，探讨鸟撞发生的必然条件，即鸟在飞行航线上活动并与飞机相遇的瞬间关系，以便从鸟类生态学的角度探寻驱赶鸟类、防范鸟撞的预防性措施与方法。研究、掌握机场鸟情的规律，人们就会知道怎样驱鸟才能使鸟类离开机场，特别是离开飞行航线，增加飞行安全锥形面直径，保障飞行安全。

4.1 鸟情研究的重要性

鸟情观测是鸟撞防范预测、预报工作的重要前提，是驱鸟工作的基础，也是每个机场鸟撞防范部门日常工作的基本任务之一，需要严肃认真、负责任地做好鸟情观测。观测工作中，必须严格遵守相关业务规则和技术规定，以保证获得具有代表性、准确性、比较性的原始鸟情资料和数据，为研究掌握机场鸟类活动规律、主动驱鸟奠定科学的基础。

4.1.1 鸟撞影响航空安全和军航战斗力

飞鸟撞击飞机，特别是撞击发动机等重要部位可能造成严重飞行事故。鸟撞影响航空安全，常给人民生命和国家财产造成重大损失，为此，国际航空联合会已把鸟撞升级为 A 类安全灾难（2.2 节）。

在重点军事区的飞鸟就等于是敌机。据以色列电台披露，因为鸟撞损失的战机比遭遇敌人攻击而损失的还多，鸟撞严重影响军航战斗力，对国防安全造成严重危害。有的国家曾试图研究驯养飞鸟对敌机进行攻击。在未来高科技的局部战争中，争夺制空权是掌握战争主动权的首要因素，航空战斗力是关系战争全局的决定性条件之一，而军机是实施掌握制空权的载体，保证军机及时、安全、迅速升空作战是军航夺取制空权的直接目标。

只有加强鸟情与鸟撞规律的相关性研究，找出鸟撞的原因和规律，制定并采取科学而有针对性的驱、避鸟类的防范措施，才能最大限度地保障各种飞行器的飞行安全，保证航空安全和军航战斗力。因此，加强机场鸟撞防范研究，对于确保航空安全、提高军航战斗力具有十分重要的意义。

4.1.2　鸟情研究与鸟撞防范

鸟情原始记录真实、可靠、含有最多的信息量，才能反映机场及附近鸟情的真实状况。真实可靠的原始资料将为鸟情的预测预报、鸟情与鸟撞的相关性研究提供准确的档案资料。这些原始资料经过研究、分析，才能探讨鸟撞发生的原因和规律，才能提供飞行所需的准确鸟情信息，有助于研究、制定有针对性的驱、避鸟类的防范措施。只有原始资料全面而真实、信息准确，才能利用数字化技术进行科学而有意义的统计分析，实现自动化测报与防范。真实客观的原始记录资料是永远的真理！

一个好的鸟情员之所以能知道何时、何地怎样进行科学驱鸟，促使机、鸟在空中"和谐相处"、和平利用空间、时间，是因为他了解并掌握机场相关地域鸟类活动的基本规律，了解鸟类活动与机场环境、天气、人类活动等因素间的关系，知道鸟类来机场的原因、活动的规律，清楚机场鸟类活动分布规律与飞机飞行间的时空关系，知道鸟撞的物种、明确损失的大小，因而能确定重点和一般驱鸟对象，自然就会主动采取有效的科学措施、方法驱鸟及采取应急防范措施，提升飞行安全保障的科学水平。

要做到这点就必须进行机场的鸟情、鸟撞调查研究。鸟情与鸟撞的研究是所有驱鸟工作的基础，是保障飞行安全工作的重要组成部分，必须用科学而严谨的态度认真做好！

4.1.3　鸟情测报与飞行安全

防范鸟撞，首先要了解鸟情，认识鸟类，掌握鸟类的分布活动规律。在我国，由于机场鸟撞防范工作尚处于起始阶段，缺乏专业性、综合性科研人员，许多机场基本只做所谓的"驱鸟工作"，即只是简单地开着驱鸟车播放声音或放放鞭炮等。虽然有经验的驱鸟员对鸟类的活动规律有了一定的了解，但不做或缺乏科学的机场鸟情原始记录与分析资料。人员更替后，则不能继续了解机场鸟类的活动规律，也就不知道自己应该怎样科学驱鸟，只能从头开始，因而使机场驱鸟工作出现间断，并始终在较低水平上循环重复，无法进行科学而持续的鸟情研究。因此，鸟撞防范人员要掌握科学有效的方法，获得准确而标准化的鸟情资料，以便研究并利用测报模型适时进行鸟情预测预报，这是持续做好鸟撞防范工作的一个亟待而必须解决的问题。

做好鸟撞防范的测报工作（9.4节）将大大增加鸟撞防范工作的预见性和计划性，有助于当日的驱鸟，也具有次日、当月、当季、当年的现实意义。长期积累的测报资料，为掌握鸟情动态规律，因地制宜地制定、优化综合治理方案提供科学依据，能提高机场运营的经济、生态和社会效益，具有长期灾害治理、兼顾全局总体效益的深远意义。

4.1.4　鸟情与驱鸟技术研究

鸟情研究是鸟情预报，实施主动、科学驱鸟的基础，与鸟撞规律同步进行的鸟情研究有助于制定有效的针对性驱避措施。研制和采用各种驱鸟仪器设备的目的就是减少鸟类对航空安全造成的危害。仪器是否好用，驱鸟员是否会用并在驱鸟时用好这些设备，唯一的检验标准是预测鸟情准确、驱鸟有效，鸟撞得到有效防范。因此，进行鸟情、鸟撞变化与驱鸟工作的同步研究，可以评估仪器和驱鸟方法的效果，促进驱鸟设备技术和方法的改进（11.5节）；适应鸟撞防范工作发展的需要，必须加强综合的理论和技术研究，才能提升机场鸟撞防范工作的科学技术水平。

可见，研究、掌握鸟情与鸟撞的相关性规律，对提升我国鸟撞防范的科学技术水平，做好鸟情测报和驱鸟工作，保障飞行安全是十分重要的。

4.2　机场鸟情研究的内容

可以肯定地说，"观察记录"鸟类的形态特征和生活习性，不是研究机场鸟情规律的科学方法，因为这种方法与鸟情研究的内容和目的要求是不相符合的。

机场鸟情观察研究的目的是便于与对应的鸟撞事件进行比较分析，以便探讨、掌握鸟撞发生与鸟类活动两种规律之间的相关关系，为机场鸟情测报、制定有效的防范措施提供科学依据。由于鸟撞具有突发性特点，机场鸟情的观察记录及其活动规律的研究就成为重要的日常工作，要求鸟情员明确鸟情调查要解决的问题，学会设计、研究和制订方案，有效组织、实施防范并对结果进行科学地分析，总结经验、改进问题，促进鸟撞防范工作不断深入开展。

4.2.1　机场鸟类的分布规律

为了做好驱鸟工作、预防鸟撞，必须了解机场及周边地区鸟类的种类和数量、场外生境的鸟情对机场对应分区的影响、各时段鸟类来去的方向，以及哪些物种容易发生鸟撞、危险程度如何。

4.2.1.1 鸟类在机场不同区域的活动规律

机场附近，特别是森林、湿地和居民点等各生境类型多样，自然度较高，为鸟类提供了良好的营巢和觅食活动生态位，吸引、栖息的鸟类种类多、数量大，形成多样性指数高的鸟类群落。这些生境具有丰富的物种多样性，栖息其中的鸟类喜欢到食物丰富的机场区活动觅食，因而成为鸟类输入机场对应分区的重要鸟源地。只有研究、明确了机场各区鸟类与鸟源地的关系，才便于布控驱鸟设备和改造机场环境，采取预防性措施减少机场鸟类。

机场虽然采取多种措施进行驱鸟，但飞行期间相关人员和飞机等的干扰活动始终存在，所以飞机的飞行和各种驱鸟活动并不能杜绝鸟类的觅食、活动，许多鸟类仍在飞行期间从各生境到机场内活动，决定着机场不同飞行阶段相关区域鸟类的种类和数量，构成了飞行安全隐患。中小型鸟类藏匿草坪中，没有明显的行为反应而难以观察，当巡逻人员突然出现在面前时，藏匿的鸟惊慌"飞逃"，或者鹰隼类在高空盘旋，突然俯冲捕食地面猎物，这些鸟类穿越飞行航线时，就增加了鸟撞的机会，构成了潜在的飞行安全威胁。

机场航线上活动的鸟类直接与鸟撞是否发生密切相关。因此，观察机场内各区与不同飞行阶段航线上活动的鸟类是鸟情驱鸟员的重要任务。通过认真观察、研究，了解并掌握日常和飞行期间机场鸟类及其在航线上活动的基本规律，才能及时发现那种鸟何时从何处飞向机场、航线，及时做出鸟的飞翔轨迹对飞行是否有影响的判断，便于果断地采取有效措施防范鸟撞的发生。

4.2.1.2 机场各分区鸟类种类、数量的变化规律

飞行期间，机场鸟类增多将增加潜在的鸟撞风险，而航线上鸟类的存在与种群数量的增加必然增加鸟撞的发生概率。通过对观察记录的数据进行统计分析，掌握各种鸟是如何飞翔穿越航线的，掌握各分区物种数量变化的规律，特别是掌握造成危害的鸟及其穿越航线数量的规律，就能确定机场各分区的重点驱鸟对象和时段，采取针对性措施防范鸟撞的发生。

4.2.2 机场鸟类的活动规律

研究掌握机场鸟类的活动规律，有助于研究鸟类群落的发展趋势，及其与鸟撞发生的相关性和科学的防范对策。

4.2.2.1 重点鸟种的日活动规律

各种鸟进出机场和在机场内活动的时间是不同的。观察记录鸟类的日活动情况，积累真实的原始全信息数据后，通过科学的统计分析就可以知道每一天机场鸟类有多少种，知道鸟类觅食、飞翔、栖息活动在不同区域、生境中的日活动规律，

知道各种鸟日活动高峰出现的时间和数量并探讨造成机场内觅食鸟种和种群数量急剧增减的主要原因，知道鸟类何时侵入机场觅食、活动，这都有助于探讨鸟类活动与飞机飞行在时间、空间上的关系。

机场鸟类活动的种类、数量曲线高峰期（4.4.1节）如出现在早上，是鸟类从附近生境迁入机场造成的，因而使机场内觅食活动鸟类物种、种群的数量急剧增加；如出现在傍晚，是由机场觅食鸟类归巢飞向夜栖生境造成的；如出现在其他时间，则是由鸟类的其他活动增加造成的。显然，鸟类日活动高峰期的峰1正处于日飞行的开飞时间，驱鸟和起飞准备等活动可使鸟类的种类、数量大大降低，驱鸟应特别关注从鸟源地飞向机场的鸟类，防止它们进入机场；飞行期间出现峰2，与鸟类的取食活动、进出机场飞翔相关，应注意观察鸟类的各种活动；日活动末峰的出现与鸟类返回夜栖地相关，驱鸟应促使鸟类快速离开机场且避免穿越正在飞行的航线。不同时段如何驱鸟关系到是阻碍鸟类进入机场、离开机场、重返航线？还是加速其离开机场？在跑道不同侧驱鸟，这是必须考虑的问题。由此可见，研究机场鸟类的这些活动规律与飞机飞行的相关性，是采取适当而科学的鸟撞防范措施的重要任务（11.4.2节）。

4.2.2.2　鸟类群落结构的季节性变化

我国地域辽阔，各地四季变化不同，各机场的季节性鸟情也不同，需要进行研究、了解掌握鸟情变化的季节性规律（11.4.1节）。

日常观察记录到的鸟情，按日、月、季、年度进行统计分析，就能知道鸟类的居留期和鸟类群落结构的季节性变化规律。知道鸟类的季节性变化规律，就能确定不同季节的重点防控鸟类，为防范决策和采取针对性措施驱鸟提供科学依据，提升机场安全保障的科学水平。

1）年龄结构的变化

鸟类的年龄结构有幼鸟、成幼鸟、亚成体成鸟与成鸟的年变化期；亚成体鸟和幼鸟的飞翔能力差，对飞翔环境变化的识别、判断能力较弱，因而增加了发生鸟撞的概率，故雏鸟出飞后参与迁徙的季节就成为鸟撞事件的多发季节。

我国的繁殖鸟类一般4～6月进入繁殖期，经过孵卵、育雏，6～7月是鸟类的出飞期。集群觅食是其主要的活动方式，形成家族群和混合性集群、觅食活动，数量活动高峰期过后，夏候鸟将陆续迁离当地。鸟情的连续观察记录有助于发现各种鸟类繁殖活动周期的具体时间及其排序（9.6节），有助于探讨各种鸟与鸟撞的相关性关系，便于指导具体的驱鸟工作。

2）种类、数量的季节性变化

在不同的季节里，鸟的种类和数量变化较大。留鸟和夏候鸟在求偶筑巢时活动频繁、出现频率高；产卵、孵卵期隐匿性强，活动频率低，鸟类的物种和数量遇见率减少；育雏、出飞期的鸟觅食活动加强，集群活动增加，会再次出现数量更高峰期。中国作为鸟类迁徙的重要通道，春、秋季节，南北迁徙的鸟类路过当地会使机场鸟类出现季节性数量高峰期，如雁鸭类、鹰隼类、鸻鹬类、鹤类、鹳和鹭类等个体较大鸟类迁徙路过机场，常构成重要的不安全因素。不熟悉环境的鸟类游荡、迁移进入机场、航线，增加了机场鸟类的数量，成为鸟撞机会增多的重要原因。

　　因此，机场鸟类种类、数量季节变化规律的研究是科学鸟撞防范工作的基础。鸟类的季节性变化数据不仅有助于研究、掌握鸟情变化规律，编制鸟情物候历，研究鸟撞防范的主要对象和有效措施，而且能根据鸟情的季节变化规律，有的放矢，改造环境，控制鸟情，防范鸟撞发生（11.4.5 节）。

4.2.3　天气对鸟类活动规律的影响

　　寒流到来，春季会推迟鸟类向北方迁徙的时间，秋季则会加速候鸟向南方的迁徙。天气变化影响鸟情物候日期（9.6 节）将促使鸟类在迁徙路线上的某地聚集，从而形成大的鸟类群体；例如，2012 年，在平均物候期后，数量大的豆雁群体一日多批次集中飞越山东机场。夏、秋季，暴风雨到来前，气压较低，机场周围的农田、草地上聚集大量低空飞行的昆虫，导致大量食虫鸟类（如燕子）在机场附近低空飞行捕食。雨后初晴，特别是连续阴雨雾天后的晴天，机场出现积水，蚯蚓、蜗牛及其他昆虫常因草坪微环境改变而大量出现，或到裸露的跑道上，小动物的出现容易吸引各种鸟类，特别是水禽（如鹭类、鹬类）等来机场频繁活动或藏匿于草坪中。鹰隼类随着上升气流在空中翱翔，在视野开阔的机场上空盘旋觅食，鹰隼类容易发现小动物，发现猎物时会突然俯冲捕猎；雪原中，清扫积雪为飞行做准备的机场常成为鸟类活动的首选场地。机场鸟类数量的增加，成为威胁飞行安全的重要因素，因各种原因突然惊飞而穿越跑道航线的鸟类容易发生鸟撞。

　　可见，天气不仅影响飞行计划与航班，而且对鸟类的活动有明显影响，从而影响飞行安全。根据鸟类活动规律结合天气预报情况，预测鸟类活动规律的变化，有助于做好鸟撞防范工作。

4.2.4　景观类型对鸟类活动的影响

　　景观生境选择是鸟类长期进化的结果。鸟类适应于各自选择的适宜生境，景观生境的地形地貌特点及其变化影响着鸟类的生态分布和活动规律。

　　机场周边的景观生境类型除了发挥其正常效能外，景观生境类型及其变化对鸟类的群落结构组成与分布活动规律的影响也十分明显。房屋周边及草坪草籽成熟区、麻雀等食谷鸟类集群活动频繁；森林与乔灌绿化区有众多森林鸟类栖息繁殖；水域沼泽湿地和稻田则有许多游禽、涉禽觅食活动；草地上有许多百灵鸟、云雀、白鹡鸰等鸟类活动。

　　景观生境类型随国民经济的发展而改观，研究掌握生境改观对鸟类活动规律的影响，就能对鸟类的生态分布与活动规律做出科学的预测，以便规划设计机场景观生境类型，构建不适宜于鸟类生存活动的"荒芜机场环境"，从根本上解决减少机场鸟类的问题（10.2.1节）。

4.2.5　机场鸟类与航线间的时空关系

鸟类有迁徙、巢区与觅食地、进出机场和各区之间等各种飞翔行为。其飞翔的路线、方向与航线之间存在着交叉、平行和重叠的同向、逆向等时间和空间位移的多种变化，因而与航线上的不同飞行阶段（即与机场各区鸟撞的发生）存在着多种相关关系。研究掌握鸟类飞翔的路线、方向与机场、航线间的时间、空间变化规律，就能主动在某时、某处采取有效措施驱鸟防止鸟类靠近航线，或驱使其尽快离开航线；鸟类从巢区—觅食地飞翔穿越机场航线时，早晨应在航线的巢区侧、傍晚应在航线的觅食地侧驱鸟，迫使其改变路线绕过机场航线飞翔，防止鸟类飞向航线（7.1.2节），或驱使靠近航线的鸟类尽快离开飞行航线，从而避免鸟撞的发生（11.4.3节）。

4.2.6　机场对鸟类活动规律的影响

机场因食物丰富、人为干扰度小而能吸引物种数量众多的鸟类，但小生境、食物、水源、巢位等各种因素中哪种是吸引鸟类来机场活动的主要原因？飞行、场务、驱鸟等日常活动与鸟类活动规律有着怎样的关系和影响？飞机的类型、飞行速度、静音状况与鸟撞的发生有何关联以及鸟类活动产生哪些适应性变化？场务活动和驱鸟技术方法与方式对鸟类的活动规律产生怎样的影响？研究制造的技术设备和方法，在驱鸟过程中效果如何？这些都是需要通过研究才能知道的。重要的是，通过研究能发现鸟情、鸟撞、驱鸟规律的内在关系及相互影响的方式和程度。掌握这些规律性变化，并采取有效措施才能做好驱鸟工作，保障飞行安全（2.1.4节、11.5.3节）。

4.3　机场鸟情的调查方法

根据对鸟撞规律的研究，明确了鸟情研究的基本内容后，首先需要考虑的是采用什么方法完成任务和怎样实现工作目的。

鸟情观察记录与鸟撞记录一样，今天的决策、行为既影响当时的鸟情研究，又影响未来对鸟情和鸟撞规律的研究。有了原始记录就有了驱鸟工作真实情况的档案，就经得起各种检查和时间的考验。只有认真观察记录鸟情，才能对鸟类的活动规律进行定性、定量的分析研究，探讨鸟情的变化规律及其与鸟撞之间的相关性。鸟情驱鸟员需要随时从以前的观察记录和鸟情分析中，结合自己的调查研究尽快了解、掌握机场鸟类的活动规律，才能知道今天驱鸟应该采取什么措施，怎样根据鸟情变化实施科学驱鸟，创造性地为飞行安全提供高水平的科学保障。

可见，鸟情观察记录与鸟撞记录都是鸟撞防范不可缺少的基础而重要的组成部分。要根据实际情况和研究工作的目的要求，按照统计学的基本原理、方法和要求进行机场鸟类调查。调查记录的方法有多种，是鸟情驱鸟员必须了解和掌握的机场鸟情研究的基本方法。

4.3.1 机场的分区

机场有许多分区的方法。机场分区与鸟情记录直接关系到对不同区域鸟撞相关性的探讨与科学防范工作的开展。机场区域的划分要充分考虑研究的目的，并根据机型、航线方向与飞行阶段的不同以及对鸟类活动规律研究的需要，并参考图4-1进行划分。起降滑跑距离长、起飞角度小的机型时，Ⅰ、Ⅱ与Ⅲ、Ⅳ区的划分要适当加长，否则，起降滑跑距离短、起飞角度大的机型时，以上区域的划分要适当缩短，以便研究各飞行阶段与周边生态环境的关系。根据研究机场各飞行阶段区域、鸟源地鸟情、鸟撞发生的相关性关系及其原因的需要，根据鸟情研究可以为生境改造和驱鸟提供科学依据，以适应地域和全国统一规范化研究的需要，鸟情观测数据要按照统一规范的要求进行汇总，以便于对全国和区域性高容量、大流量数据的统计分析，探讨规律指导全国或地区性鸟撞防范工作。

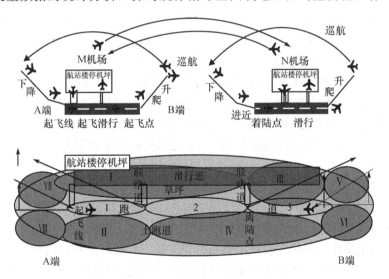

图4-1 机场飞行主要阶段与鸟情分区示意图

（粗线为主飞、细线为逆飞方向）伴随主飞、逆飞方向的改变，滑跑、起飞航线两个阶段对应的跑道1、2区和3、2区和草坪的ⅠⅡ区、ⅢⅣ区和ⅢⅣ、ⅠⅡ区的划分也有所变化，跑道2区则是部分重叠的区域。

飞机在跑道、航线上的飞行，包括滑跑（起飞线至离陆点，I、II区）、起飞、爬升飞行（包括离陆点至端联络道III、IV区，端草坪V、VI 4 个区）、降落进近（起飞线端草坪VII、VIII区）及降落滑行等飞行阶段，降落滑行有跑道和滑行道两部分。以飞机左侧是航机楼调度室、草坪（内侧）、备降道（土跑道）一侧为外侧为飞行方向的（图 4-1），即 AB 称为主飞方向；反之，BA 为逆飞方向。因机场有南北、东西等不同走向，那么，AE(BE)、AW(BW)、AS(BS)、AN(BN) 分别为从 A 端（或 B 端）起飞，机场的 B 端（或 A 端）为东、西、南、北方向。这样的划分与方向标示便于探讨飞行方向与鸟类的迁徙、飞翔路线方向、季节间的关系。如果鸟类南北迁徙，飞机东西飞行方向的航线与鸟类飞翔路线交叉，表明飞行与迁徙路线相交叉容易发生鸟撞；飞机南北飞行方向的航线，则是两种路线重叠时容易发生鸟撞，危害程度与机鸟是相向还是同向飞行有关。秋季 ANB 飞行方向的鸟撞表明，飞机与飞鸟相对飞时发生鸟撞，相对飞时撞击力大，容易造成更严重鸟撞，相反，撞击力小，鸟撞危害也小；春季的情况恰好相反。所以要根据具体情况考虑驱鸟方案和驱鸟力度。

因此，根据不同类型的飞机在跑道航线上的飞行阶段进行机场分区，将跑道的内侧草坪分成 I、III、V、VII区，外侧备降道分成 II、IV、VI、VIII区，共 8 个鸟情监控区（图 4-1）。主飞 AB 方向跑道两侧相对的分区分别是，起飞线至离陆线的跑道 1 区对应的内、外侧的I、II区为滑跑区（逆飞 BA 方向为起飞区），III、IV区为起飞阶段跑道 2 区的对应区（逆飞为滑跑区的一部分），V、VI区为爬升延长线 B 端草坪区（逆飞为进近降落区），VII、VIII区为降落进近的机场 A 端草坪区（逆飞为爬升延长线区）。1、2、3 为跑道分区，主飞 1、2 或逆飞 3、2 滑跑、起飞各区的长度依飞机的起飞滑跑距离和角度不同而变化，2 区是主飞、逆飞滑跑与滑行重叠区或爬升重叠区。机场各区对应的场外林地、农田、水域、湿地等生境参照 8 个机场分区划分，对应分区标号（如 [1]III和[a]III）表示该区不同的生境类型（4.3.4.2 节）和鸟的飞翔方向，[1]III 从第一种生境飞入III区，[a]III表示从III区飞向该生境。对机场飞行阶段分区鸟情的研究有利于探讨各区与鸟源地间的关系，有利于探讨各区鸟情、飞翔方向与飞行阶段鸟撞发生之间的关系，从而为主动实施科学驱鸟、防范鸟撞提供科学依据（11.4.4 节）。

4.3.2 机场鸟情研究的原理

鸟撞防范规律的研究需要准确的全息数据，有了全息数据才能探索鸟情与鸟撞、驱鸟的相关性，明确三者间的动态时空关系，开展科学有效的驱鸟，因此，需要按照统计学基本原理和方法的要求进行机场鸟情的观察记录。

假设，以大家熟悉的某班级 45 名学生为例，如果只做这样的"记录"，即男 23 人、女 22 人（这实际上是男、女人数的一种统计），这不仅无法知道学生的个子高矮、是否戴眼镜、学习成绩高低、穿戴好坏、生源地等情况，而且无法分析学习成绩高低与男女生、戴眼镜及其行为等的关系，更无法分析学生的动态变化，这是一种不科学的"记录"。要分析年动态变化需要按年度进行（动态）统计，即对他们升到 2、3、4……年级时的各种情况（或者同时对本校 1、2、3、4……年级的学生进行静态统计）进行统计分析，从而能了解整个班级（或学校）学生的基本情况，有助于研究加强学生管理措施的研究。因此，就必须设计调查表的基本内容，以便于对学生情况进行科学地记录登记，如表 4-1 所示。

表 4-1　某班级学生基本情况记录登记表

姓　名	性　别	高　矮	成　绩	学习方法	眼　镜	穿　着	生源地	…	备　注
张三	男	175	93	…	戴	好	X 地	…	
王四	女	160	97	…	否	好	Y 地		
…									

有了这样的记录登记表，教师可以将 90 分以上成绩与其他分数段的同学按男女、是否戴眼镜、生源地等分类整理，经统计分析就会发现男女生学习成绩的差别，与是否戴眼镜、穿着是否讲究、生源地等情况有无关系；通过对多次考试成绩的对比分析，就能找出学生学习成绩升降的原因，为探讨解决学生学习效率的方法提供根据。

研究机场鸟情，也要按照类似的方法进行观察记录，但需要将登记表中的人名换成鸟的物种名，如喜鹊、麻雀等，表 4-1 的其他内容则需要改换成物种的活动方式、记录各种活动方式的鸟的个体数量等（表 4-2）。

表 4-2　Ⅲ区的鸟情观察记录（假设观察鸟种的活动数据）

物种	时段						总数
	8:20~9:00*	~10:00	~11:00	…	~18:00	~18:30*	
喜鹊**	^{1}ⅢPf22 PfF15 PD5 D7 Pf16 DF13 L3^{1}ⅢⅣ15 ⅢpfⅤ55 Ⅲ^{a}Ⅳ25 ^{1}ⅣⅢpf30	PfF15 Pf15 D7 Pf16 DF13 ⅥⅢ15 Ⅲ^{a}Ⅴ25 ⅤⅢ30	F13 L3 Pf15 D7 Pf16 pⅣ5	…	…	D7 Pfd16 DF13 pⅣ5 L3	206×3/2+ 136+59+ 44×2=592
家燕	PF25 Pd9 DP6 D33 机 75 L15	PF25 Pd9 d50 DP6 D33	.		…	PF25 Pd9 DP6	163+123+40 ×2=366
红隼	FⅢ	F卌	L卌「Ⅱ	.	杆卌		3+5+8+5= 21
A***	ⅢⅣp150 Ⅲ^{a}Ⅱ100	…	…	…	…	…	250
…							…
种数	4	3	2	.	1	2	

物种	时段						总数
	8:20~9:00*	~10:00	~11:00	…	~18:00	~18:30*	
总数	309+163+ 3+250=725	136+123+ 5=264	59+8=67	·	5	88＋80＝ 168	1229

* 8:20~9:00、18:00~18:30分别是2/3h和1/2h，统计时段应为1h，故该时段喜鹊的数量是206×60/40＝309和44×60/30＝44×2＝88。

** ¹ⅢPf22表示22只鸟由对应场外一种生境飞到Ⅲ区草坪取食。¹ⅢⅣ表示一种生境的鸟经Ⅲ区穿越跑道飞到Ⅳ区。ⅢpfⅤ55表示55只在Ⅲ区草坪取食的鸟飞到Ⅴ区。PD（DP）表示鸟从样方区草坪（跑道）飞到跑道（草坪）。PF表示鸟在草坪上方飞行。D表示跑道上的鸟数量。Ⅲ^aⅣ（Ⅳ^aⅢ）25表示Ⅲ（Ⅳ）区25只鸟穿过跑道经Ⅳ（Ⅲ）飞到Ⅳ（Ⅲ）区外的a种生境。8:00~9:00，喜鹊的观察频次为11×3/2＝17次。余类推。

*** Ⅲ区不是A鸟源地，此区如此多的鸟来自何处？改进方法提前进行观察，将有益于观察记录方法的改进，提高观察记录的科学水平。记录说明，观察时间应提前；应特别注意观察进入Ⅲ区，即主飞方向爬升阶段的草坪侧鸟类活动情况。如果鸟撞发生与此处的鸟情有关，应分析是由什么原因造成的？¹Ⅲ表示从Ⅲ区外的一种生境飞进机场Ⅲ区；^aⅣ表示从机场内Ⅳ区飞往对应的机场外生境区；ⅢⅣ表示从Ⅲ区飞到Ⅳ区。如果结合图4-1和表4-7进行分析发现，此记录中从8:00进行的鸟情调查，无法探讨该鸟完整的日活动规律，次日应将缺失时段的数据补充收集起来，并将早上的观察时间提前至与飞机飞行相适的时间。

注：卅表示5只鸟。

　　只有按照统计学的基本原理、方法进行记录、统计，才能研究鸟类在不同生境和机场不同区域的活动分布规律；研究并明确生境与飞行区域的关系，才能结合鸟撞发生的不同飞行阶段和部位，分析、探讨鸟类分布规律与飞机飞行、鸟撞的相关关系，从而能根据机场不同区域的鸟情探讨影响鸟类分布的生境、食物等原因，开展长效而有针对性的环境驱鸟工作，保障长期飞行安全（7.1节、10.2.1节）。

　　只有按照统计学基本原理、方法的要求进行记录，才能获得科学的数据。有了机场及附近地区鸟类真实而准确的数据，就可进行相关的统计分析，探讨机场鸟类生态分布与活动的基本规律，用以对鸟情进行预报，指导开展科学有效的驱鸟工作。但分析结果的质量与有无数据和数据的精确度密切相关；没有数据无法进行统计分析，数据错误，得到的结果和结论肯定是错误的。只有准确而含有更多信息的数据才能通过研究分析得出正确的结论（4.4节），用以指导开展鸟撞防范工作，取得理想的驱鸟效果。

　　只有按照统计学的基本原理、方法进行记录、统计，才能研究鸟类的日活动规律，因为鸟撞的日发生规律与鸟类的日活动规律有密切相关性。了解机场鸟类总数量的日变化和各种鸟的日活动规律，就能根据鸟类的数量和日活动规律进行鸟撞风险性分析评估，研究有效的驱鸟技术、措施，进行即时鸟情预报，采取防范措施防止鸟撞的发生（4.4.1节、7.1.4节）。

　　只有按照统计学的基本原理、方法进行记录、统计，才能研究鸟类的季节性活动规律，知道鸟类迁来机场、数量高峰期和迁离机场的具体时间；才能结合鸟撞季节性规律，探讨鸟情与鸟撞的季节相关性关系，有利于编制鸟情物候日历，进行中长期鸟情预报，规范鸟情的研究方法，制定科学驱鸟的方法和应急措施（9.5节）。

　　只有按照统计学的基本原理、方法进行记录、统计，才能根据鸟类的日活动规律研究鸟类季节性和年度活动分布规律与飞行航线的相关性，知道鸟类在航线附近活动的时间、数量及其变化的基本规律，也就能测报鸟撞发生概率的大小和危害的程度，清楚驱鸟的优先、重点对象和所采取措施的有效性（7.1.3节）。

只有按照统计学的基本原理、方法进行记录统计，才能进行鸟撞相关性研究，鸟情驱鸟员才知道什么季节、时间，到什么地方去采取怎样的措施进行有针对性的驱鸟。当鸟类从外侧生境侵入机场时，要在该区域跑道的外侧而不是内侧观察驱鸟，防止鸟类向航线靠近，反之，则应加强跑道内侧的驱鸟工作，驱使鸟类尽快离开机场（11.4节）；或者加强对该区域机场环境和场外环境的改造，以便减少鸟类的种类、数量，有效防范鸟撞事故的发生（10.2.1节）。

科学的鸟情观察记录不是自己想看、想记什么，不想看、不想记什么，而是应该快速、准确、全面、客观详细地记录所见到一切。需要用科学的态度，认真地进行观察记录，并尽量配用摄像、录像设备获得实物证据，以保证事后相关专家能有更加科学的实物、图像和文字资料作为分析依据。因此，鸟情员应该用速记的方法将更多鸟情信息记录下来，以便于鸟情数据库的建立，为实时鸟情测报提供科学的基础数据。真实的鸟情资料包括更多的原始信息，在进行鸟情分析时，能从中找到各种有用的基本信息，原始记录能为鸟情与鸟撞分析提供科学的第一手资料。

4.3.3 鸟情观察记录的基本内容

研究、掌握机场鸟情变化规律的目的是为了防范鸟撞的发生，必须明确观察记录的主要内容是与飞行安全相关的鸟情。

具体观察记录的内容包括鸟类的种类、活动时间、数量、飞行方向和分布区，记录能反映不同季节鸟类的种类、种群的数量变化和活动情况等，特别是哪些鸟发生过鸟撞？危害程度如何？哪些鸟在航线附近活动对飞行安全构成威胁？威胁程度多大？机场鸟类来源于哪种生境？在机场内、外是如何分布的？它们是怎样和为什么侵入机场的？与飞机的飞行阶段有何关系？等等。需要记录鸟类进出夜栖地、巢区和在机场活动的时间、种类和数量；记录个体或集群的飞翔方向、高度、觅食、栖息、飞翔及其他活动等生态行为的变化；记录迁徙鸟类过境的时间、数量、飞翔路线、是否在机场休息觅食等；记录鸟类栖息行为的特点及栖息地环境的变化等。

需要依据机场与航线飞行阶段相关的8个分区（图4-1），调查记录各区内与航线相关的鸟类的种类、数量、活动时间和生态分布、活动方式，如鸟的飞翔路线、方向、高度、觅食生境、食物，以及栖息位置是跑道、滑行道、草坪、地面，还是树冠、网杆、具灯、各种支架等。鸟情记录的内容必须能为探讨分析鸟类飞翔与飞机飞行之间的关系、能为分析鸟类侵入机场和探讨鸟撞发生的原因提供科学数据。

4.3.4　鸟情的观察记录

鸟情记录有许多不确定因素，与上述学生个人情况的登记不同，不能采用按个体问卷方式登记（表4-1），要按鸟类的种群进行观察记录和记录设计。为了科学地分析机场鸟情，进行准确的预测预报，奠定鸟撞防范工作的扎实基础，需要准确、真实地记录鸟情，需要统计数据的精确可信，只有这样的数据才能利用有关数学模型快速处理、探讨规律，进行实时预警。

为了准确记录各种鸟类信息，最好在进行摄像、录音的基础上，选择以下方式中的一种或几种方式进行调查记录。由于鸟情变化迅速，记录数据的信息量直接影响统计分析的结果，可用"速记"的方法（表4-2），保证在极短时间内记录的数据含有最大、最多的鸟情信息，以保证数据分析的有效性和实用性。

4.3.4.1　观察记录的主要方法

观察记录是鸟情的科学统计分析和防范鸟撞的重要科学依据。采用什么样的记录方法，由机场的鸟情人员、工作任务和研究的目的决定。初级人员主要学习记录、统计的方法，高级人员应该进行准确地观察记录，能进行综合的统计分析和预报。人员少、任务重时，可采用一定间隔时间的调查方法；团队或多人执勤则应按飞行相关分区进行同步观察记录，以便保证记录含有更多的信息用于各区的比较分析。

1. 随机观察记录

鸟情员随时观察记录，并将鸟情及时汇报给专业人员，以补充其他观察研究方法没有观察到的数据。

2. 定时观察记录

鸟情员定时、定点对机场鸟类的活动情况进行认真的观察记录，每样点定时观测0.5～1.0h。根据飞行情况，定时设定的时间表一般以早（8：00）、中（13：00）、晚（19：00），或以6：00、8：00、10：00、12：00、14：00、16：00、18：00、20：00前后为宜，但应该标明日出、日落时间，以便进行适当调整用于各地区鸟情、鸟撞日规律的比较研究。

3. 间断连续观察记录

每月选定数日，如上、中、下旬各×天，或每周一天，数人配合从早到晚进行全天连续调查。

4. 系统调查记录

每月进行1～3次，对机场及附近各生境中的鸟类进行全面系统地调查，有助于摸清机场附近地区鸟类群落结构的基本组成及其变化情况，以便对鸟情和驱鸟的形势进行全面的评估。

5. 连续观察记录

已经组成专业团队的机场，应该每日按机场飞行相关分区、分工合作进行连续地观测记录，获得更加详细而准确的鸟情信息，为鸟情的精确预报提供可靠的数据依据。

4.3.4.2　样点法观察记录与统计

样点（样方）法（point transect）观察记录是指在执勤过程中，各区的鸟情驱鸟员按自然小时、用记录本认真地进行连续地记录。如果 8：20 开始观察，到 9：00 就要另外划分新的时间段（注意：不是到 9：20），其观察时间是 40min，进行统计时，数据应转换成 1 自然小时时段的数据，如观察到喜鹊的数量是 206（表 4-2），此时段的数量就是 $206 \times 60/40 = 309$，数据统一标准化后，便于对鸟类日、月、年活动规律的研究分析。

鸟情记录必须根据机场分区、用速记的方法进行。记录鸟由场区对应的场外一种生境进出机场时，分别用左上标，如 $^{1}Ⅰ$、$^{1}Ⅲ$ …… 表示鸟由场外的第一种生境进入机场，$^{a}Ⅰ$、$^{a}Ⅲ$ …… 表示鸟从场区飞到对应的场外生境中去；用 $^{1a}Ⅰ$、$^{1a}Ⅱ$、$^{1a}Ⅲ$、$^{1a}Ⅳ$、$^{1a}Ⅴ$、$^{1a}Ⅵ$、$^{1a}Ⅶ$、$^{1a}Ⅷ$ 分别表示鸟进出机场内 Ⅰ、Ⅱ、Ⅲ、Ⅳ、Ⅴ、Ⅵ、Ⅶ、Ⅷ 的各区。如果该区对应的场外生境有几种（林地、果园、湖泊、农田等），则分别用 1、2、3、4 和 a、b、c、d 表示。依此类推（图 4-1），这样记录下的有效数据，能探讨分析鸟类飞翔与飞机飞行之间的时、空位置及其与周边生境的关系，从而为机场各区研究、制定科学有效的鸟撞防范措施提供科学依据。

由于野外鸟情观察记录的随机性大，难以按照表 4-1 统计表格的格式进行，可参照表 4-2 的方式进行记录，然后按表 4-1 的格式进行统计。按时段记录鸟情的基本方法、内容如下所述。

假设 2011 年 8 月 23 日二人在Ⅲ区进行定点连续观察（一个人不能连续观察，次日要将所缺时间段的数据补充完整）。

为了方便观察记录，首先要在页首写上地点：Ⅲ区。日期：20110823，日出 5：05，日落 19：12。天气、风力、风向：晴，北，6 级。能见度：5km。记录人：王三、李四。标明速记代码（常用的统一符号可在记录本的扉页处注明，其他需要说明的应该在页首处随时注明，以便记录统计时作为参考标准，否则，记录可能成为难以破译的"密码"，成为无效记录）：如 F，飞行；D，跑道；d，滑行道；P，草坪；f，觅食；L，电线；杆，网杆；……

观察记录到的原始数据，要根据研究的目的（如鸟在机场各区的日活动规律、鸟的分布规律等）对数据进行统计分析，以便从中发现规律性的东西。喜鹊每日统计的个体数是 309，136，59，…，88（表 4-2），将数日这样的数据做成图、表，就显示喜鹊一天的基本活动规律（图 4-2），将连续数日数据的积累就能反映这一阶段时间的日活动规律，日规律的累积就成为月、年规律；多年同日数据的积累就反映出每年该日的基本规律。对鸟类活动规律的掌握有助于进行特殊日期的鸟情与鸟撞关系的分析，有助于编制完善鸟情物候日历和科学开展日常鸟撞防范工作。

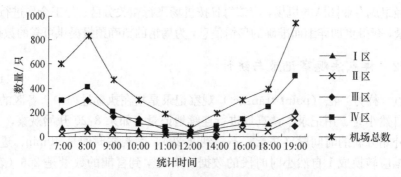

图 4-2　某机场分区喜鹊日活动规律的比较

对机场各区进行同步观察记录后，按活动区的鸟情进行统计，其结果将为比较分析鸟类在机场（Ⅰ～Ⅷ）各区的活动规律，以及分析探讨各区鸟类多少的原因及其与鸟撞发生的相关性提供基础数据。对表 4-2 中Ⅲ区记录的喜鹊观察数据的统计见表 4-3。

表 4-3　Ⅲ区喜鹊日活动情况（表 4-2）的统计

	8:20~9:00(×3/2)	~10:00	~11:00	…	~18:00	~18:30(×2)	总数
日	206×3/2=309	136	67	x		44×2=88	592
p	(22+15+5+16+55)×3/2=170	15+15+16=46	15+16+5=36			16×2=32	284
f	(22+15+16+55)×3/2=162	15+15+16=46	15+16=31			16×2=32	189
F	(22+15+5+13+15+55+25+30)×3/2=270	15+15+16+13+15+25+30=129	13+15=28			(16+13+5)×2=68	481
^1D	(5+15+25+30)×3/2=113	15+30=45					159
^aD	(15+25)×3/2=60	25	5			5×2=10	100
D	(5+7)×3/2=18	7+13=20	7			(7+13)×2=40	85
DF	(5+13+15+25+30)×3/2=132	45+25+13=83	5				220
入	(22+15+30)×3/2=100						100
出	25×3/2=38	25					63
…							

注：表 4-2 中，Ⅲ Ⅴ 55 为平行跑道飞行的鸟数量，与在各区活动的鸟类构成潜在飞行安全威胁；而 D 区鸟的飞翔方向与飞行航线密切相关，容易直接引起鸟撞。^1D 表示鸟由场外一种生境经内侧草坪（如^{1}Ⅲ Ⅳ 15）或经备降道（如^{a}Ⅳ Ⅲ pf30）进入跑道，鸟撞潜在风险和危险增加；^aD 表示鸟穿越跑道经Ⅲ区或Ⅳ区飞出机场；D（D+^{1}D +^{a}D+DF）总数表示跑道上鸟类活动的日变化。出入，表示进出机场。P、F、f 分别表示Ⅲ区的鸟在草坪、飞翔、取食活动的数量。早 8:00~9:00，(^{1}D114+^{a}D60+D18+DF132)+入 100=324+100=424，表示 573 只构成鸟撞危险的威胁，673 只具有鸟撞风险。

各种数据统计（表 4-3）完成后，绘制成图就能显示其各种日活动变化的基本规律，不同时间段鸟类数量的变化将表示其与鸟撞发生的相关程度大小；飞翔方向如进出机场的鸟具有不同的鸟撞风险，进入机场的鸟具有鸟撞风险，离开则风险消失。穿越跑道航线的鸟是直接造成鸟撞的鸟类群；这些鸟既关系到是否引起鸟撞，也关系到采取何种方式、方法进行驱鸟。可根据统计分析，了解掌握鸟类飞翔活动的时间、轨迹和方位，可提前在其必经飞翔路线处驱鸟，以防止鸟飞进机场或穿越跑道，或驱使机场内的鸟类在飞行前快速离开机场，而不是飞行时穿越跑道，增加机鸟相遇的机会。因此，应特别关注对与飞行航线方向相关的飞翔鸟的观察统计，以便根据飞行阶段采取有效的驱鸟措施。

统计结果（表4-3）表明，在 8:00～9:00，喜鹊在Ⅳ、Ⅲ区跑道活动数量 424 只次，324 只次穿越跑道是容易直接发生鸟撞的个体；没有穿越跑道在跑道两侧活动的鸟类是具有潜在鸟撞风险的个体，驱逐草坪鸟类将明显减少侵入跑道的鸟数量，具有显著的鸟撞防范作用。如果某区、某时段有较多数量的鸟从场外、备降道侧穿过跑道进入内侧草坪，此时间段，应加强跑道外侧的驱鸟，防止鸟类进入机场、穿越跑道。对于已经进入内侧草坪的鸟则应加强驱赶力度，迫使其在飞机飞行前离开机场、返回场外栖息生境（7.1.2 节），或在飞机飞行时不进行驱鸟，让其保持"藏匿"状态，等飞行过后将其驱离，减少鸟在飞行航线上活动的机会，降低鸟撞的危险。

将机场不同区记录的鸟情进行比较分析，就能发现那个区域的鸟多，根据掌握的鸟类飞翔方向和机场分区的鸟情变化规律，加强该区针对性驱鸟工作；同时，分析该区域吸引鸟类的原因（如取食 $f=135$，表 4-3），以便探讨减少鸟类活动环境的措施与方法。如果统计结果显示草坪上有较多鸟类取食，应抓紧采取措施减少或消灭鸟类的食物资源（10.2.2 节）；如果栖位上鸟类多，应设法减少栖位，将无法减少的设施进行防鸟改造，使鸟不能栖于其上（10.2.1 节），从而减少机场鸟类，达到防范鸟撞的目的。

每个鸟情驱鸟员都要学会将自己观察的区域按上述方法进行科学地观察、记录和统计分析，加强专业知识的学习并发挥创新精神，进行机场的鸟情统计、分析，就有机会成为机场最优秀的鸟情测报员。他不仅能对自己调查区域的鸟情进行统计分析，而且能将机场其他区的鸟情与自己观察区的鸟情数据进行汇总和比较分析，能对机场鸟情进行系统的统计分析，利用所得数据制图，分析探讨机场鸟类的分布活动规律及其与周边环境、鸟撞发生的关系，为机场鸟撞防范工作做出自己的贡献（**注意**：合计后的数据要进行标准化处理，无论多少人次数都要统一为一人次的数据。为保证数据的准确可靠，应多人次同时进行统计，取其平均值作为统计分析的数据，提高记录统计的科学水平）。

4.3.4.3 路线法调查记录与统计

路线（样带）法（line transect）就是按一定路线宽度和时间（2km/h）行进并系统调查记录鸟情，行进路线尽可能包括机场附近的各种生境类型，以便了解、掌握机场各区与鸟源地基本鸟情的相关程度，为驱鸟布控观察，及时发现重点区域的鸟情提供科学依据。

样带法鸟情记录要与机场 8 个分区相对应，并按林地（如成林、幼林、果园、针叶、阔叶林等）、农田（如玉米地、稻田）、湿地（湖泊、库塘、河流、芦苇沼泽、鱼塘）、草地（高草、矮草）、居民点等生境类型记录鸟类的活动方式。具体做法可根据机场实际情况，在各种典型的生境中行进记录鸟情，也可沿机场边缘绕场行进时记录场内、场外鸟情及其飞行方向和取食活动等。每月可进行数次系统调查，有条件的机场要进行更多次全面调查，甚至是每日进行机场和鸟源地的鸟情监测，以便获得接近实际情况的鸟情数据，采取有效措施将鸟源地改造成不适宜鸟类生存的生境，减少机场鸟类的种类和数量。

假设 2011 年 8 月 23 日进行样带法调查，观察数据的记录如表 4-4 所示。

表 4-4　样带法鸟情调查记录

物种	生境时间						总数
	^{1}Ⅱ成林 8:00~8:30*	^{2}Ⅱ幼林 ~9:00	^{3}Ⅱ农田 ~10:00*	…	~18:00	机场 ~18:30	
喜鹊	DT22　TF15　PD5 T14 Df7 Pf6 DF13 L3 dfT5	TF15　Df5 DfT8　Tf6 DF13	PD8　Df9 Pf6　F13 L3 bT5		^{1}Ⅰ　Ⅴ 53 Ⅵ^{1}Ⅰ T80	Ⅰ DF7, Ⅰ Pf56 Id12　Ⅴ DF13 ⅦL3^{a}ⅦT50	90+47+44+ 133+141*2=596
麻雀	PF25　PD9　DP6 D33 Pf75 L15	PF25　PD9 d50 DP6				PF25 PD9 DP6	163+90+40*= 333
红隼	TF ╫╫ F‖‖		F╫ L‖‖	杆+			8+7+5=20
…							
种数	3	2	2		1	1	
合计	90+163+8=261	47+90= 137	44+7=51	5	133	282+80=262	949

注：记录本页首的说明内容。2011 年 8 月 23 日；日出日落；天气：雾，北风 4 级；能见度：3km；记录人：张三、李四。

说明：b，稻田；D，地面或跑道；d，道路或滑行道；F，飞行；f，觅食；P，草地；L，线；T（杨、刺……），树；N，巢；……

*^{1}Ⅱ、^{2}Ⅱ、^{3}Ⅱ等分别表示Ⅱ区对应的场外 1、2、3 的 3 种生境类型，生境类型中鸟类的多少有助于探讨机场分区与鸟源地环境间的关系，为驱鸟和环境治理提供依据。DT、PD、bT 等分别表示从地面、草地、稻田飞到树上、地面和树上，如在机场内 D 表示跑道。^{a}ⅦT50 表示 50 只鸟从Ⅶ区飞到该区外的树上。要研究成林、幼林、农田……生境鸟类的数量变化规律，则成林、幼林的数量为 $2x$，如飞翔喜鹊分别是 $60 \times 2 = 120$、$36 \times 2 = 72$，农田仍是 18，因为农田是 1h，两种林区各是 0.5h。

样线法记录的数据同样要便于对鸟类日活动规律的研究，便于对各种生境鸟类群落的物种组成和日变化规律的研究，并分析某种生境为何更具吸引鸟类的因素，表 4-4 记录的喜鹊数据按栖息行为统计结果如下：

$$F = \{(\text{成林}15+13+DT\,22+PD5+dfT\,5)+(\text{幼林}15+DfT\,8+13)$$
$$+(\text{农田}13+bT5)\}+(\text{机场}7+13)+^1ⅠⅤ53+Ⅵ^1ⅠT8+ⅠPf6$$
$$+Ⅰd12+ⅦL3+Ⅶ^aT50 = (60+36)+18+20$$

$$+132 = 96 + 18 + 152 = 266$$

$$D = \{(22 + 5 + 7 + 13) + (5 + 8 + 13)\} + (8 + 9)$$
$$+ (7 + 13) = 47 + 26 + 17 + 20 = 101$$

$$T = \{(22 + 15 + 14 + 5) + (15 + 6)\} + 5 + (6 + 5) + Ⅵ^1 I T 80$$
$$+ Ⅶ^a T50 = 56 + 21 + 16 + 130 = 223$$

$$f = \{(7 + 6 + 5) + (5 + 8 + 6)\} + (9 + 6) + (56) = 18 + 19 + 15 + 56 = 108$$

　　记录数据的统计结果是，Ⅱ区对应的场外第一种林地，成林生境中的鸟类物种数为 3 种，喜鹊、麻雀、红隼的数量分别为 90 只、163 只、8 只，总数为 261 只；Ⅱ区对应的场外第二种林地幼林生境中的鸟类物种数为 2 种，数量分别为 47 只、190 只，总数为 137 只；依次类推，可获得各种生境类型鸟类的物种组成、生态分布、数量变化等情况。统计结果有助于探讨机场分区与场外生境类型间的关系。如果调查面积是 1hm²，调查面积内的总数量分别是 596 只、333 只、20 只，总数是 949 只，即每公顷各种鸟的密度（密度＝数量/hm²）分别是 596 只/hm²、333 只/hm²、20 只/hm²。有了鸟类密度，就可以根据密度评估发生鸟撞的总风险性和重点鸟的鸟撞风险（7.3.5 节）。如果鸟类的数量以哪种生境最多［如喜鹊飞翔以林地，取食以机场的 F96、f56，树上活动、营巢以林地的（56+130）、xx 为多］，就说明需要加强对那种生境食物、栖位资源的控制（如加强林地的改造以减少巢位和适宜环境），才能有效减少机场鸟类。

　　各生境飞翔的鸟容易侵入机场，它们和机场内的鸟对飞行安全构成一定的潜在威胁，只有这些鸟类才有侵入飞行航线造成鸟撞的机会。如果调查某生境机场分区内飞翔、觅食的鸟类数量多时，应把驱鸟工作的重点放在该区域，防范鸟类从该区侵入机场和航线。从统计数量（60+36+T223）可以看出，该区鸟类多的原因是树木较多造成的，因为林地、树木为鸟类提供了良好的栖位和巢位。找出生境吸引鸟类的主要原因，就可通过改变林型、林相、巢位等方式减少森林鸟类的种类和数量，如果是觅食（$f=108$）数量多，应该采取措施控制、消灭昆虫等食物资源。

4.4　机场鸟情数据的统计分析

　　只有对鸟情数据进行统计分析，才能研究鸟类的活动分布规律，为鸟情监测和预测预报提供科学数据；才能与鸟撞规律结合探讨两种规律间的相关性，主动采取有效驱鸟措施，规避鸟撞风险。所以，观察记录的鸟情数据一定要进行统计分析，数据才具有现实的重要意义。

　　鸟情驱鸟员除了进行科学的鸟情观察记录外，还必须对数据进行统计分析，通过统计分析发现其中规律性的东西；经常分析鸟情，探讨鸟类在机场的分布活动及其种类、数量的变化规律，才能了解、掌握鸟类的活动分布规律，才能开展针对性强而有创新的驱鸟工作。因此，鸟情员必须掌握鸟情统计分析的科学方法，设计好符合鸟撞防范研究目的的表格，以便对机场鸟情进行科学的监测和统计分析。

　　为了便于全国、区域不同机场的比较和规律性研究，还应该按照建立数据库的统一标准要求，进行鸟情调查的记录和统计，确保统计分析数据的准确性与可靠性，规范化的数据便于为机场和区域性、全国性的鸟情预报提供精确的档案资料，为建立我国不同层次的科学鸟情数据库奠定坚实的基础，也为人工智能驱鸟研究提供基础的科学数据。

4.4.1　鸟类日活动规律的统计分析

　　除了鸟类的总数量与鸟撞有关外（7.3.5节），鸟种的数量和行为也与鸟撞有关；发生过鸟撞的鸟是研究的重点鸟类，数量最多的几种鸟则是需要特别关注的研究对象。可选择机场常见的重点鸟类先易后难开展研究，边突破难点、掌握理论方法，边进行机场鸟情的全面研究。有一定研究经验的人员要开展全面系统的研究，不仅是重点、常见而数量较多鸟类，而且其他少见鸟类也要同步进行观察研究，以便获得机场系统而全面的鸟情资料。

　　按表4-2的方法，连续观察、记录鸟类的分布活动情况后，将观察到的数据按小时进行统计（表4-5～表4-7）分析，就能研究、掌握鸟类生境日活动的基本规律，有助于探讨生境鸟类日活动与鸟撞规律的关系，知道鸟类日活动是如何影响鸟撞发生的。将连续数日（表4-5）的数据统计后，按天进行数据处理，就是这段时间的日活动规律；将同一天的数据（如机场某区或机场多年的数据）进行统计，就是该日的日活动规律的数据，用这些数据制成的图、表就是进行鸟情分析的依据（图4-2～图4-5）。

表4-5　8月下旬机场Ⅲ区重点鸟（或数量最多鸟类）喜鹊的日活动规律

年月日	时段								
	～7	～8	～9	～10	～11	～12	…	～19	总数
20100823	?	?	309*	136	59			88	592
20100824	××	××	××	××	××	××	××		××
20100825				××	××	××	××	××	××
…	…	…	…	…	…	…	…	…	…
合计*	××/2	××/2	××/2	1/3次	1/3次	1/2次	1/2次	××	88

　*数据来自表4-2。如果记录次数不一样，要取其平均值，标准化为1次的数据，以便于进行分析，故8:00～9:00的数量是（309＋××）/2。

表4-6　8月23日机场Ⅲ区（所有）鸟类数量*的日变化规律

年月日	时段								
	～7	～8	～9	～10	～11	～12	…	～18	～19	总数
20100823			725	264	67	5		5	168	1 229*
20100824	××	××	××	××	××	××	××	××	
20100825	××	××	××	××	××	××	××	××	
…									
合计平均									

　*数据来自表4-2。

表 4-7 8 月 23 日机场各区（或不同生境）喜鹊数量的日变化规律

分区	时间										总数
	～7	～8	～9	～10	～11	～12	…	…	…	～19	
Ⅰ区	65	75	60	50	35	25	70	100	100	200	780
Ⅱ区	305	413	208	105	78	35	90	140	250	500	1644
Ⅲ区	210	300	**309**	**136**	**59**		?	?	?	**88**	592
…	…	…	…	…	…	…	…	…	…	…	…
Ⅷ区	25	45	35	20	15	15	40	60	50	150	455
合计	605	833	469	311	187	75	200	300	400	938	××

注：黑体字数据见表 4-2，其余数据是为示范此表而假设的调查数据。
? 为间隔空缺时段，需要次日特别注意进行补缺的数据。

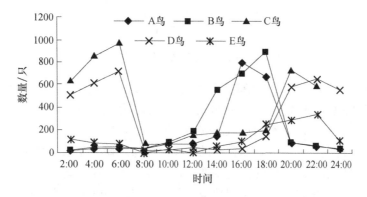

图 4-3 某机场几种鸟的日期活动曲线

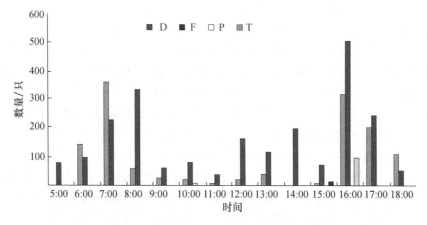

图 4-4 某机场中心圆处家燕日活动规律（鲍连艳和赛道建，2003）
D. 跑道；F. 飞翔；P. 草坪；T. 林地

依次类推，将每日积累的数据或连续数日的数据合并标准化处理（表 4-6，求其平均值）后，进行相关统计分析，就可得出喜鹊（表 4-5）及所有鸟类的日、周、旬、月、季、年的"日活动规律"。鸟类日活动规律的研究将为机场鸟撞概率（7.3.5节）和各种鸟某日的鸟撞指数（7.3.3节）的研究，为任何一天的鸟撞防范提供科学的信息依据。

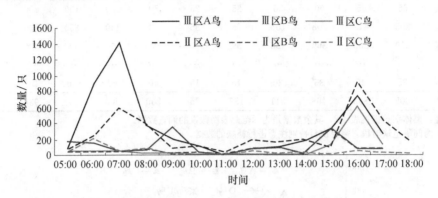

图 4-5　某机场 3 种鸟类区域日活动规律的比较

8月23日，喜鹊、家燕、红隼等鸟类的总数量是 592 只、366 只、21 只（表 4-2），将这样连续的总数量的数据进行统计分析就可得出机场鸟情的年基本规律。有的鸟集中出现在某一段时间内，有的分散出现在不同月份，这不仅有助于探讨整体鸟情规律的变化，分析变化的原因，而且有助于探讨鸟撞规律变化的鸟情因素，也是昆虫暴发年份或暴风雨、雪等特殊天气条件下，鸟类活动规律与鸟撞发生关系探讨研究的基础。数据的积累将有助于长期预报、研究制定季节性的科学鸟撞防范措施，便于根据日活动规律选择驱鸟的区域和时间（11.4节）。

表 4-7 和机场鸟类总数量和各区的日活动曲线（图 4-2）说明，虽然各区数量变化不同，但 8:00 和 19:00 前后为数量高峰期，12:00 为数量低谷，日活动出现两个高峰期，其中Ⅱ区喜鹊的数量最多，Ⅳ区最少。据此，考虑飞机的飞行方向和阶段的鸟撞相关性及应该采取的措施，可预测 24 日（次日）鸟类的总数量与鸟撞风险，执勤时除正常观察记录外，应该把驱鸟的重点时段放在 7:00～9:00 和 18:00～19:00，重点区域应放在Ⅱ、Ⅲ区，其余时段、区域给予相应的关注。

机场几种鸟的日活动曲线图 4-3 所示，防范鸟撞发生的时段是，C 和 D 鸟为 6:00 前后、19:00～22:00 时 2 个时段；A 和 B 鸟为 16:00～18:00、E 鸟为 20:00～22:00，各 1 个时段；16:00～22:00 是 5 种鸟活动数量的高峰期，即鸟撞由多种鸟造成的高发时段。可根据鸟撞物种鉴定（如果有鸟撞发生的记录和规律研究也证实是此时段）确定的物种，加强对 C 鸟和 D 鸟的 2 个时段，5 种鸟或 A、B、E 3 种鸟的 16:00～22:00 时段，实施重点防范观察与驱鸟。

虽然北京时间的时段相同，但由于我国东西经度跨度 50°～60°，时差达 2 个多小时，即使是同一机场，春、夏、秋、冬的日出日落时间也有很大差异，按统一的时间会出现昼夜时差相混的情况，不同区域、季节的日鸟情规律比较分析就必需根据日出、日落时间进行校正，以便于探讨昼夜鸟情变化与鸟撞的相关性。

　　根据机场鸟类日分布区和活动曲线分析确定某日机场驱鸟的重点区域和时段，有助于制定规避鸟撞风险的航班或飞行训练计划，合理布控并及时采取应对措施。总之，了解、掌握鸟类的活动规律后，确定航线和制订飞行计划时，就可以考虑并根据鸟情采取适当规避措施，也可根据航班和飞行计划进行有效的针对性驱鸟工作，有效防范鸟撞事故的发生。

4.4.2　机场鸟类分布规律的统计分析

　　将表 4-2 记录到的机场各区数据按不同分区进行统计分析，可获得类似图 4-4 的结果。在跑道活动的鸟类数量包括在跑道活动的和飞行穿越跑道的鸟类数量；Ⅰ、Ⅲ、Ⅴ、Ⅶ或Ⅱ、Ⅳ、Ⅵ、Ⅷ间飞翔是在跑道同侧活动，构成潜在的飞行安全威胁；而Ⅲ、Ⅳ或Ⅳ、Ⅲ，以及Ⅲ、（Ⅱ、Ⅵ、Ⅷ）或Ⅳ、（Ⅰ、Ⅴ、Ⅶ）间飞翔则是穿越跑道不同飞翔方向的鸟，故将它们统计为跑道航线上的鸟类数量（表 4-3、表 4-8），它们是与航线直接相关的鸟，有直接的鸟撞威胁。对每一个区域进行相应的数据统计，可从宏观上了解各区具体的鸟情信息，便于研究机场各区鸟类的种类、数量和活动规律及其与周边的生境类型、人类的各种干扰活动及所采取的驱鸟措施的关系，制定更有针对性的防范措施。

表 4-8　机场Ⅲ区喜鹊的活动情况（表 4-3 数据）

时　间	活动类型						
	D	d	F	P	ⅢⅣ	ⅢⅣ＋ⅣⅢ	……
20100823	564		220	F189		F481	
20100824							
…							
合计							

注：（159＋100＋85＋220）=564 为所有与跑道有关的活动频率。

　　表 4-8 表明，鸟类在跑道（航线）上活动的数量较大（564 只），飞翔数量高达 220 只，飞鸟与飞机相遇的机会多，鸟撞的概率大，必须加强对该区鸟类的防范。根据鸟类飞翔是Ⅲ→Ⅳ方向还是Ⅳ→Ⅲ方向的数量，以及飞机的主飞、逆飞方向，就能确定跑道航线Ⅳ区和Ⅲ区的驱鸟力度。如果内侧草坪具有鸟撞潜在威胁大的鸟类数量大，说明需要研究是什么原因吸引如此多的鸟类到该区草坪上来；草坪飞翔鸟 481 只，到草坪来取食的 189 只，取食鸟所占数量比大，研究鸟类的食性并知道鸟类食谱中哪些昆虫是主要食物，就能根据昆虫生活史预测预报鸟情，同时消除原因，即加强灭虫使鸟类失去食物资源，可以减少鸟类的数量和鸟撞发生的概率。

　　机场不同区是和飞行阶段（起飞滑跑、起飞爬升和降落进近、滑行等）相关的，而对应的场外生境类型会为鸟类提供栖息生境，并影响机场不同区的鸟情；机场区域不同，鸟类的组成和活动规律也是不同的（图 4-5），从而与不同飞行阶段的鸟撞发生有一定的关系。

与观察统计的结果相比，某机场不同区域防撞鸟网的捕鸟统计也显示了相似的结果（表 4-9），中心圆、T3 区的网捕鸟类种类多、数量大，占网捕鸟总数量的 55.6%、当月的 68%；这显然与该区生境状况有益于鸟类活动和人为干扰少相关；此区处于飞机起飞爬升阶段，增加了鸟撞机会和危险度，成为鸟撞的高危险区。如果飞行阶段鸟撞研究证明其鸟撞发生于此区，鸟情与鸟撞相关性强，表明加强治理此处的机场内、外环境和加强此处的驱鸟是该机场防范鸟撞的重点工作。

表 4-9　某机场不同区域网到的鸟及月数量变化（鲍连艳，2005）

物　种	9月					8月	7月	6月	总　数
	A端	中心圆	T3区	B端	拦阻网				
黄斑苇鳽	1								1
红隼			1			2			3
大沙锥	50	26	85	10					151
白腰草鹬			1	1		2			4
林鹬						2			
山斑鸠						1			1
珠颈斑鸠			2						2
纵纹腹小鸮	4		4	3		1	2	1	15
戴胜			19		3	10	5	9	46
云雀	7	7	38	5		6	2	1	66
小沙百灵	2								2
家燕	7		11	2		7	2	4	33
金腰燕	2		1			1	2		6
白鹡鸰			3		1				4
黄鹡鸰	1					1			6
红尾伯劳	5								5
楔尾伯劳			1		1				2
喜鹊		2	36	1		18			57
麻雀	4	1						1	6
种数	10	4	12	6	4	8	7		6
总数	83	36	202	22	7	28	34	16	428

4.4.3　鸟类生境区的活动规律

将机场各区记录的鸟情数据，以生境类型（或Ⅰ、Ⅱ、Ⅲ、Ⅳ……）按单位时间统计到表 4-7 中，就可探讨机场各区和附近环境中鸟类的日活动规律及相互的影响。

将各种鸟数日、多年或长期机场鸟类观察记录的数据，按小时、日、月、年进行统计分析，研究鸟类的日活动规律和季节性活动规律；按机场 8 个区（图 4-1）与对应的场外生境进行统计分析，就能探讨机场鸟类活动的不同区域、时段与周围环境间的关系，从而可以探讨不同部位的鸟撞与飞行阶段、时间、高度发生之间的关系，有助于明确重点驱鸟区域和应该采取的驱鸟措施。

4.4.4　鸟类分布规律及原因分析

按生境类型将观察记录的鸟情统计到表 4-10，便可研究机场鸟类的生态分布，即对机场鸟类与鸟源地的状况进行分析（表 4-10、表 4-11、图 4-6），不仅能知道机场鸟类喜欢哪种生境，而且可探讨鸟类在某种生境中是活动、营巢繁殖还是进行觅食活动的，如对喜鹊成林生境活动情况的统计（表 4-11），找出鸟类数量多的主要原因，将有助于防范决策和驱鸟措施的制定。

表 4-10　喜鹊的生境分布

日期	成林	幼林	果园	林地	农田1	湿地	村庄1	…	机场Ⅰ区	…	Ⅷ区
8月23	90×2	47×2		274*	44				(133+182)/2		
8月24											
…											

注：数据源自表 4-4。

＊274 为成林、幼林、果园鸟类的总数；机场Ⅰ区鸟类种类、数量多是由其对应的场外林地决定的，还是由其他生境决定的，经鸟类的生境分布统计分析是可以发现的。

表 4-11　成林生境喜鹊的活动

年月日	F飞	D地面	T树	f觅食	…	TN	tN
20100823	60	25	189	18	…	××	××
…							
合计	…	…	…	…	…	…	

注：TN. 树上营巢；tN. 塔架等设施上营巢。

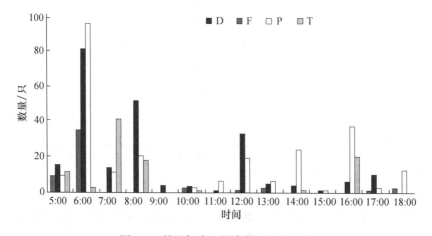

图 4-6　某机场中心圆喜鹊日活动规律

　　某机场喜鹊在中心圆区的跑道、草坪、飞翔和栖木上的日活动规律（图 4-6）说明，机场草坪区生活着大量昆虫，为鸟类提供了丰富的食物资源。因此，6∶00 后出现鸟从周边生境进入机场和草坪活动觅食的数量高峰，16∶00 前后出现草坪和林木上活动的数量高峰。鸟类进入育雏期后，形成家族群在草坪上进行觅食活动，无经验、飞翔能力弱的幼鸟栖于跑道上，有助于亲鸟就近捕食和育雏，却增加了鸟撞的机会。特别是晨昏光线不好、鸟类正在草坪忙于觅食时，突然的危险（包括巡逻驱鸟）会使鸟类慌不择路地向夜栖地逃飞，穿过航线时增加与飞行的飞机发生鸟撞的机会。抓住时机灭虫，减少鸟类食物资源是减少鸟类、防范鸟撞的重要措施。

　　生境鸟类研究表明，鸟类的种类、数量和活动规律与生境类型、季节有关，也与人类的干扰活动有关。鸟类物种数和种群数量高而稳定的林地、居民点及湿地是重要的机场鸟源地。春耕灌水农田和大面积湿地等生境吸引大量鸻鹬类、鹤类、鹳鹭类涉禽和鸭雁类前来觅食；成熟林地吸引众多森林鸟，使迁徙和游荡鸟类的种类、数量增加。能为鸟类提供多样、良好的营巢和觅食活动生态位的生境，能吸引的鸟类种类多、数量大，具有丰富的鸟类物种，而物种多样性指数高而稳定的生境将成为机场鸟源地的重要生境，生境物种多样性变化见表 4-12。依据物种多样性指数的高低进行生境排序，确定重点鸟源地，加强对此类环境的治理，就能减少鸟类的种类和数量，减少甚至避免鸟撞发生。

表 4-12　某机场不同生境鸟类的物种多样性（鲍连艳，2005）

月份		生境					
		居民点	荒坡	农田	机场	林地	河流
6 月	物种数	21	5	6	12	10	—
	总个体数	536	22	41	172	51	—
	多样性指数	3.480 36	1.842 91	2.409 34	2.901 89	3.040 66	—
7 月	物种数	14	5	8	22		
	总个体数	123	29	107	14 353	—	—
	物种多样性	3.215 92	2.063 65	2.019.2	1.958 46	—	—
8 月	物种数	13	4	11	18	13	13
	总个体数	1 008	23	586	2 503	515	409
	物种多样性	2.288 74	1.208 7	2.455 91	2.879	2.577 64	2.974 81
9 月	物种数	17	10	18	16	8	10
	总个体数	1 579	624	1 403	268	101	264
	物种多样性	2.486 38	1.549 74	2.237 59	3.092 05	2.110 7	2.214 17

　　注：＊—. 未进行统计，提示今后的鸟情调查应该对此做重点补充，按相同条件进行比较分析找出鸟情变化的原因。

　　机场因具有丰富的昆虫和土壤动物等食物资源，又是临时湿地、空旷而较少干扰的环境，能吸引大量鸟类来活动觅食，繁殖和迁徙的集群迁移和觅食活动将使机场鸟类数量增加，机场鸟类的种类和种群数量激增，就会增加进入航线而发生鸟撞的机会。采取针对性的措施，改造环境、减少鸟类的适宜生境是驱除鸟类重要方法（10.2 节）。

　　按生境鸟类的行为方式进行统计，可找出某种生境吸引鸟类的原因。例如，成林生境，喜鹊营巢××个，每巢一对亲鸟加上它们的后代，其育雏期的数量就可估计出来；如果此生境是机场重要的鸟源地（表 4.11），该生境对飞行安全的威胁程度也就可以进行预测。要减少喜鹊数量，清除巢位是减少其数量最有效的一种措施，如剪去支巢树杈，或剪除成林中适于喜鹊营巢的树冠，既不影响绿化，又可持续多年减少喜鹊在该林区的繁殖机会。

4.4.5　鸟类季节性活动规律的分析

　　机场周边，如森林、农田、沼泽湿地以及河流、湖泊水库等环境都会出现明显的季节性变化，鸟类也有明显的年周期变化。鸟情驱鸟员观察记录的数据既有助于编制机场鸟情物候的（9.5 节）日历、进行鸟情预测预报，又能按旬、月、季节进行数据整理，对每种鸟（特别是鸟撞物种）进行季节性变化规律的分析，并进行排序和综合分析（图 4-7）机场某日都有哪些鸟类在活动，其数量的多少及变化趋势，探讨机场鸟情变化的基本规律和鸟情特点，从而指导机场根据鸟情特点采取有效的针对性措施驱鸟，防范鸟撞的发生。

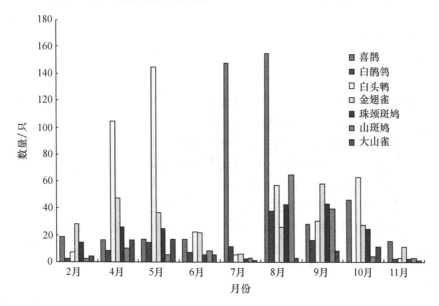

图 4-7　某机场几种常见鸟类的季节性变化

　　总之，鸟情驱鸟员需要加强对机场及周边生态环境的调查，研究探索机场内、外鸟类的各种活动规律，知道了鸟类的活动分布规律，就能结合机场鸟撞规律的研究探讨飞机与飞鸟发生鸟撞间的相关性关系，从而有助于制定有针对性的科学驱鸟措施，主动开展鸟撞防范工作。飞行期间，驱鸟员需要及时鉴别出具有鸟撞危险的种类，随时向机场指挥调度部门报告鸟情，这也是主动防范鸟撞的重要措施。

4.4.6　机场鸟源地的确定与排序

利用 Shannon-wiener 生物多样性指数公式：

$$H = -\sum_{i=1}^{S} \left(\frac{n_i}{N}\right)\left(\log_2 \frac{n_i}{N}\right)$$

式中，H 为物种多样性指数；S 为物种数；总个体为 N，第 i 种个体数为 n_i，$P_i = n_i/N$ 为第 i 种的个体比例。

按生境和不同季节，对机场鸟类分布活动规律的调查统计数据进行分析，然后，根据多样性指数由大到小进行排序，季节性指数高的生境就是该季节机场鸟类的重要鸟源地，如果夏季 $H_{林} > H_{果} > H_{村庄} > H_{农田} > \cdots$，冬季 $H_{湿地} > H_{林} > \cdots$，那么，夏季林地、冬季湿地是机场最重要的鸟源地。通过鸟源地重要性的排序有助于确定机场重点驱鸟的方位，夏季驱鸟首要防范生境是林地，冬季则是泥沼湿地。鸟源地的确定有助于采取措施进行环境治理，创造"驱鸟"生态环境；确定机场各区与鸟源地的关系有助于减少驱鸟的盲目性，提高鸟撞防范效应。

复习思考题

1. 为何需要进行机场鸟情研究？
2. 机场鸟情研究应该如何分区？依据是什么？与样点、样线法鸟情研究有何关系？
3. 机场鸟情研究的主要和关键内容是什么？
4. 鸟情研究有哪些方法？与机场鸟情监测有何关系？
5. 怎样记录全息鸟情资料？如何自动获取鸟情数据？
6. 怎样进行鸟情统计分析？根据是什么？
7. 机场鸟情统计分析的方法有哪些？有什么目的要求？
8. 为什么要进行鸟情监测？怎样进行监测才能为飞行鸟撞风险预报提供依据？

第 5 章　机场鸟类的识别

本章提要：驱鸟员熟练地快速识别鸟类是机场鸟撞防范工作的基础。识别鸟种便能迅速获得有关的鸟情、鸟撞信息，确定鸟撞的危害及其驱鸟优先等级，便于采取有效的针对性措施进行驱鸟。

观察识别鸟类是进行机场鸟情记录、统计分析与驱鸟防范鸟撞的基础。由于鸟类物种间的亲缘关系远近程度不同、形态特征各异，鸟情驱鸟员只有亲身认真观察记录才能增强对鸟种识别的能力，结合鸟类的栖息生境、习性和形态、行为特征等进行综合判断，准确识别鸟种，确定鸟源地，为研究鸟撞与机场分区、鸟源地的关系，合理布控驱鸟设备和防控人员提供科学依据。

及时、准确判断鸟类的物种就能采取针对性措施驱鸟，就能从已有的鸟情数据库中查询、获得该鸟的形态特征、大小、重量、生活习性和生态分布，以及危险等级、事故发生情况等与鸟撞相关的信息。

只有快速识别鸟类才能观察记录各种鸟的数量、分布和活动情况，预判其与鸟撞的相关性程度，准确报告鸟撞风险，迅速做出防范决策，迅速确定重点驱鸟物种和应采取的针对性措施，防止鸟类进入机场，或将侵入并在航线附近活动的鸟类迅速驱离机场。

5.1　鸟类观察的设备

机场鸟情观测所需的专业设备主要有双筒或单筒望远镜、夜视观察仪、摄像机、红外摄像仪、录音设备等；图谱有中国鸟类图鉴、图谱和鸟类野外手册以及当地的鸟类识别手册等。

除鸟情驱鸟员随身携带的观察仪器外，有条件的机场可在机场一定的位置上安放遥控监测设备，与指挥控制室的计算机银屏相连，便于塔台指挥全面实时监控机场鸟情和其他情况。监控仪器要与驱鸟设备配合使用，安放时以跑道为中轴，高架仪器安置在外侧，低架仪器安置在内侧，仪器间隔在 10m 以上、距机场围栏不小于 3m，仪器的排列方式要保证监测全场没有死角为原则，同时要有预防被盗措施。

5.2　鸟类观察识别的基本方法

首先要根据实际情况，请熟悉机场鸟情的人或专家进行鸟类识别方法的培训，经过培训或实践，认识的鸟类（包括俗名鸟类）可按机场鸟情记录要求直接进行记录。不认识的鸟，应认真观察，一定要用素描方法快速画出观察到的结构特征（图5-1），然后，结合图谱、对照标本和机场鸟类查询系统确认具体鸟种；不能准确确定具体物种的鸟最好是采集标本，以便于请专家对鸟种进行确认。

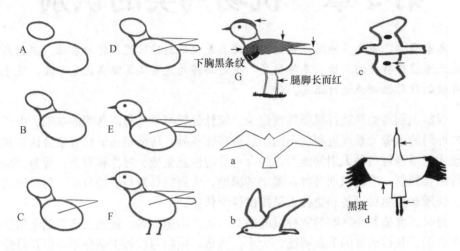

图 5-1　鸟类的素描画法示意图
A～F 与 a～c 为绘图顺序，G 与 d 是画出并标注各部位的形态特征

　　经过一定时间的实践锻炼，掌握了观察识别鸟类的方法，就能通过野外观察、记录、摄影、素描绘图，利用视觉、听觉和机场鸟情监控设备得到的鸟情信息，迅速确认鸟类的物种名，甚至年龄、性别。通过查询获得是否发生过鸟撞和危害程度等有关信息。能从其形态和行为等特征上对机场鸟类进行识别，就为快速记录鸟情、进行科学地鸟情测报等鸟情研究和鸟撞研究奠定了扎实的专业基础。

5.3　根据形态特征识别鸟类

　　根据鸟类的体形、嘴形、趾形、翅形、尾形、羽色等形态特征识别鸟类是野外识别的重要方法，如体型是胖圆还是修长、嘴形是强直还是钩状新月形，迅速抓住容易观察到的物种特异性特征，对确定所见之鸟属于哪一类群或哪一鸟种是最为重要的。

5.3.1　体形和大小

　　以个体的体长、体重、形体等特征，如体型和大小相似，或大小有差异但体型相似的鸟作为参考指标。

似鹰、隼的，如鸢、鹞、隼及大型的鸳、雕等；似鸡的，如环颈雉、石鸡、鹧鸪等；似白鹭、鹤的，如苇鳽、鹳、各种鹭类及骨顶鸡、各种鹤；似鹬的，如各种鹬类、鸻类等；似麻雀的，如山雀、金翅雀、燕雀、文鸟和鹀类等；似八哥的，如椋鸟、鸫、黄鹂、戴胜等；似喜鹊、家鸽的，如灰喜鹊、红嘴山鸦、各种斑鸠等。

也可以根据身体各部分的相对比例进行识别，喙长而头部短的，如鹬类；头、体、尾的比例，头短尾长的如鹰隼，头颈长而尾短的如鸭雁类；长尾者如环颈雉、杜鹃、白鹡鸰、喜鹊、灰喜鹊、寿带等。飞翔和静栖时，注意区分鸟体各部的相对位置。例如，鹭站立时头颈长，飞翔时则回缩而短；鹤则伸长脖子。

5.3.2　羽色

羽色具有显著的物种特征，但光照度、逆光、云雾、观察距离等会干扰对羽色的观察，要注意上述情况的干扰，减少和避免不良环境带来的错觉。云雾遮挡影响观察效果，晨昏、阴天或密林深处，光照度不够不易辨色。乌鸦、卷尾等单一黑色鸟类，近距离看羽毛闪着蓝、紫、绿等金属光泽；在强光下，中远距离（几十米）观察时，产生强烈白色反光效果，头或翅角有大型白块斑，容易产生错觉。逆光难以分辨鸟体颜色，应尽量顺光观察。

在观察体色时，首先要注意鸟全身以什么颜色为主，然后快速准确地注意某一部位的鉴别色斑特征，抓住最突出的几点特征，特别是头顶、眉纹、贯眼纹、眼周、翅斑、腰羽、尾端等处的羽色。

羽色几乎全白的，如天鹅、白鹭、鹈鹕等；几乎全黑的，如鸬鹚、乌鸫、黑卷尾、发冠卷尾、乌鸦、红骨顶等；黑白羽色相嵌的，如丹顶鹤、白鹳、黑鹳、凤头潜鸭、白翅浮鸥、斑啄木鸟、鹊鸲、喜鹊、八哥、鹊鸭、黑短脚鹎及白鹡鸰、小燕尾等；以灰色为主的，如灰鹤、杜鹃、岩鸽及灰卷尾、普通鵟等；灰白羽色相嵌的，如白头鹤、白枕鹤、苍鹭、夜鹭、银鸥、红嘴鸥、白胸苦恶鸟、燕鸥、白额燕鸥、灰山椒鸟等；以蓝色为主的，如普通翠鸟、红嘴蓝鹊、蓝歌鸲、蓝矶鸫、三宝鸟、蓝点颏等；以绿色为主的，如绯胸鹦鹉、栗头蜂虎、绿啄木鸟、凤头麦鸡、白头鹎、绣眼及柳莺等；以黄色为主的，如黄斑苇鳽、大麻鳽、黄鹂、黄鹡鸰、金翅雀、黄雀、黄胸鹀等；以红色为主的，如池鹭（飞翔时白色翅非常明显，注意区分）、红腹锦鸡、朱背啄花鸟、黄腰太阳鸟、朱雀（雄）、北朱雀（雄）、红交嘴雀（雄）、红隼、红尾伯劳、棕背伯劳等；以褐色或棕色为主的，如斑鸠、雁、鸭、鹰、隼、鸥、鹬、鸦以及云雀、画眉、苇莺等。

5.3.3　嘴和头的形态

鸟类头与嘴形的特征与食性、取食行为相适应，其形态特点及其嘴、头的比例是鸟类重要的识别特征（图5-2）。

图 5-2　鸟喙类型与头形

嘴长而直的，如鹤、鹳、鹭、沙锥、啄木鸟、翠鸟等。嘴长、向下弯曲的，如戴胜、杓鹬、鸱、太阳鸟等；向上弯的，如反嘴鹬、翘嘴鹬。嘴强壮锥形的，如锡嘴雀、蜡嘴雀、朱雀等。嘴尖扁而宽的，如夜鹰、雨燕等。嘴扁阔的，如鸭雁类；嘴平扁、先端宽的，如琵鹭等；嘴扁具喉囊的，如鹈鹕、鸬鹚等。嘴锐利带钩的，如鹰、隼、鸱、鸮、伯劳等，鸮类还具有明显的面盘；嘴细长尖端具钩的，如鸬鹚。

头具羽冠的，如白鹭、夜鹭、凤头麦鸡等。嘴弯曲，嘴、头比例大的，如杓鹬、反嘴鹬等，比例小的，如翘嘴鹬等；嘴直，嘴、头比例大的，如沙锥等，比例小的，如鸻类等。

5.3.4　翅型和翅斑

鸟类的翅型有尖形、圆形、方形等类型（图 5-3）。有些难以接近的飞翔或翱翔鸟类，靠翅型特征可以进行初步分类，如鸭雁类翼镜的有无、大小、形态和颜色各不相同。鹰科鸟的翅多是圆形，隼科鸟的翅尖长；并且鹰、隼翼下斑纹明显不同，结合其他形态特征和季节分布规律，能将高空飞翔的猛禽区分开来。

5.3.5　尾型和斑纹

鸟尾可分为平尾、圆尾、凸尾、尖尾、凹尾、叉尾等多种类型，对野外鉴别有重要作用，以至于靠尾羽就能分辨到种。鹧鸪、鹌鹑、䴙䴘等的尾极不发达。环颈

图 5-3 鸟类的飞翔姿势与翅型

雉、白腹锦鸡、红腹锦鸡、红嘴蓝鹊、寿带等的尾极长。鸥类多平形尾,燕鸥为叉形尾。黑卷尾和发冠卷尾的体色、体型和尾型相似,但外侧尾羽前者只向外侧卷曲,后者则向外背方弯曲。斑鸠尾端具弧形白带斑,山斑鸠白斑完整,珠颈斑鸠、火斑鸠中间断开。红隼、黑尾鸥具有宽阔的黑色尾端斑。鸦属鸟类两侧尾羽白色。

翅型和尾型综合考虑对识别鸟类十分重要。例如,圆形翅的鹰类具叉形尾,是鸢的特征。家燕和雨燕的翅为尖形,但前者翅具明显的翼角,尾狭、深叉状;后者翼角不显,翅长镰刀状,尾阔、浅叉状。具有燕子样的翼角、有浅叉状尾的鸟是沙燕或岩燕的特征。

5.3.6 后肢的形态和颜色

后肢的形态和颜色,如后肢长短、颜色、相对于身体摆放位置和趾型等(图 5-4),也可提供明确的观察特征。后肢长的涉禽,如鹭类、苇鳽、鹤类、鸻鹬类等,它们的喙和颈也长。后肢短的,如啄木鸟、夜鹰、杜鹃、雨燕等攀禽。鹤与鹭外形相似,鹭具强大并与前趾位于同一水平面后趾,能树栖,但鹤不能栖树;飞翔时,鹤的后肢直伸向体后方，体形呈"一"字形；鹭的后肢伸向后下方，体形呈"S"形，白鹭和黄嘴白鹭的足呈黄色，其余鹭多呈黑色。鸭雁类飞翔时后肢位于腹下。

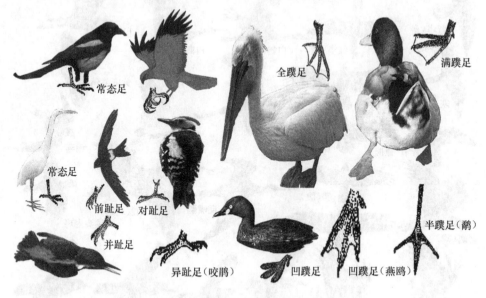

图 5-4　鸟类的足型与蹼足类型

5.4　根据行为特征识别鸟类

鸟类行为不仅有类群的特异性，也有种的特征性，根据特征行为结合栖息环境即可进行鸟类的野外鉴定。

5.4.1　飞翔姿势

鸟类的飞行动作因种而异（图 5-3），除飞行曲线和体态外，扇翅的频率、节奏、幅度等也是野外鉴别的主要特征，平日可从互联网选择、编辑或自制视频资料，了解各种鸟的飞行姿态，应用于鸟情观察和准确识别鸟种。

鹰、隼、鹞、雕、山鸦等善于选择在上升气流处翱翔盘旋寻觅猎物，可长时间滑翔。翠鸟、白额燕鸥等飞翔时可像直升机一样悬在空中，府冲水中捕食。伯劳、翠鸟、鸭类、乌鸦、红腹滨鹬等飞行平稳、路线近乎于一条直线，集群飞行时常无特定队形。鹡鸰、鹨、燕雀及啄木鸟等飞行曲线呈规律波浪状、飞行节奏频次较固定，绿啄木鸟为大波浪式，斑啄木鸟为小波浪式。燕子、雨燕、鸽等飞行迅速，成群飞翔时常常改变方向。百灵与云雀等可垂直起飞与降落，在空中盘绕上升。山椒鸟、卷尾等常固定栖于枝头，当昆虫飞过时便起飞，兜圈捕捉后返回原处。

　　鹤、鹳和鹭飞行时，扇翅的程度以及颈和足的伸直和弯曲明显不同；秧鸡的脚常呈"悬空"姿势。天鹅、雁类及鹤等常列队而行，扇翅频率较缓，而鸭类队形较乱、扇翅频率较快；天鹅等在水面上奔跑起飞，鸭类则直接起飞，可根据队列类型及飞翔姿态鉴定识别这些鸟群。

5.4.2　停落姿态

　　鸟类休息和停落姿态因种而异，是鸟类野外识别的重要特征之一。
　　水禽在水面停落时，可根据体形大小、上体露出水面的情况（图 5-5），如头颈的长短，头颈、尾部与水面的角度等姿态区分种类。一般来说，越善于潜水的鸟，后肢越靠后，停落水面时身体后部露出水面部分越少，鸬鹚、角䴙䴘、天鹅、鸥及雁类停落姿态有明显的区别。黑水鸡好像"坐"在水面上，大部分身体露出水面；鸬鹚浸入水中，只露露背部。

图 5-5　水禽的游泳姿态

　　鹰隼有的在体形、羽色上与杜鹃相似，但停落在树枝上时，隼站姿垂直（图 5-6），杜鹃身体平俯。旋木雀、䴓、啄木鸟等攀援鸟类，䴓特有的动作是在树干上采用头朝下的攀缘姿势；啄木鸟在树干权向上跳攀，旋木雀喜欢在石壁上、土壁上攀缘。鹦鹉在树上常借嘴的帮助攀缘，喜欢在平枝上横走。山鹡鸰等顺着水平粗树枝行走，尾不停地左右摆动，动作慢而清楚，腰部好像也在扭动；白鹡鸰在水边行走时，喜欢上下摆动尾，动作按一定节奏由大至小或由小至大。河乌、鹪鹩、秧鸡等在山溪旁昂头翘尾站立。伯劳、红尾鸲、鹡鸰等停落时常抖动尾羽，伯劳多上下地时一下一下摆动尾羽，动作慢而清楚，有时用尾羽做画圈样摇动；红尾鸲尾上下抖动常多而快，动作幅度较小。在河滩石上站立时，紫啸鸫、溪鸲、水鸲等尾羽常不停地展开再合拢。

图 5-6　几种猛禽的栖息姿势

5.4.3　取食行为

　　鸟类喙的形态和食性不同，取食行为也有明显差异，这是鸟类野外识别的一种重要特征。

　　绿头鸭等多低头在水面"滤食"；天鹅、针尾鸭、琵嘴鸭等则头颈"钻入"水中觅食，尾部露出程度不同；鸬鹚、䴙䴘、鹊鸭等潜入水中觅食。喙长而向下弯曲的，如杓鹬在泥滩上"挖掘"食物。喙直而针状的，如长脚鹬在水中"挑"食猎物。喙短的，如滨鹬在沼泽泥地表面"找"食物；斑鸠、鸡类在地面找食。翠鸟、燕鸥等常悬停在空中，突然俯冲水中捕猎。黑卷尾等停息于枝端，飞捕猎物后返回枝端。啄木鸟在树干上攀爬啄食猎物。燕子、雨燕等在飞翔时获捕猎物。

5.5　根据鸣叫声识别鸟类

　　鸟类的集群、报警、个体识别、占区、求偶炫耀、交配等行为都伴有特定的鸣叫声，并存在种的特异性，鸟类的许多行为过程是通过鸣叫联络行为完成的。

　　在实际工作中，通过多听辨认，或到鸟市观察辨听，或用数码录音设备将鸟的鸣叫录下来，结合倾听专门的鸟鸣录音，就能够很快掌握用声音识别鸟类的方法。将鸟情观察过程用于实际工作中时应克服视觉观察的局限性，提高对鸟情调研和驱鸟的科学水平，如听到夜鹭群体或乌鸦嘈杂的"Wa"声或大雁的飞翔鸣叫声，有助于及时观察它们的活动情况，并采取相应的驱鸟措施。

5.5.1　鸟鸣特点

　　特殊的鸣叫声给鸟类的野外识别带来了很大的方便。但每种鸟的鸣声常不是一种谱调，并存在性别、季节等差异，繁殖季节鸣声婉转响亮，雄鸟鸣声比雌鸟复杂多变，有些鸟类可模仿其他鸟类鸣叫，惟妙惟肖，足以达到以假乱真的程度，给鸟类野外识别带来困难。此外，地势反射效果、风向的影响等能使声音无法听清而影响鸟种的辨认。因此，需经过一定的训练和实践才能熟悉鸟鸣音频的高低、节律和音色等特点，同时，尽量接近并看清观察的对象，先将声音和形态特征结合起来观察，然后，凭声音和视觉观察辨清确切的鸟种。

5.5.2 鸣声分类

鸟类发声大致可分为两类。一类是机械声，如啄树声、翅及尾羽震动发声等；另一种是鸣声，包括鸣叫声和歌声。鸣叫有领域防御、取食、集群、进攻、惊恐等功能特点，非繁殖期鸣叫简单。歌声有雌雄鸟的主歌、次歌和信号歌等。鸣声有的鸣啭韵律丰富，悠扬悦耳，如百灵、云雀、黄鹂、红点颏、乌鸫、白头鹎、画眉、红嘴相思鸟、八哥等鸣禽，黄鹂还能发出如猫叫的声音；有的尖细颤抖，多为小型鸟类飞翔时发出的叫声，叫声拖长，如绣眼鸟、翠鸟、小燕尾等。有的粗粝嘶哑，鸣声单调、嘈杂、刺耳，如野鸭、绿啄木鸟、三宝鸟、伯劳和乌鸦等。

5.5.3 常见鸟类的鸣声

(1) 一声一度：重复1个音节，清脆单调，如乌鸦叫声如"a-"、灰喜鹊叫声沙哑如"zha、zha……"、柳莺单调尖细如"ji-"、野鸭如"gua-"。

(2) 二声一度：重复2个音节，如白胸苦恶鸟、白鹡鸰、山鹡鸰等。大杜鹃叫声为"gu‐gu"、斑啄木鸟叫声如"gi‐gi‐"、喜鹊叫声多为"ga‐ga"、寿带叫声如"gui‐gui‐"、黑卷尾叫声如"jia‐gui"。

(3) 三声一度：重复3个音节。珠颈斑鸠如"kuku‐gu"、戴胜声叫如"hu‐huhu‐"、大苇莺的鸣叫声如"gagaji‐"；大山雀因其鸣声如"zizihe"，故称为呼呼黑。

(4) 四声一度：重复4个音节。四声杜鹃常连鸣如"gugu‐gugu‐"、山斑鸠叫声嘶哑如"kuku‐kuku‐"、山鹡鸰叫声如金属摩擦的"ga‐zhi‐ga‐zhi‐"声、黑枕黄鹂发出清脆悦耳的"gigi‐gu‐gu‐"。

(5) 更多声度：三道眉草鹀叫声如"zhizhibu↗‐zhizhipu‐"。

5.6 生境类型结合形态特征识别鸟类

鸟类的分布和栖息环境息息相关。为了降低工作的难度，增加识别判断的准确性，应先根据机场周边环境条件判断主要的环境鸟类群，如海洋鸟类、森林鸟类、农田鸟类、山地丘陵鸟类、草地鸟类、湿地水禽等。

　　然后，根据上述鸟类野外识别的主要方法和原则进行仔细观察、记录，将观察到的素描特征结合查阅本地鸟类调查报告，对照彩色图谱和鸟情室收藏的鸟类标本，必要时可采集标本，就能准确地识别、鉴定野外鸟类。

　　在较大面积的水域沼泽和水田，如在河流、湖泊、水库及其周边滩涂，大面积稻田等处见到的多是游禽、涉禽。

　　主要水鸟的观察识别如下所述（郑光美，1995）。

1. 游禽在水中游泳取食，腿短具蹼，栖息时呈不同姿态（5-4）…………………… 2
　 涉禽在浅水、岸边沼泽栖息行走、觅食，嘴、颈、足和趾长 ………………………… 8
2. 体纯白色，游泳时头颈上伸与水面垂直，嘴基具黄斑 ………………………… 天鹅
　 体纯黑色 ……………………………………………………………………………… 3
　 体非纯白或纯黑色 …………………………………………………………………… 5
3. 钩状嘴长而尖，身体大部分浸入水中，腿靠后，栖止时如直立 ………………… 鸬鹚
　 似鸭形，身体大部分露出水面，颈部前倾，有规律的伸缩动作 …………………… 4
4. 额甲白色 …………………………………………………………………………… 骨顶鸡
　 额甲红色 …………………………………………………………………………… 黑水鸡
5. 鸥形，多灰白色；翅尖，水上持续飞行，缓慢扇翅；游泳时尾端翘起，翅达尾后上方……
　 ………………………………………………………………………………………… 鸥类
　 鸭形，少灰白色；直线飞行，颈直伸，快速扇翅；行走笨拙左右摇摆 ……………… 6
6. 喙尖锥状，体多褐色，无翼镜；小群活动，游泳时不见尾部，遇敌时潜水逃匿至远处钻出水面，水面短距离飞行时，双腿明显伸于尾后 …………………………………… 鹏鹏
　 喙扁平，雄鸟多鲜艳具翼镜；群体大小依季节而变化，叫声"guagua"；游泳时尾明显可见；遇敌起飞距离长，扇翅声大，脚不显露 ……………………………………………… 7
7. 体型大，腿长，无翼镜；嘴基厚突，嘴较头短；游泳时尾上翘，飞行时呈队列
　 ………………………………………………………………………………………… 雁类
　 体型中小，腿短，具翼镜；嘴基扁平；游泳时体与水面平行，飞行时队形不定，扇翅急促…
　 ………………………………………………………………………………………… 鸭类
8. 体大中型，腿颈显著加长；奔跑少，小队飞行，扇翅慢 …………………………… 9
　 体中小型，腿颈较短；奔跑快速，遇敌时静止不动，大群快速飞翔，伴有"滴利声"，突飞性强、方向不定，翼角明显 ……………………………………………………………… 10
9. 栖止、飞翔时，身体颈基部呈明显"S"弯曲，扇翅柔软 ………………………… 鹭类
　 栖止时"S"弯曲不明显，飞翔时伸直，扇翅如板状 ………………………… 鹤、鹳类
10. 体黑白二色明显，足趾特别长 …………………………………… 水雉、黑翅长脚鹬
　 体黑白二色明显 …………………………………………………………………… 蛎鹬
　 体形似燕；尾分叉，基部白色 ………………………………………………………… 燕鸻
　 体形似鹬 …………………………………………………………………………… 11
11. 眼极度后移，头顶具黑色纵纹 …………………………………………………… 沙锥
　 眼正常 ……………………………………………………………………………… 12
12. 喙短而直，末端膨大，背褐腹白，具颈环 ………………………… 鸻（金眶鸻等）

此外，鹞类猛禽常在水边翱翔、捕食。

5.7　鸟类的综合观察识别

经过一定时间的机场驱鸟工作，驱鸟员应结合自己的工作岗位和经验，根据鸟类的综合和特有的特征，对机场鸟类进行快速观察识别。秋季雨后，突然看到从机场草丛中飞出一群中小形鸟，翼角明显，惊叫着快速飞离机场，基本上可以确定是沙锥等鸟，至于是扇尾沙锥，还是大沙锥或针尾沙锥，则要根据经验，或结合采集到的标本尾羽特征进行确定。通过对鸟撞发生规律的研究，对其活动规律进行深入探讨，制定有效防范控制措施。

一个类群的鸟可生活在多种生境中。例如，鹭类常在林地进行营巢繁殖，到水域沼泽附近进行觅食活动。将活动生境与形态、行为等特征结合就能容易识别需要特别关注的鸟撞鸟类。

5.8　机场常见的鸟类

各种鸟类的野外观察与识别可参看鸟网（http://www.birdnet.cn）、中国鸟类图库（http://www.wwfchina.org/birdgallery/）、中国观鸟网（http://www.cbw.org.cn/main.php）等。利用图谱，借助多年积累的经验会很快掌握机场鸟类的识别方法，因而能快速识别鸟类，了解鸟撞风险，决定应该采取的针对性驱鸟措施，防范鸟撞的发生。

云雀 (*Alauda arvensis*) 彩图 1

别名：阿兰，百灵，告天鸟，朝天柱

英文名：Eurasian Skylark

主要野外鉴别特征：较麻雀稍大。后头羽延长略呈羽冠状；眼先和眉纹棕白，颊和耳羽淡棕而夹杂以细长黑纹。上体砂棕色，具显著暗黑褐色羽干纵纹，覆羽纵纹较细，羽缘红棕色。胸棕色，密布黑褐色粗纹；下体余部纯白，两胁微有棕色。中央一对尾羽黑褐具淡棕色宽缘，最外侧一对白，次对尾羽外白而内黑褐，其余尾羽黑褐色具棕白色狭缘。嘴褐色，嘴缘和下嘴基部色淡；脚肉褐色，后爪较后趾长而稍直。

栖息地与生活习性：栖息于近水、开阔平原草地；受惊时，头上羽冠竖起；常从地面垂直冲向天空，浮翔后又疾飞直上，边飞边鸣，飞高时仅闻其歌声，难见其鸟。降落时常直落地上。以杂草种子、昆虫等为食。营巢于地面凹处。每窝产 3～7 枚卵；雌鸟孵卵，孵化期 11 天。

分布情况：全国大部分省（自治区），尤以沿海平原为多。

> **相似种**：凤头百灵 (*Galerida cristata*)（彩图 2）
>
> **别名**：凤头阿鹨儿
>
> **英文名**：BirdLife International
>
> 小型鸣禽。体具褐色纵纹。冠羽长而窄。上体沙褐具近黑色纵纹，尾覆羽皮黄色。下体浅皮黄、胸部密布近黑色纵纹。尾短，嘴略长而下弯。飞行时，两翼宽、翼下锈色；尾深褐、两侧黄褐色。嘴黄、端部色深；脚偏粉色。幼鸟上体密布点斑。与云雀的区别是，体显大而羽冠尖，嘴长且弯，耳羽较少棕色，无白色后翼缘。
>
> 栖于平原旷野、半荒漠、耕地处。地面行走或振翼作波状飞行。高飞时直冲入云；空中振翼缓慢垂直下降并鸣唱。地上寻食昆虫和种子。繁殖期 4～7 月；每窝产卵 3～5 枚，两性轮流孵化，孵化期 12～13 天。
>
> 中东部大部分省（自治区）。

机场活动特点：可在机场草坪中营巢繁殖，多垂直飞翔，极少穿越航线，个体小而数量少，对飞行安全威胁较小。

防范措施：通过割草、碾压、平整草坪，清除巢位。减少突然干扰，科学支放防鸟网，防止飞向航线。

白鹡鸰 (*Motacilla alba*) 彩图 3

别名：白颊鹡鸰，白颤儿，白面鸟

英文名：White Wagtail

主要野外鉴别特征：上体灰黑、下体白色，两翼及尾黑白相间。头后、颈背及胸具黑色斑纹。黑色的多少随亚种而异。亚成鸟灰色取代成鸟黑色。嘴及脚黑色。停栖时，尾不停地上下摆动，边走边叫。

栖息地与生活习性：栖息于水域岸边、农田、湿草原、沼泽湿地、城镇、乡间、公园各种生境。繁殖期 4～7 月。营巢洞穴、缝隙、土坎、灌丛与草丛中，巢呈杯状，由树皮纤维、麻、细草根等编织而成。每窝产卵 5 枚或 6 枚，雌、雄亲鸟轮流孵卵，孵化期 12 天，育雏期 14 天。

分布情况：几乎遍布全国各地。

> **相似种**：灰鹡鸰（***Motacilla cinerea***）彩图 4
>
> **别名**：黄腹灰鹡鸰，黄灰鹡鸰，马兰花儿
>
> **英文名**：Gray Wagtail
>
> 前额、头顶、枕和后颈灰色；眉纹和颧纹白色，眼先、耳羽灰黑色。肩、背、腰灰色沾暗绿褐色，或暗灰褐色；下体鲜黄色。翅黑褐色，除第1～3 对外，初级飞羽内翈羽缘白色，次级飞羽基部白色，形成明显白色翼斑，三级飞羽外翈具宽阔黄白色羽缘。尾上覆羽鲜黄色，中央尾羽黑色具黄绿色羽缘，尾羽外侧第一对全为白色，第 2、3 对外翈黑色、内翈白色。额、喉夏季为黑色，冬季为白色。雌鸟上体绿灰，额、喉白色。嘴黑褐色，跗蹠和趾暗绿色。
>
> 栖息于水域附近的草地、农田、林区和城市公园。单独、成对或集成小群与白鹡鸰混群活动；飞行时两翅收、展呈波浪式前进并鸣叫声；常停栖于石头上，尾不断地上下摆动。以昆虫为食。繁殖期 5～7 月，营巢于河岸各种生境中。每窝产卵 4～6 枚，主要由雌鸟孵卵，孵化期 12 天。
>
> 全国大部分省（自治区）。

机场活动特点：在机场草丛附近营巢繁殖，多地面活动，飞翔距离短而低。个体小而数量少，对飞行危害性较小。

防范措施：非重点防范对象，注意观察，及时清除鸟巢。

东方白鹳（*Ciconia boyciana*）（彩图 5）

别名：老鹳，白鹳

英文名：Oriental White Stork

主要野外鉴别特征：大型涉禽。眼先、眼周、额部皮肤朱红色。嘴长而直，颈长、脚长。站立时，黑色内侧飞羽遮住尾部，全身其余部分白色。初级飞羽、初级覆羽、大覆羽、小覆羽黑色，初级飞羽基部白；次级飞羽和次级覆羽为黑色，具绿色或紫色光泽。胫下部裸出，4 趾位于同一平面上，前 3 趾基部有蹼相连。嘴黑

色、深红色。脚红色。

幼鸟似成鸟，但黑色部分为褐色或缀有褐色。

栖息地与生活习性：栖于开阔平原、草地，活动于沼泽。休息时，常单脚站立。单只或家族小群活动，集群迁徙；在陆地上助跑扇翅起飞，头颈向前伸直，脚后伸突出于为外。性机警，攻击性强。在浅水河滩、沼泽地觅食，以各种动物为食。繁殖期 3～6 月，成对活动，曲颈击喙求偶；用枯枝营巢大树上，有利用旧巢的习性，每窝产 3～5 枚白色卵。雌、雄共同孵卵，孵化期 31～34 天。

分布情况：我国东部省（自治区）。

> **相似种**：黑鹳（*Ciconia nigraa*）（彩图 6）
> **别名**：乌鹳、锅鹳
> **英文名**：Black Stork
> 上体从头至尾黑带紫绿色光辉，胸部浓褐呈青铜色辉光，下体余部纯白色。幼鸟头颈羽褐色，背部黑褐色。嘴、颊围裸区呈红色，跗蹠赤褐色栖于森林、沼泽、草原和河流附近。以鱼、虾、甲壳类等为食。繁殖自 4 月始，营巢于岩隙或树上，每窝产 3～5 枚卵。
> 分布于我国东部省（自治区）。

机场活动特点：多在迁徙途中飞越机场，从而构成严重突发性安全威胁。

防范措施：依据鸟情测报，迁徙期间注意观察，及时发现进行应急预警性驱赶。

苍鹭 （*Ardea cinerea*）（彩图 7）

别名：灰鹭，青庄，老等，灰鹭鸶

英文名：Grey Heron

主要野外鉴别特征：大型涉禽。头颈苍白色，头顶两侧、枕部及冠羽黑色。前颈中部有 2 列或 3 列纵行黑斑。背至尾上覆羽灰色，肩、颈基部灰白色长矛羽垂于胸前。初级飞羽和覆羽、外侧次级飞羽黑灰色。胸、腹白色，前胸两侧紫黑色斑沿胸、腹两侧向后延伸。嘴黄色。跗蹠和趾黄褐色，爪黑色。

栖息地与生活习性：栖息水田、河边、沼泽、海滩。常站立不动；捕食蛙类、泥鳅、虾等小动物。繁殖期 4～6 月，在树上或芦苇丛中巢筑。每窝产卵 3～6 枚，晚成雏。北方繁殖的种群迁徙到南方越冬。

分布情况：几乎遍及全国各地。

> **相似种**：草鹭（*Ardea purpurea*）（彩图 8）
> **别名**：紫鹭，长脖老

英文名：Purple Heron

头颈部棕栗色，额和头顶蓝黑色，枕部几枚长黑色冠羽悬于头后。嘴裂蓝黑色纵纹延伸至枕部，汇合成一条宽阔纵纹沿后颈延伸，颈侧纵纹延伸至前胸。前颈基部长矛状饰羽银灰色。背、腰和尾覆羽灰褐色。肩和下背矛状长羽灰褐色。胸和上腹棕栗色，下腹蓝色。初级飞羽和覆羽深褐色。腿覆羽红棕色。嘴暗黄色。眼先裸露部黄绿色。胫裸露部和脚黄色。幼鸟无冠羽。背、肩和翅上覆羽暗褐色具宽褐色羽缘。胸黄褐色，具暗褐色纵纹。

栖息于水塘、沼泽、湖泊、河流等处。多单个活动。觅食鱼、蛙、昆虫和水生动物。繁殖期5～7月，常营巢于富有芦苇和挺水植物等杂草丛处。分布于东部各省；北方为夏候鸟。

机场活动特点：觅食返巢往返或迁徙飞翔穿越机场上空，雨后积水时，在机场附近觅食活动，威胁飞行安全。

防范措施：注意往返巢区与觅食地间的飞翔观察，及时采取驱鸟措施，防止向飞行航线靠近。

池鹭 （*Ardeola bacchus*）（彩图 9）

别名：红毛鹭，红头鹭鸶，沙鹭，沼鹭，田螺鹭（图 5-15）

英文名：Chinese Pond Heron

主要野外鉴别特征：飞行时，体白而背部深褐色。头羽冠、后颈和前胸红栗色，几根冠羽延伸至背部；背肩部蓝黑色蓑羽伸至尾端。第1枚初级飞羽翀及羽端灰色。余部白色。黄色嘴尖端黑色、基部蓝色；脸和眼先裸露皮肤黄绿色；脚和趾暗黄色。

冬羽：无羽冠和蓝黑色蓑羽；头顶白色而具密集的褐色条纹，颈、胸淡皮黄白色而具密集粗壮的褐色条纹，背和肩羽暗黄色。

栖息地与生活习性：栖于稻田、池塘、湖泊等水域附近，单独或小群活动。以鱼、蛙、虾蟹、昆虫等为主食。成群营巢于高大林木上，繁殖期3～7月，常每窝产2～5枚卵。

分布情况：华南、华中、华北地区。

相似种：牛背鹭（*Bubulcus ibis*）（彩图 10）

别名：黄头鹭，畜鹭，放牛郎

英文名：Cattle Egret

头颈橙黄色，前颈基部和背中央具发状橙黄色长饰羽，背部饰羽达尾部，前颈饰羽达胸部；余体羽白色。冬羽通体白色，头顶少许橙黄色，无发状饰羽。

栖息于草地、牧场、库塘附近，常小群活动。在树梢上休息时颈缩成 S 形。啄食翻耕出来的昆虫和牛背上的寄生虫。以昆虫为主食。繁殖期 4～7 月，成群营巢于树上，每窝产 4～9 枚卵。长江以南留鸟，以北夏候鸟。

机场活动特点：在机场或周边的各种湿地分散或集群活动、觅食，巢区、觅食地集群往返飞翔穿越航线对飞行安全造成威胁，2004 年 8 月，鹭类集群飞翔活动曾造成首都机场多次航班中断。

防范措施：加强航线沼泽湿地的监测和排除。驱使巢位和觅食地在航线异侧的鸟类改选成同侧，消除频繁穿越航线的飞翔活动。加强飞行期间观察，及时发现并采取有效的驱鸟、避鸟措施。

白鹭 (*Egretta garzetta*)（彩图 11）

别名：小白鹭，鹭鸶

英文名：Little Egret

主要野外鉴别特征：嘴、颈和脚长。通体白色。枕部两条婚羽茅状；肩和背蓑羽伸达尾端；颈下前胸部饰羽矛状。冬羽无冠羽、蓑羽和饰羽。嘴黑色（黄嘴白鹭是黄色），眼先裸出部粉红色，冬季黄绿色。胫和跗蹠黑绿色，趾黄绿色。

栖息地与生活习性：栖于湖泊、水塘等水域，喜集群。常单足站立，头缩至背上呈驼背状；飞行时，头颈回缩、脚向后伸直呈 S 形。以鱼、虾、昆虫为食。繁殖期 3～7 月，结群营巢于高大树木上，每窝产 3～6 枚卵。

分布情况：大部分省区常见。长江以北夏候鸟，冬季迁到长江以南越冬。

相似种：中白鹭 (*Egretta intermedia*)（彩图 12）

别名：春锄、白长脚鹭鸶

英文名：Intermediate Egret

似白鹭，但无冠羽。脸部黄绿色，嘴黑、嘴基部黄色，趾黑色。冬羽无蓑羽；裸露脸部黄色，嘴尖端黑色，基部稍带褐色。幼鸟似冬羽，无蓑羽。

小群栖息于田野、沼泽、浅滩近海淡水处。以鱼、虾、昆虫等为食。成群营巢于大树或竹林上，每窝约产 4 枚卵。

相似种：大白鹭 (*Egretta alba*)（彩图 13）

别名：白漂鸟，白长脚鹭鸶，冬庄，白老冠

英文名：Large Egret

通体白色。眼先裸露部和嘴黑色。肩、背纤细分散的长蓑羽后伸超过尾端。冬羽无蓑羽。眼先裸露部黄绿色。嘴黄色，嘴基黑绿色。跗蹠和趾黑色。幼鸟似冬羽，嘴淡黄色。

栖息于海滨、河川、水田、沼泽地带；小群活动。以鱼、蛙、昆虫为食。成群营巢于高大树木上，每窝产 3～6 枚卵。

机场活动特点：常与夜鹭、池鹭等混群在机场附近林中营巢，到沼泽水田活动、觅食，往返过程中飞越机场构成安全威胁。

防范措施：清除巢位，改造沼泽水田，注意观察、防范。

豆雁（*Anser fasbalis*）（彩图 14）

别名：大雁，老雁

英文名：Bean Goose

主要野外鉴别特征：体大型，头顶棕褐、肩背暗褐色，羽缘淡黄白色。下背、腰黑褐色。喉胸淡棕褐色，腹污白色。两胁具灰褐色横斑。翼覆羽灰褐、羽缘灰白色，初级飞羽和次级飞羽黑褐色。尾羽黑褐具白色端斑，尾上、下覆羽白色。嘴甲和嘴基黑色，嘴甲和鼻孔间有橙黄色斑延伸到嘴角。脚橙黄色。

栖息地与生活习性：繁殖、栖息于湖泊、森林河谷和苔原地带，冬季栖息于开阔平原草地、河、湖及海岸和附近农田。白天集群于湖、海滩上，晚间到苇丛或其他高草丛中过夜或觅食，飞行多排成"人"字队形。喜食植物。

分布情况：分布于东部地区，在黄淮及以南地区越冬。

相似种：鸿雁（*Anser cygnoides*）（彩图 15）

别名：大雁、老雁

英文名：Swan Goose

体大而颈长。长嘴与额呈一直线，嘴基有狭窄白线。前颈白与后颈界线明显。上体灰褐、羽缘黄白。臀白色。飞羽黑色。腿粉红。与白额雁的主要区别在于嘴为黑色。

栖息于旷野、湖泊、河川和沼泽、森林地带。飞行时常在高空排成 V 字队形，颈伸长，两制脚垂挂在腹面。集群生活，水中休息，陆上觅食，以植物食物为主。

机场活动特点：迁徙或觅食时，群体从远处飞越机场，对飞行安全构成严重的突发性威胁。

防范措施：根据鸟情物候日历的测报，注意观察、倾听鸣声，及时发现，加强驱鸟，并请示报告飞行注意或中止飞行。

绿头鸭 (*Anas platyrhynchos*) (彩图 16)

别名：野鸭，对鸭

英文名：Mallard

主要野外鉴别特征：大型鸭类。头颈辉绿色，颈环白色。上背、肩褐色，密杂灰白色细斑，羽缘棕黄色。下背、腰黑褐具绿色光泽。中央两对尾羽向上卷曲成钩状，外侧尾羽灰褐色。翼镜紫蓝色，上下有宽白带。上胸暗栗色，羽缘浅棕色。下体灰白色，杂有暗褐色纹。嘴甲黑褐色，跗部红色。

雌性头枕黑色杂有棕黄色羽缘纹，头颈侧、后颈浅棕黄有黑褐色细纹。上体黑褐色，棕黄色羽缘形成 V 形斑。腹部浅棕色有褐色条纹和斑块。嘴甲雌黑色，跗部雌橙黄色。

栖息地与生活习性：栖于淡水河和湖泊附近。除繁殖期外，常成群休息活动，清晨、黄昏或夜间在浅水沼泽或农田觅食。繁殖期 4～6 月，营巢环境多样，如在河流，湖泊沿岸的乔木、灌木或枯草丛中，每窝产 7～12 枚卵，雌鸟孵卵，孵化期约 25 天。

分布情况：我国北部夏候鸟，冬季遍布全国。

> **相似种**：斑嘴鸭 (*Anas poecilorhyncha*) (彩图 17)
>
> **别名**：野鸭
>
> **英文名**：Spot-billed Duck
>
> 大型鸭类。头顶、额、枕部暗褐色，眉纹黄白、贯眼纹黑褐色。颊、上颈黄白色，具暗褐色点斑。上体暗褐具棕白色羽缘。翼镜蓝绿闪紫色光泽，翼镜后缘有黑白边。胸部棕白杂有褐色斑，具黑褐色羽缘，尾下覆羽近黑色。雌性褐色略淡。嘴蓝黑、嘴甲黄色。跗蹠棕黄，爪黑色。
>
> 栖息于滋生大量水草的开阔湖泊、水库地区，除繁殖期外，集群在沿海、湖泊、河流等湿地活动。清晨和黄昏成群飞往农田、沟渠和沼泽地觅食水生小动物。5～7 月营巢于草丛中，每窝产 5～11 枚卵，孵化期约 24 天。分布于海南以外各省（自治区）。

机场活动特点：在机场附近的湖泊、河流等湿地和草地栖息繁殖，农田觅食途中穿越机场、航线，迁徙、越冬期成群飞越机场上空构成安全隐患。

防范措施：研究改造繁殖栖息地与觅食地条件，加强活动规律研究和中低空飞翔鸭类的观察和行为判断，飞行时注意观察、避让鸭群，加强鸭雁类有效驱鸟措施研究。

黑翅鸢 (*Elanus caeruleus*) (彩图 18)

别名：鹰

英文名：Black-winged Kite

主要野外鉴别特征：羽毛以灰色为主，黑白分明。背部、尾上覆羽和中央 1 对尾羽银灰色。翼小覆羽和中覆羽呈亮黑色，初级飞羽端部灰褐色。眼先羽须和眉纹黑色。前额、头两侧和腹面白色。嘴黑色，蜡膜黄色。脚黄色。

栖息地与生活习性：栖于开阔稀树、草地和林缘地带。多晨昏活动，停息树梢上，当猎物飞过时，猛冲捕食昆虫、小型鼠类及小鸟。低空盘旋、翱翔将两翅上举呈"V"字形。4～5 月到达繁殖地，营巢于树顶部，窝产卵 3～5 枚。10～11 月离开繁殖地。

分布情况：东部部分省（自治区）。

> **相似种：栗鸢**（*Haliastur indus*）（彩图 19）
> **俗称**：红鹰，红老鹰
> **英文名**：Brahminy Kite
> 头、颈、上背前部、胸及上腹白色，上背栗色，各羽均具狭窄的黑褐色羽干纹。通体除外侧 5 枚初级飞羽黑色外，均呈栗褐色，两肩间部较暗，初级覆羽先端沾黑，羽干近黑色。尾羽先端呈皮黄色。嘴黄色沾绿，嘴基暗蓝，趾黄色，爪黑色。
> 栖息于江河、湖沼及山区溪流附近。巢营于高大树上。捕食蛙、大型昆虫等。
> 夏候鸟分布于华南、华东、西南等地。

机场活动特点：机场围墙、线杆、树上栖息，或在机场上空盘旋翱翔、捕食。
防范措施：安放驱鸟器防止栖息；观察发现时鸣炮驱赶。

红隼（*Falco tinnunculus*）（彩图 20）

别名：红鹰，茶隼，红鹞子
英文名：Common Kestrel
主要野外鉴别特征：小型猛禽。头顶、后颈蓝灰色，纤细羽干纹黑色；前额、眼先和窄眉纹棕白色。眼下宽髭纹黑色。背、肩覆羽砖红色，黑斑近似三角形。腰部蓝灰色。初级飞羽和覆羽黑褐色；三级飞羽砖红色，被黑色横斑；翅下黄白具褐色点状横斑。胸腹棕黄具黑褐色纵纹，下腹具黑褐色矢状斑。尾蓝灰色，具宽阔黑色次端斑和窄的白色端斑。

雌鸟上体棕红色；头顶至后颈黑褐色羽干纹粗著；背部具粗著黑褐色横斑。飞羽和覆羽黑褐色具窄砖红色端斑。下体黄棕色，胸腹具黑褐色纵纹。飞羽和尾羽下面灰白色，被黑褐色横斑。尾棕红色，具 9～12 道黑色横斑和宽黑次端斑与棕白色尖端。

栖息地与生活习性：栖于林地平原和城市各种生境。单独低空飞翔，滑翔时扇翅。食各种小动物。繁殖期 4～7 月，在岩壁洞穴、楼顶隙间筑巢，窝产 4～6 枚白色具褐色斑点卵；雌雄孵卵育雏，孵卵期 27～30 天。

分布情况：广泛分布于大部分省区。

相似种：红脚隼 (*Falco amuresi*)（彩图 21）

别名：阿穆尔隼，青鹰，青燕子

英文名：Red-legged Falcon

颔、喉和颈侧灰白色。头、背灰黑色，腰和尾上覆羽灰色，羽干纹细、黑褐色。飞羽外翈银灰、尖端黑褐色；覆羽灰褐色，小翼羽灰褐或黑褐色。尾灰，羽轴纹黑色、羽缘色淡；雏鸟具黑褐色狭窄横斑。胸、腹灰色。肛周、覆腿羽棕红色。雌鸟腹侧具黑色横斑，胸部细羽干纹黑褐色。嘴肉红色，基部淡黄、先端黑色。脚、趾橙黄色。

栖息于低山林缘、农田等开阔地区和近海地带。常单独活动，停息于高大树上。以小型动物为食。在东北繁殖，大部省区均有分布。

相似种：燕隼 (*Falco subbuteo*)（彩图 22）

别名：青条子，土鹘

英文名：Eurasian Hobby

雄鸟前额白、头顶至后颈灰黑色，眼上眉纹白色。头侧、眼下和嘴角有垂直向下的黑色髭纹。颈侧、颔、喉白微沾棕色。后颈羽基白色，背、肩、腰和尾上覆羽蓝灰色。初级、次级飞羽黑褐色，内翈具淡棕黄色横斑，上覆羽蓝灰色。胸和上腹黄白色，翅下、腋羽白色，被黑褐色横斑和斑点。尾灰或石板褐色，除中央尾羽外，尾羽内翈具淡棕黄色羽端。雌鸟上体较褐，下腹和尾下覆羽淡棕栗色、缀黑褐色纵纹。嘴蓝灰、尖端黑色。脚黄色。

栖于疏木开阔草原、田野、林缘及村落附近。单独或成对活动，飞行翅似镰刀状。晨昏在空中飞行捕食小鸟和昆虫。占用树上旧巢，繁殖期 5～7 月，窝产 2～4 枚卵，卵白色具红褐色斑和细点，孵卵期约 28 天。我国大部省区均有分布。

机场活动特点：常停留栖息机场围墙和各种支架物上，或在空中盘旋构成鸟撞威胁。

防范措施：安放驱鸟器防止栖息；清除食物资源。观察发现时鸣枪驱赶。

大沙锥 (*Gallinago megala*)（彩图 23）

别名：北鹬

英文名：Swinhoe's Snipe

主要野外鉴别特征：额、头顶和枕黑褐色，杂以灰白、红棕色点斑；头顶有 3 条由喙基开始的灰白色纵纹。颊灰白杂以棕灰色点斑；颏、喉灰白具棕灰色点斑。颈灰褐杂以红棕色和灰白色点斑。上体黑褐杂以棕红、灰白两色横斑和纵纹。下体灰白色，胸、两胁缀棕黄色横纹和点斑；腹、尾下覆羽灰白色有黑横纹。中央尾羽基部黑色具宽栗红色横纹，末端白色；外侧 6 对尾羽硬而窄，黑褐色缀以白色点斑。嘴端黑褐、基部带黄色。

栖息地与生活习性：栖于湖泊沼泽、草地、稻田等，喜集群活动。以水生昆虫、软体动物为食。繁殖期 5～7 月，地面营巢，每窝产 4 枚卵。

分布情况：我国东部各省多为旅鸟。

相似种：**扇尾沙锥**（*Gallinago gallinago*）（彩图 24）

别名：*扇尾鹬，小沙锥*

英文名：Common Snipe

额、顶、枕黑色，头顶中央具黄棕色纵纹。上体黑褐色杂以不规则土黄横斑和纵纹；下体及尾下覆羽白色。翅灰黑色，第 1 枚飞羽最长，外翈白色；内侧和次级飞羽末端灰白色。尾羽基部近黑色继而棕红，末端灰白；最外侧两枚尾羽外翈白缀以灰黑色横斑。嘴黑褐色。

栖于岸边浅水和沼泽湿地。常集小群活动。以昆虫、软体动物、植物种子为食。繁殖期 5～7 月，每窝产卵 4 枚，雌鸟孵卵。

北方繁殖，南方越冬；在我国分别为夏候鸟、旅鸟、冬候鸟。

相似种：**针尾沙锥**（*Gallinago stenura*）（彩图 25）

别名：*针尾鹬，中沙锥*

英文名：Pintail Snipe

额、头顶黑褐色杂以棕褐色斑纹；头顶中央有 3 条棕白色纵纹；颊棕白色，颏、喉灰白色。上体黑褐杂以棕褐色斑纹；肩、背、腰栗红杂以黑褐色和棕黄色横斑及纵纹，羽缘棕灰色。下体、胸棕黄色隐约可见黑褐色横斑和纵纹；腹和胁白色。中央 5 对尾羽黑褐色，羽干黑色，羽端具宽阔栗红、尖端近白色；外侧 8 枚尾羽狭细而硬直，灰白色缀以黑褐色横斑纹。飞羽和外侧覆羽黑褐色，末端缘灰白色。嘴黑褐、基部黄色。

栖于河湖岸边、沼泽湿地及水田。以昆虫、甲壳类和软体动物为食。繁殖期5～7月，每窝产 4 枚卵。分布于全国各地，夏候鸟或旅鸟、冬候鸟。

机场活动特点：多在迁徙季节雨后，藏匿草坪、水洼处，遇惊集群惊飞威胁飞行安全。

防范措施：及时清除机场积水区，巡逻驱鸟注意飞行状态，防止鹬类鸟突然惊飞。

黑尾鸥 (*Larus crassirostris*)

别名：钓鱼郎，黑尾海鸥，海猫子（彩图 26）

英文名：Black-tailed Gull

主要野外鉴别特征：额、头顶和后颈白色，羽端缘杂有灰褐色纵纹与斑块；颈、肩与下体纯白。上体乌灰色。飞羽黑褐色，第 3～7 枚初级飞羽具白端斑；次级飞羽灰褐、内翈缘和端缘白色；大覆羽黑褐色，端缘具宽阔白斑，合翅时翼尖形成 4 个小白斑点。腰白色；尾白具宽大而黑色次近端斑，黑带斑飞行时明显。嘴黄尖端红，具黑环带。足绿黄色。

Ⅰ龄冬鸟，多褐色，嘴粉红、面端部黑，尾黑；Ⅱ龄冬鸟似成鸟，翼尖褐色，尾黑色多。

栖息地与生活习性：栖息于近海裸岩、荒岛，在港湾海面、海滩上活动。常尾随渔船收集废弃食物。5～7 月在海岛上繁殖，碗状巢简陋。5 月初产 2～4 枚灰绿色卵，孵化期约 30 天。育雏期 15～20 天，8 月离开繁殖海岛。

分布情况：古北界种。遍布中国沿海。

相似种：红嘴鸥 (*Larus ridibundus*)（彩图 27）

别名：笑鸥，赤嘴鸥，普通海鸥

英文名：Common Black-headed Gull

嘴红先端黑色。冬羽头顶浅灰色，额、头、颈白色。上体肩、背浅灰色；腰、尾上覆羽、尾羽白色。翅覆羽浅灰色；初级飞羽白色，第 1 枚外翈褐色、第 2～4 枚白色、其余灰色；第 1、2 枚初级飞羽具宽阔的黑色端斑；第 3～5 枚具宽阔黑色次端斑和白色舌状端斑。下体羽白色。脚橙黄色，爪黑色。

栖息于湖泊、浅滩及沼泽草地，以昆虫、鱼、虾为食。集群在北方海岛或水边地上营巢繁殖。每窝产 2～5 枚卵，孵化期 20～24 天，育雏约 20 天。冬季到南方水域越冬。

机场活动特点：常在靠近沿海或大面积内陆水域附近的机场集群飞翔，穿越机场常构成严重鸟撞威胁。

防范措施：在大面积水域设漂浮驱鸟器。听到海鸥特殊叫声后，认真观察及时发现鸥群进行驱赶；迁飞季节，减少此类水域上空的飞行或注意避让。

普通燕鸥 (*Sterna hirundo*)（彩图 28）

别名：黑顶燕鸥，燕鸥

英文名：Common Tern

主要野外鉴别特征：额、头顶、后颈黑色。上体、肩背、翅暗灰色；第一枚初级飞羽外翈黑色，其余飞羽内翈具楔形白斑。腰和尾上覆羽白色；中央尾羽白色向外渐变暗灰色。上嘴基、头侧和喉纯白；胸白色，腹部葡萄灰沾褐色。嘴褐色；脚红褐色。

栖息地与生活习性：在海岸和内陆河流活动，数十只低空飞翔，俯冲海面或在退潮海滩上觅食鱼虾、软体动物等，寻找翻耕地露出的昆虫为食。繁殖于北方，营巢于沼泽地草丛或滩地凹陷处，每窝产2~4枚卵，孵卵期22~28天；秋季迁南方越冬。

> **分布情况**：分布于沿海各地，北方夏候鸟到南方越冬。（彩图 29）
>
> **相似种**：白额燕鸥 (*Sterna aibifrons*)
>
> **别名**：白顶燕鸥，白额海燕
>
> **英文名**：Little Tern
>
> 额白色；头顶、后颈和眼先、颊黑色。上体、肩背、腰、尾上覆羽灰色；尾羽白色。第1、2枚飞羽黑褐色，内翈缘白色；第3~5枚飞羽灰、羽端黑褐色，内侧飞羽与上体同。下体白色。嘴橙黄、先端黑色；脚橘黄色；爪黑色。
>
> 栖息于海边和内陆湖泊附近。单个或结小群在水面飞翔，以小鱼、虾、水生昆虫等为食。北方繁殖，巢筑于沼泽地草丛地面、沙石滩凹陷处。繁殖期为5~7月，每窝产2~4枚卵，孵卵期19~22天。夏候鸟。国内分布于大部分省（自治区）。

机场活动特点：有时小群飞越机场，时间较短。

防范措施：注意观察及时发现，驱赶防止侵入航线。

山斑鸠 (*Streptopelia orientalis*)（彩图 30）

别名：斑鸠，雉鸠、金背斑鸠、山鸠、山鸽子

英文名：Oriental Turtle Dove

主要野外鉴别特征：上体灰褐、羽缘栗红色，肩部显著。颈基两侧具有黑色和蓝灰色颈斑。下体葡萄红色。尾黑具有白色端斑，飞翔时呈弧形。嘴铅蓝色，脚红色。雏羽颈基两侧无黑羽及蓝灰白色羽缘；栗红色羽缘窄；胸、腹羽灰暗，下腹羽浅葡萄红色。

栖息地与生活习性：栖息于平原、丘陵山区，单独或成群活动。起飞时鼓动两翅发出声响。繁殖期鸣叫声"kuku-ku ku-"。5~7月产卵。食种子、果实等。

分布情况：国内除西北地区外，各地均有分布。

相似种：珠颈斑鸠（*Streptopelia chinensis*）（彩图 31）

别名：花脖斑鸠，珍珠鸠，斑颈鸠，花斑鸠

英文名：Spot-necked Dove

上体褐、下体粉红色，前额淡蓝灰色，后颈宽阔黑色布以白色斑点形成明显斑领。尾羽黑褐色，末端白色但中央一对尾羽黑色，飞翔时展开呈明显断裂弧形白斑。嘴暗褐色，脚红色。幼鸟颈基领圈仅有零星黑羽和稀疏白斑点；下腹羽色淡；尾下覆羽蓝灰色。

栖息于丘陵山地和多树平原及城市绿地。秋季结成小群在地面疾走啄食，飞行距离较近。繁殖鸣叫声"kuku-ku"。巢筑于树桠间或灌丛中。

相似种：鸽子（彩图 32）

英文名：Pigeon

鸽子有野鸽和家鸽两类。

家鸽经过长期选育，有食用鸽、信鸽、军鸽等数百个品种（图 5-34）。

野鸽如岩鸽（*Columba rupestris*）。头和颈灰蓝色，喉、肩、颈基、胸部具铜绿色金属光泽，形成显著颈环。内侧大覆羽和三级飞羽具黑斑，两翅折合时形成 2 条明显横翅黑斑带。尾羽灰黑、先端黑色。嘴黑色，脚朱红色。

岩鸽似家鸽，主要区别是腰部和近尾端处各具有 1 道白斑；与原鸽的最大区别是尾羽有白色次端斑，原鸽为灰色。

结小群在山谷和平原地带觅食杂草种子、谷类。多于岩隙间用枯枝叶、杂草、羽毛等物筑简陋巢，每窝产 2 枚卵，雌雄轮流孵卵约 18 天，幼雏以亲鸟的"鸽乳"为食。

野鸽在我国分布极广。

机场活动特点：单只、成群飞翔穿越机场，或在机场草坪觅食草籽；秋季迁徙群体加入形成较大群体，对飞行安全构成威胁。

防范措施：清除机场范围内的巢位生境和草籽；禁止机场周边饲养、放飞各种鸽子。注意观察驱赶，防止靠近机场、穿越航线。

长耳鸮（*Asio otus*）（彩图 33）

别名：猫头鹰

英文名：Long-eared Owl

主要野外鉴别特征：黑褐色耳羽发达，突出如耳。面盘棕黄色，羽干白色。上体棕黄色，羽干纹粗而显；上背淡棕色。初级、次级飞羽黑褐色。下体棕黄色；黑褐色羽干纹宽阔，羽端两侧具白斑，腹部具树枝状横枝。跗蹠和趾被羽，棕黄色。

嘴和爪铅色，尖端黑色。

栖息地与生活习性：栖息于各种森林中。夜行性，鸣叫声低沉而长；白天常垂直地栖息在树干近旁侧支上。成对或单独活动，迁徙时和冬季结成小群。主食啮齿动物以及小鸟、昆虫。繁殖期4～6月，营巢于森林中，每窝产4～6枚白色卵。

分布情况：繁殖于我国北部各省。越冬于南部东南沿海各省。

相似种：短耳鸮（*Asio flammeus*）（彩图34）

别名：猫头鹰

英文名：Short-eared Owl

黑褐色耳羽短而不显露，具棕色羽缘。面盘棕黄杂以黑褐色羽干纹。眼周黑色，眼先内侧眉斑白色，缀以黑羽。上体及尾棕黄色，布满宽阔的黑褐色羽干纹。翼覆羽黑褐色外翈有大形白色眼状斑。下体棕白色，胸部棕色满布以黑褐色纵纹，而无横斑，纵纹向后渐细；下腹中央和尾下覆羽及覆腿羽污斑杂，跗蹠和趾被羽，棕白色。尾羽具3黑褐色横斑和棕白色端斑。嘴黑色。

相似种：雕鸮（*Bubo bubo*）（彩图35）

别名：猫头鹰

英文名：Eurasian Eagle-owl

耳羽发达而显著突出，外侧黑、内侧棕色。面盘淡棕栗色杂以褐色细斑。眼上方有一大型黑斑。头顶黑褐色，羽缘棕白至淡棕杂以黑色波状细纹。后颈及上背棕褐相杂，具黑褐色虫蠹状横斑。腰和尾上覆羽棕色，具黑褐色波状细纹。下体沾棕，具宽粗褐色纵纹，覆腿羽及跗蹠羽棕色微杂细横斑。嘴和爪暗铅色，先端黑。

栖息于山地、森林、峭壁各类生境中。单独活动，夜行性。捕食鼠类、野兔、鸟类等。巢筑于树洞中或峭壁岩洞及岩隙间，每窝产2～4枚卵。分布于全国各地。

机场活动特点：白天在树上栖息，夜间侵入机场活动、觅食。

防范措施：消灭机场鼠类；活动频繁期注意观察驱赶或在场周加挂防鸟网。

家燕（*Hirundo rustica*）（彩图36）

别名：燕子

英文名：Barn swallow

主要识别特征：上体具金属蓝黑色光泽，喉胸部栗红色，后胸有不完整黑色横带，腹部白微沾棕色。翅尖长，飞行时，尾羽平展呈剪刀状。

栖息地与生活习性：栖息于城镇、村落附近，用湿泥、杂草营巢于房檐下，利用旧巢。每年繁殖 1 次或 2 次，双亲共同筑巢，每窝产 4～6 枚卵，雌鸟孵卵 14～15 天，育雏约 20 天。

常在田野、河边上空结群飞行敏捷；繁殖后，9～10 月结群南飞，回到越冬地。

分布情况：全国各省区均有分布，多数地区为夏候鸟。

相似种：金腰燕 （*Hirundo daurica*）（彩图 37）

别名：赤腰燕，黄腰燕

英文名：Golder-rumped Swallow

上体蓝黑色具金属光泽，头后杂栗黄色；腰部栗黄色形成宽阔带斑。眼后上方至颈侧栗黄色。下体白色沾棕、满布黑色羽干纹。尾羽黑褐色。

栖息于山间村落、城镇。飞翔于田野上空，常和家燕混群。3 月到各地繁殖，营巢于横梁上，巢呈半曲颈瓶状，每年产两窝纯白色卵。9～10 月南飞越冬地。飞离之前常结集成大群。

相似种：白腰雨燕 （*Apus pacificus*）（彩图 38）

别名：雨燕，山燕，白尾根雨燕，野燕

英文名：Large White-rumped Swif

上体、两翼及尾大都黑褐色，头至尾羽均具淡色狭缘；喉、额和腰至两腿均为白色，并缀以黑色羽干纹；下体余部羽基暗褐色，羽端白色。嘴黑褐色，脚和爪紫黑色。

栖于陡峻的山坡、悬崖，喜成群。以各种昆虫为食。繁殖期 5～7 月。每窝产 2 枚或 3 枚卵，雌鸟孵卵，期间雄鸟衔食喂雌鸟。

机场活动特点：在机场附近村庄营巢成功繁殖后，集聚成中、大群体在机场活动觅食，幼燕常成群停息在跑道上等候草坪捕虫亲鸟喂食；常成群在割草机后捕食昆虫。驱赶后多数离开，但飞行时仍有部分在机场内穿梭飞翔，飞翔高度＜100m，容易发生危害程度较轻的鸟撞。

防范措施：利用乡村规划和环境改造工程减少巢位环境，减少适宜的湿地环境；及时开展机场灭虫，减少食物资源。利用兜网在割草机后捕捉燕子后到远处放飞；增加机场草坪、航线与周边防鸟网功能，防止燕子进入机场航线。

喜鹊 （*Pica pica*）（彩图 39）

别名：花喜鹊，鸦鹊

英文名：Black-billed magpie

主要野外鉴别特征：体稍胖，尾长。飞翔时肩及飞羽白斑明显。除两肩、腹部和初级飞羽具白斑外，体、嘴、跗蹠、趾爪均为黑色；翼和尾具蓝色辉光。

栖息地与生活习性：栖于村落附近的疏林地带。成对或结小群活动。杂食性，

主要以昆虫及其幼虫、谷粒、豆子、植物茎叶等为食。3 月开始繁殖，每窝产 4 枚或 5 枚卵。雌鸟孵卵，孵化期约 18 天，育雏期 1 个月左右。

分布情况：全国各地均有分布，多为留鸟。

> **相似种**：灰喜鹊（*Cyanopica cyana*）（彩图 40）
>
> **别名**：山喜鹊，灰鹊，马尾鹊，长尾巴朗子
>
> **英文名**：Azure-winged Magpie
>
> 头颈部黑色，上体灰蓝色，腹部灰白色，翅膀及尾羽天蓝色，尾中央尾羽具白端斑。嘴、脚及爪均黑色。

机场活动特点：在机场附近高树、塔架上营巢繁殖。常以小群或结成较大群在机场活动觅食，夜晚返回夜栖地。驱鸟后迅速离开，常悄悄返回机场，与飞机和驱鸟员"捉迷藏"。飞行高度＜100m。已经发生多起造成发动机损伤的鸟撞事件。

防范措施：冬、春季，捅掉鸟巢后安放刺猬式驱鸟器，或在一定范围内标记巢的位置，进入繁殖期后，去除 1～3 个支巢树杈，通过减少巢位减少喜鹊的数量；机场航线下方根除林地和垃圾场、灭虫，减少食物资源。采用声、视觉方法，抓住与飞行相配合的时机进行驱赶。

白头鹎（*Pycnonotus sinensi*）（彩图 41）

别名：白头翁，白头公（图 5-47）

英文名：Chinese Bulbul

主要野外鉴别特征：橄榄色。额、头顶、眼先和颊黑色；枕部白色；耳羽棕褐色。上体暗灰黄绿色具晦暗纵纹；飞羽和尾羽暗褐色，飞羽内翈基部灰白色。颏、喉白色；胸部具不明显灰褐色带。腹和尾下覆羽白色，杂以不显著的黄绿色纵纹。嘴、脚黑色。

栖息地与生活习性：栖于林缘和低矮灌丛、竹林，集群活动栖息，冬季以种子为主，夏季以昆虫为主。繁殖期 4～5 月，每窝产 3 枚或 4 枚卵。

分布情况：分布于华北及长江以南广大地区。

> **相似种**：黑鹎（*Hypsipetes leucocephalus*）（彩图 42）
>
> **别名**：白头黑鹎，百头公，山白头，黑短脚鹎
>
> **英文名**：Black Bulbul
>
> 雄鸟头、颈部、中上胸白色。上体自背部至尾上覆羽黑色；翅、尾、下体黑色。雌鸟须、颊、额、喉为灰白色，偶尔杂有黑色块斑。上体乌黑或灰黑色；腹部和尾下覆羽端缘灰白色。嘴鲜红色；脚橙红色。

栖于林相较好的山区。多成对活动，好动善鸣。杂食性，以种子为主。繁殖期5～7月。为东南部山地常绿林中常见鸟类。南方冬季可见数百只群体。

机场活动特点：平日多分散活动于机场附近的林地、草地。秋、冬季聚集成较大群体，在机场附近电线上栖息，到草坪上觅食活动，可对飞行安全构成一定的威胁。

防范措施：加强机场周边的林地治理，减少巢位生境，清除草籽、灭虫；秋、冬季节注意观察，及时驱赶进入场区的鸟类。

灰椋鸟（*Sturnus cineraceus*）（彩图 43）

别名：假画眉，白头翁，高粱头，杜丽雀
英文名：Ashy Starling
主要野外鉴别特征：头顶和颈部黑色，前额和头侧白而杂有黑纹。体背面灰褐色；腰及腹部、初级飞羽横纹白色；尾羽黑色，先端具白斑；飞翔时白斑明显。嘴、脚为橙红色。体灰褐色，头上黑，两颊白，野外较易鉴别。雌鸟色浅而暗。

栖息地与生活习性：夏季常结群栖息于树上；秋冬季喜结群在地上啄食。主要取食果实、种子等，也吃少量昆虫。繁殖期4～6月，营巢于树洞，或在树上筑悬挂袋状巢。每窝产3～5枚卵；雌鸟孵卵，孵化期14～16天；育雏期15～25天。

分布情况：在长江以北的东部地区繁殖迁徙时遍布东部，在华南越冬。常见于稀疏林地和开阔郊野农田。

相似种：北椋鸟（*Sturnus sturninus*）（彩图 44）
别名：燕八哥，小椋鸟，宾灰燕
英文名：Daurian Starling
嘴细，头顶暗灰色，雄鸟头枕和背部紫灰色，颈背块斑黑色（雌鸟缺），肩羽紫灰色，两翼灰黑具明显白色翼斑，翅稍尖，尾羽呈叉尾状。

机场活动特点：在树洞穴中营巢繁殖。小群活动秋季结群体在机场附近的树上或电线上栖息，到草坪中活动觅食，夜晚返回夜栖地。飞行高度＜100m。可构成鸟撞威胁。

防范措施：堵塞树洞等洞穴，改造草坪、灭虫，降低环境的适宜度，以减少椋鸟数量，夏秋季加挂防鸟网，加强周边电线、树栖息鸟观察，及时驱鸟，防止椋鸟群侵入航线。

黑卷尾（*Dicrurus macrocercus*）（彩图 45）

别名：铁燕子，黑黎鸡，黑乌秋

英文名：Black Drongo

主要野外鉴别特征：通体黑色，背和胸部有金属反光蓝色；下体黑褐色，胸部具蓝绿色闪光；尾长呈叉形，中央尾羽最短，外侧尾羽的先端微向上卷。幼鸟体羽黑褐色，肩部微具金属光泽；尾羽呈褐色；翅角缘灰白色。嘴、趾和脚均黑色

栖息地与生活习性：栖于平原至低山的阔叶林或针阔混交林和村落附近。平时栖息在树顶上或田间电线杆上；见有昆虫，飞行呈"U"形的栖枝捕食昆虫后，复向高处飞回原处。繁殖期 6～7 月，营巢于杨柳树顶近细枝端分叉处，每窝产 3 枚或 4 枚卵。

分布情况：东部至南部各省（自治区）。

相似种：发冠卷尾（*Dicrurus hottentottus*）（彩图 46）

别名：卷尾燕

英文名：Hair-crested Drongo

似黑卷尾，但体形较大，通体绒黑色，上体、胸部及尾羽具蓝绿色金属光泽。背、翅上覆羽、飞羽及尾上覆羽黑色，飞羽外缘具蓝绿色光泽，初级飞羽 10 枚，翅长而稍尖。尾叉状，最外侧一对尾羽先端显著向上卷曲。前额发出一束 10 余条长发状羽，向后垂，野外常不易观察到。雌鸟体羽光泽不如雄鸟鲜亮，冠羽较短。嘴和脚均黑色。

林栖鸟类，栖息于山地、丘陵地区。晨昏喜结群活动，搜索昆虫为食。飞行迅速而有力。捕食昆虫。繁殖于我国南方，繁殖期 5～6 月，多筑巢于林缘高大乔木顶端的向阳枝丫上，巢杯状，每窝产卵 4 枚或 5 枚。

中南部各省（自治区）。

机场活动特点：繁殖后期，集家族群体在机场活动觅食，站在网杆等物上，飞捕昆虫、喂食幼体。飞行敏捷，构成飞行鸟撞潜在风险。

防范措施：在繁殖中后期，加强观察与驱鸟。适时进行机场灭虫，清除栖位架杆或增加驱鸟器具、黏鸟药剂，减少进入机场数量。

红喉歌鸲（*Luscinia calliope*）（彩图 47）

别名：红点颏，红脖儿，野鸲

英文名：Siberian Rubythoat。

主要野外鉴别特征：上体橄榄褐色，头顶和额微具棕褐色泽。两翼和尾转为暗

褐。飞羽、外侧覆羽和尾羽均缘以棕褐色，眉纹、颧纹白，眼先和颊均黑，耳羽与背同色。额和喉赤红，红色周围缀以黑形狭缘。胸呈灰色，略杂以沙褐色。两胁亦沙褐。腹部几纯白色。

雌鸟与雄鸟相似，但额和喉为白色。胸沙褐色，眉纹和颧纹棕白，但不明显，眼先黑褐，颊暗褐，杂以棕白色细斑。

虹膜暗褐色；嘴乌褐色，基部和喙缘略呈淡黄色；脚灰黄褐色。

栖息地与生活习性：栖于平原茂盛的小灌丛、低山草丛等地。食物几乎全为昆虫，也有少量植物碎屑。营巢于灌木丛的小树杈上，每窝产卵4枚或5枚。

分布情况：分布于我国东部地区，西至甘肃、宁夏、四川，南至云南、广东、广西、海南及台湾。

> **相似种**：蓝喉歌鸲（*Luscinia svecica*）（彩图48）
> **别名**：蓝额，蓝脖，蓝点颏，九圈领，芦穄鸟，长脚青
> **英文名**：Bluethroat
> 特征为额、喉部具栗色、蓝色及黑白色图纹，眉纹白色。头部、上体土褐色；下体白色。尾羽黑褐色，飞行时可见基部栗红色。雌鸟额喉白而无橘黄色及蓝色，黑色的细颊纹与黑色斑点组成的胸带相连；与雌红喉歌鸲及黑胸歌鸲的区别在于尾部斑纹不同。嘴黑色。脚肉褐色。
> 栖息、潜匿于灌丛、苇丛中。常不时扭动、展开尾羽；短距离飞翔。以昆虫、种子等为食。繁殖期为5月前后。营巢于灌草丛地面上，每巢产卵4~6枚。卵有光泽呈蓝绿色。孵化期约为14天。
> 分布于我国大部分地区。

机场活动特点：迁徙时通过机场附近地区，在草丛等环境中活动，可构成短时性鸟撞威胁。

防范措施：监测确定迁徙时间，注意观察驱赶，跑道草坪加网防范。

复习思考题

1. 快速识别机场鸟类有什么意义？
2. 怎样才能快速识别机场鸟类？
3. 识别鸟类的依据是什么？
4. 机场常见鸟类有哪些？各有什么活动规律？
5. 鸟类活动规律与鸟撞有何关系？

第6章 鸟类标本的采集鉴定 与制作保存

本章提要：采集标本和收集原始数据是机场鸟类研究及鸟撞防范的科学基础，标本、数据不仅证明某机场有哪种鸟，也是鸟撞物种鉴定的重要依据，而且有助于培养教育新人、保证鸟撞防范工作科学开展。标本的采集、制作、保存是机场日常而重要的基础性工作。

6.1 标本的重要性

观察记录鸟情不仅需要掌握科学的方法，需要借助图谱和经验识别鸟类，更需要采集制作标本，确保鸟情科学研究经得起实践的考验，特别是当鸟撞发生后，确定事故、鉴定鸟撞物种、进行鸟撞原因的分析时都需要用标本做"证据"。因此，对鸟撞标本、鸟类标本、羽毛标本和撞击痕迹标本的收集、保存是鸟撞危害的评估及其规律、趋势的探讨和预测等科学调研工作的基础。

标本的采集制作是简单而平凡的工作，是结合相关资料进行鸟撞防范科学分析的第一手资料。做好简单而平凡的标本采集工作了，就为机场鸟撞防范工作做出了贡献，因为通过一根羽毛就能确定鸟撞的物种，从而可以轻易地从已经建立的鸟撞防范数据库中查询，获得更多鸟撞防范的信息，如某种鸟发生鸟撞造成损失的大小和时间、分布地区等，所以必须认真把标本做全、做好。

鸟情研究和鸟撞鉴定用的标本有飞机撞击痕迹和鸟类标本。鸟类标本包括姿势、假剥制、浸制等整体标本，以及头、足、翅等残体、羽毛（特别是鸟撞的羽毛）、血液标本。这些标本需要在日常工作中采集保存，需要尽可能进行拍照或录像、记录详细的资料，重大事故鸟撞还需要进行电镜超微结构或染色体 DNA 标本的制作，以便构建图片库、基因库，需要时进行比对鉴定，为鸟撞物种和经济损失的鉴定、评估提供可靠的依据。如果标本是鸟情室没有的，即使是局部"不理想"的标本也要采集、保存好，以备鉴定、研究所用。

抓紧开展标本制作工作，是为机场积累必需的研究资料，也是为机场和高层安全人员开展鸟情与鸟撞防范研究工作奠定良好的基础。

6.2　整体标本的采集

在机场驱鸟过程中，将防撞鸟网或猎枪捕捉的鸟类制作标本前，要记下虹膜颜色，用棉花塞于口腔内、擦净血液以防肠内容物或血液污染羽毛。然后，将鸟头部装入锥形纸卷端包好，带回鸟情室制作标本、进行分类鉴定。

6.2.1　标本的整理测量与标签制作

污染标本先用毛刷、清水洗净，用滑石粉等吸水、晾干后，拍打干净。活标本在剥制前1~2h，挤压固定肋部胸腔使其窒息而死；或在翼部肱静脉注射空气，形成气栓阻断血液循环而死。

首先测量体尺，内容如下所述。体重：称量的鸟体重量以克（g）计；体长：上喙端至尾端长度。嘴峰长：上喙先端至嘴基生羽毛处的距离；翼长：翼角至最长飞羽先端的距离；跗蹠长：胫骨与跗间关节后部中点至跗蹠与中趾关节前下方的距离；尾长：尾基部至最长尾羽先端的距离。有时对翼展度、嘴裂长、趾长及爪长等也要测量。

标签的填写内容有体尺测量的结果，标本的采集日期和地点，性别、虹膜及脚、喙的颜色，标本编号，鉴定的鸟类物种，以及在机场活动的历史性档案内容等，制成标本后系于鸟足上，为相关研究奠定基础。

6.2.2　剥制标本的制作与保存

不宜剥制的标本或时间紧张时，可按要求将标本摆好姿势，密闭浸泡在10%的甲醛溶液或75%的乙醇中保存。只要具有注射器、甲醛或乙醇、塑料袋就可随时将捕获到的鸟类制作成浸制标本储存。

剥制标本剥皮时，如果出血或脂肪过多，可撒滑石粉于皮肤内侧和肌肉上，以防止羽毛被沾污。

6.2.2.1　剥皮

胸剥方法如下所述。①使鸟仰卧并分离胸部羽毛、露出皮肤。②用解剖刀沿龙骨突由前向后切开皮肤，再调转刀口向前割至颈部基显露为止（图6-1A）。③左手提起皮肤切口边缘，右手持刀柄分离皮肤至腋下、颈部，然后剪断颈部和肩关节（图6-1B）。④拎起躯体颈部，继续剥离肩部与肱骨附近的皮肤，剥离背腰部时，因皮肤较薄，要细心慢慢分离。同时，腹面相应地向后方向剥离，直至腹部和腿部露出，剪断膝关节（图6-1C）。⑤向尾部剥离至泄殖腔孔后，手持尾部，从尾综骨前缘游离的尾椎处剪断，除净残留肌肉和尾脂腺，但切记不要剪断尾综骨、尾羽轴根，以防尾羽脱落（图 6-1D）。⑥接着剔除腿部、两翼和头部的肌肉。腿部肌肉剔除到跗间关节。剥离翼部肌肉时，要一手拿住肱骨，另一手慢慢将皮肤剥离至桡尺骨时，用拇指紧贴尺骨将皮肤、飞羽刮下（注意不要把着生于尺骨上的飞羽轴根割离），一直刮至腕关节处，再清除掉桡骨、尺骨和肱骨上的肌肉。最后，除净鸟皮内的残存脂肉。⑦将颈部向外拉，待头部显露时，以拇指慢慢剥离到耳孔处，用拇指和食指紧贴头部捏住、轻拉耳道皮肤使之与头骨分离；剥到眼部，用镊子分离并挑出眼球，用手捏住眼球取下，不要用剪刀剪掉，以免剪坏眼皮；在枕骨大孔处剪去颈部，剔净头部肌肉和舌；剪扩枕孔并用棉花填充挤出脑（图 6-1E）。

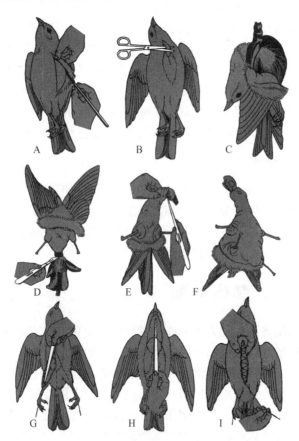

图 6-1　鸟类标本制作的基本过程示意图

6.2.2.2　防腐处理与装义眼

　　将事先配制好的防腐膏均匀地涂遍皮内侧及保留的骨骼上（图 6-1F），并在保留的翼骨、腿骨上缠绕棉花，尽快翻转复原；装上义眼后将头骨全部翻转复原。

　　防腐膏的配制：取 40g 肥皂片放入烧杯，加适量热水隔水加热使其融化后，加入 50g 亚砷酸、10g 樟脑粉及 5ml 甘油搅匀成糊状，即成防腐膏。代用品有食品防腐剂、乙醇等。

6.2.2.3　标本的填装与缝合

剥制处理好的标本分为假剥制标本和姿态标本两大类。

假剥制标本，不装支架和义眼，制作简便，体积小，便于采集运输及保管储藏。用一根稍长于体长（除去尾长）的竹条或木棍，一端基部开叉缠上棉花，插入颅腔和口腔固定头骨，另一端削尖由体内插入尾中央腹面，以支撑尾羽。

姿态标本又称为生态标本，表现鸟类生活时的觅食、起飞、静立等姿态。根据鸟体大小，用粗细、长短适宜（展翅3根、不展翅2根）的铁（铅）丝，中间旋转拧紧固定。不展翅标本头端较长一支铁丝折向后方，作为尾支柱，其余三支分别插入双足和头部。展翅铁丝前3支插入头骨颅腔、双翅内，后3支分别插入尾、双足；如用6根铁丝，其内端要向前、向后折并结实地捆拧在一起，作为双脚、展翼、头、尾支架。

足的支架铁丝要从肠骨向脚跟方向旋转插入脚内，直到由脚底掌部穿出一段为止，其长度要适于台板固定（图6-1G）。铁丝插好后，用棉花或竹丝等填充物填充至与原体形相似（图6-1H），即由皮里向皮外穿插进行缝合（图6-1I）。

6.2.2.4　标本整形保存

标本缝合好后，进行顺毛、将翼及脚摆好位置等整形工作，然后，上台板、用纱布包裹固定鸟体、贴标签等，随后将其置于荫凉处尽快风干。

标本做好后要放到鸟情室内加有干燥剂（袋装硅胶）和防虫剂（樟脑球等）的标本橱中才能长久保存，不要随意暴露乱放。

6.3　拍摄照片、制作录像

初次接触鸟情调查工作的人员不能及时分辨识别鸟类，不具备制作标本的基本技术技能。这给机场鸟情研究和鸟撞防范带来一定的不便。

有条件的机场应该将本机场常见鸟类进行录像，或利用已有的鸟类查询系统、检索出本机场的鸟类，制作成录像图片集。或者请专家传授标本制作技术时进行录像，充实机场鸟情档案资料。标本制作过程的录像有助于没有接触鸟类标本制作的机场驱鸟员随时观看，边看边模仿制作鸟类标本。

图片录像集可以按不同季节进行播放，随时观看，以便对鸟类有感性认识有利于观察识别。激励学习相关基本理论知识的举措，有助于开展机场鸟类的观察记录、分析和驱鸟工作。

6.4　羽毛标本与鸟撞物种鉴定

由于羽毛的形态和超微结构具有一定的种属特异性，采集、保留羽毛标本（有条件的尽可能也采取血样）就为鸟撞物种和损失的鉴定，包括 DNA 鉴定提供了依据。因为事故鉴定不仅需要知道鸟撞及其危害程度，还要知道鸟撞是怎样发生的？需要确定是哪种鸟发生的鸟撞及其发生频率的高低、造成损失的大小。确定了这些，就确定了鸟种防范等级的优先序列，就可以有的放矢，根据鸟类的季节性活动规律采取有针对性的应对措施。

鸟撞鉴定需要的最基本证据是羽毛和血迹。但羽毛鉴定的基础是，不仅需要利用已有的鸟类标本和图谱，而且需要有符合鸟撞物种鉴定要求的羽毛标本及羽毛图谱。没有羽毛标本就没有羽毛图谱，采集羽毛标本是首先需要做好的基础工作。

6.4.1 羽毛的形态结构特征

鸟类的羽毛分为正羽、绒羽和纤羽三种基本类型。

羽毛是由古爬行动物的表皮鳞演化而来的，是鸟类具有的特征性表皮衍生物，着生在鸟体的一定部位，即羽区（pteryla），不着生羽毛的为裸区（apteria）。我国古生物学家研究证实，恐龙特别是四翼恐龙也具有保温、滑翔作用的羽毛。

胚胎期，中胚层加厚形成真皮乳头原基后，诱导对应的外胚层细胞增殖，围绕原基迅速发育形成表皮圆管，并下沉形成羽毛囊。当羽胚长到一定程度，圆管形成一系列纵嵴（即羽枝和羽小枝），从顶部向基部扩展，纵嵴发育完全后，羽鞘裂开释放羽枝形成雏绒羽。围绕羽毛乳头的表皮细胞发育成领细胞，背部的一个羽枝生长迅速、发育成羽茎，腹缘分生能力强，产生相互平行的羽枝，沿领缘呈筒状向背部推移并加到羽茎上；羽毛发育后期，羽小枝在羽枝上形成，当羽毛在羽鞘中发育完全后，羽鞘裂开，羽柱沿腹中线张开形成羽片，领部延长发育成羽根，上下各有一小孔称为上脐、下脐，发育成为正羽（图 6-2）。新羽在形成的过程中把旧羽推出去脱落。

羽毛根据有无羽小枝、羽小钩和羽轴的发达程度分为三种基本类型。正羽（contour feather）由羽轴及其两侧的羽片（包括羽茎、羽枝、羽小枝和羽小钩等结构）和羽根构成。羽片（vanes）是羽枝、羽小枝由羽小钩勾连起来形成的（图 6-2），羽片如因外力作用裂开后，鸟类可用喙啄理重新联结形成一个整体，正羽赋予鸟类流线型外廓（称为廓羽）。飞羽（flight feather）铰链式着生在前肢上构成飞翔器官，分为着生在翼手部的初级飞羽（primaries）、前臂部尺骨上的次级飞羽（secondaries）和着生在肱骨上的三级飞羽（tertiaries）。尾羽（tail feather）着生在尾综骨上，在飞行中起舵的作用，尾羽和飞羽的形状和数目是鸟类分类的重要依据之一。绒羽（down feather）羽枝发达，羽茎退化呈绒状，在正羽之下构成隔热层，水禽类绒羽特别发达。纤羽（hairy feather）形如毛发，其基本功能为感觉（图 6-3）。

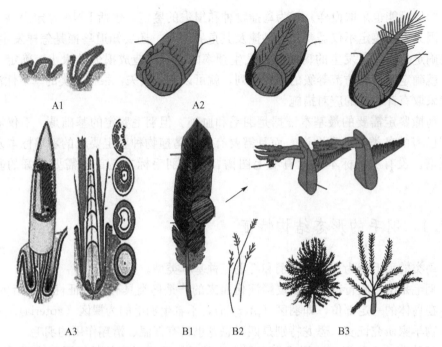

图 6-2　羽毛的发生（A1. 雏羽；A2，A3. 正羽）与结构类型（B1. 正羽；B2. 纤羽；B3. 绒羽）

在季节性因素的影响下，受神经体液特别是甲状腺素的调节，大部分鸟类每年要按一定次序换羽 2 次，雷鸟每年可换 3 次或 4 次羽毛。尾羽和翼羽是对称换羽（molt）的，否则，可影响飞行。换羽鸟类一般秋天换上冬羽，春季换上夏羽（婚羽）。冬羽、夏羽的形态特征是鸟类野外识别的重要依据。

羽毛由于色素颗粒和羽毛结构的折射作用不同而呈现各种美丽的颜色。羽毛的颜色是色素细胞向外分泌色素颗粒沉积在体表结构上，或体表结构对入射光的折射作用不同而成的，形成了鸟类体色和羽毛色斑等各种特有而重要的识别特征。体色的改变涉及色素颗粒的丢失或形成，在换羽时才能发生体色的改变。羽毛如果含有较多的微细胞腔可使羽毛呈蓝色。

鸟类只有尾脂腺，其化学成分在分类学上具有重要意义。鸨、鹦鹉等不具尾脂腺；水禽尾脂腺特别发达。尾脂腺分泌物中含有维生素 D，能促进钙磷代谢；鸟类在啄理羽毛时，将尾脂腺分泌的油质类涂于羽毛上，保护羽毛，使之保持光泽，形成防止水分浸入的隔水层，有利于水中生活。

6.4.2　羽毛标本的采集与制作

采集羽毛看似是一项非常简单的工作，其实不然！它作为鸟撞防范工作中重要的一环，既需要有认真负责的科学态度，也需要有科学的方法。

　　羽毛标本需要按照图 6-3 指示的部位，采集各种不同形态特征的羽毛，需要按照背腹由前向后的位置将各种特征的羽毛用透明胶带"贴在"纸板上，并按顺序对每一根羽毛进行科学的编号，如 20110809AxBxCxxx，并附有羽毛特征的照片。20110809 为 2011 年 8 月 9 日采到的标本、A 为某机场名、B 为鸟种名、C 为该鸟羽毛标本的序号，如用 20110809 首都机场豆雁 009 表示。用 Cxxx 是保证一种鸟身上不同特征的所有羽毛都有一个唯一序号，以便建立羽毛标本、图片数据库，将来可以根据鸟撞羽毛的特征，利用数据库快速检索到发生鸟撞的某种鸟，用图谱、实物、物证对照鉴定确定鸟撞物种，评价鸟撞造成危害的程度和发生的频率，以便制定科学有效的针对性防范措施。

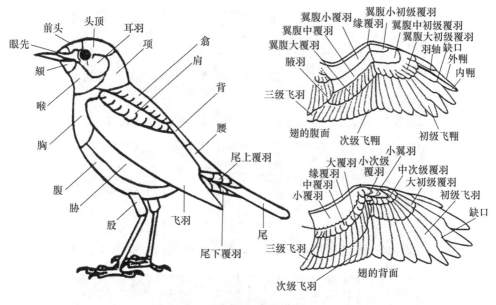

图 6-3　鸟体外形羽毛分布图

6.4.3　羽毛超微结构和 DNA 标本

　　采集鸟撞羽毛和羽毛标本除了用于鉴定鸟撞物种外，采集保存的鸟撞羽毛标本，一旦需要，就可以采用聚合酶链反应（PCR）技术等进行 DNA 鉴定。由于 DNA 鉴定需要 PCR 等高科技仪器、专业人才及大量经费，特别是需要拥有各种鸟的 DNA 图谱，可以先制作并保留造成严重危害的高危物种的 DNA 信息，以便鸟撞防范鉴定部门与分子生物学研究机构携手，借助于分子生物学研究成果尽快构建完善的鸟撞鸟类 DNA 图谱、基因数据库，用于鸟撞物种的鉴定与经济损失的分析评估。

　　羽毛超微结构也具有一定的种属特征，将采集到的鸟撞残留羽毛标本处理制作样品后，可用电子显微镜进行羽毛的超微结构观察（图 6-4），利用羽毛超微结构进行鸟撞鸟种的鉴定，以便探讨鸟种行为习性与鸟撞间的关系，为预防鸟撞提供参考依据。

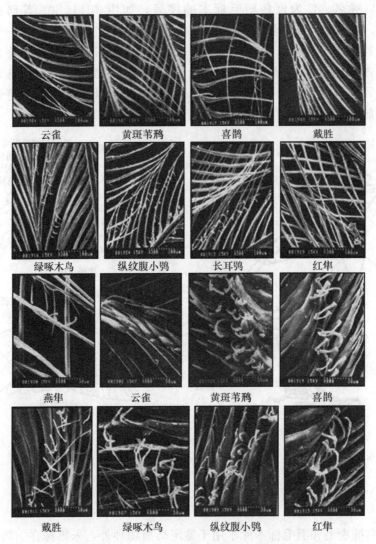

图 6-4　不同鸟正羽（上）、绒羽（下）的超微结构的差异

　　图 6-4 为云雀、黄斑苇鳽、喜鹊、戴胜、绿啄木鸟、纵纹腹小鸮、长耳鸮、红隼、燕隼 9 种鸟的绒羽和正羽电子显微镜照片。图片显示，绒羽的羽茎、羽枝在形状，粗细比例，光滑度，有无突起和突起的大小、数量、形状，茎枝间的角度、羽枝间距等方面都存在一定的差异；飞羽的羽枝和羽小枝在形

态、粗细比例、光滑度、羽小枝与羽小钩
间的角度、羽小钩间的锚连方式、羽小钩
的形态和钩曲度距（图6-5）等方面都存在
一定的物种差异。

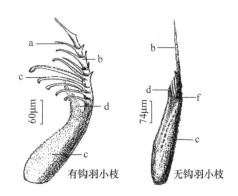

图 6-5　羽小枝的基本结构图
a. 纤尾；b. 羽脉；c. 羽小钩子；
d. 腹齿；e. 基柄；f. 背刺。

　　鸟撞物种鉴定需要收集制作机场全部鸟
类的标本，特别是事故性鸟撞鸟的 DNA 和
超微结构图谱，逐步构建、完成相关数据
库，将有助于准确确定肉眼无法鉴别的鸟
类。但此类工作需要大量的前期工作和雄厚
资金，快速实施起来有一定困难。收集羽
毛、残体标本则是一种简单易行的鸟撞物种
鉴定方法，也是 DNA、羽毛超微结构鉴定
必不可少的基础工作，残体、羽毛标本的采集制作有助于"按图索骥"，有选择地
进行 DNA 鉴定。

6.5　鸟情与鸟撞鉴定室建设

　　由于发生鸟撞的物种信息具有十分重要的鸟撞防范价值（7.2.2 节），
必须对鸟撞标本及鸟类残留的肢体、羽毛、血液等进行收集，以便对鸟撞物
种的鉴定分析，探讨发生鸟撞的原因和规律，制定对策防范鸟撞发生。

　　不同层次的航空安全中心及机场应该建立自己特色的鸟情研究实验室，制定、
规范鸟撞标本与残留物收集、保存和提交、奖罚制度，指导有关单位、人员科学开
展鸟撞防范残留物的收集、鉴定工作。

　　经过一段时间的建设，鸟情室将拥有详尽的基础性标本和相关资料。例
如，各种鸟撞标本，包括飞机部件、鸟类羽毛、残体、整体标本、照片、录像
等，以及与其唯一编号、唯一电子文档文件名等互相对应的真实档案资料；同
时，收集国际上相关的研究资料。这样做的结果既有利于日常工作查对，进行
机场鸟类的观察识别，进行鸟撞物种的现场鉴定，又有利于请专家进行"会
诊"，不认识或鉴定有误的物种经专家甄定后，提高鸟撞防范人员的鸟种识别
和鸟撞鉴定能力，了解掌握鸟的生活习性，确定重点的观察、驱鸟对象，制定
并采取针对性措施驱鸟。

　　制作的标本不仅有助于保护驱鸟设施，充分利用鸟类资源，而且有利于机场鸟
情数据库的建设和新成员的培训，快速实现新、老鸟情驱鸟员的成功交接，有助于
建立长效机制，持续稳定地开展鸟撞防范工作，全面提升鸟撞防范飞行安全保障工
作的科学水平（8.2.1 节）。

复习思考题

1. 需要制作的鸟撞防范标本有哪些?
2. 制作机场鸟类标本有什么意义?
3. 制作鸟类标本需要注意哪些问题?
4. 怎样收集、制作羽毛标本?
5. 羽毛在鸟撞鉴定中有何作用?

第7章 鸟情、鸟撞与驱鸟的关系

本章提要：鸟情、鸟撞与驱鸟相关性的研究将使人们明白科学防范鸟撞的基本原理。科学评估鸟撞风险指数和危害等级并对不同鸟类进行防范排序，确定重点防范对象，解决何时何处将鸟驱向何方的问题，扩大航线安全距离，保证航线在飞行时形成净空，从而避免鸟撞的发生。

研究机场鸟撞与鸟情基本规律的目的是探讨二者之间的相关性，即鸟类的种类、数量、活动方式与飞机飞行时发生相撞的时空关系，从而明确科学驱鸟的基本原理，即为什么必须如此驱鸟才能有效防范鸟撞的发生。这需要开展驱鸟措施研究与驱鸟效果的评估，以便评估不同的驱鸟方式、方法对鸟撞发生的影响，需要进行鸟情与飞行相关性的研究，以便根据鸟情和飞行实际情况进行驱鸟。那么，鸟类的活动分布规律与飞机飞行有何相关性呢？

7.1 鸟撞发生的相关性

进行了如表 4-2 至表 4-12 所示的鸟情记录和统计，既可以进行机场鸟情规律的分析研究，也可以进行鸟撞相关性的分析研究。因为鸟撞一旦发生，没有正常的鸟情观测记录，鸟撞时的鸟情是无法进行补充观察的，重要的是无法开展鸟撞防范的相关研究。只有有了鸟情记录，才可能对鸟撞与鸟情规律间的对应关系进行研究探讨，研究二者间的相关关系及其与周边环境变化的相关性，探讨有效的针对性防范措施。这就是首先需要研究鸟撞与鸟情规律的原因，也是研究机场鸟情与飞行相关性、指导开展机场驱鸟工作的基础。

防范鸟撞是机场重要的综合性、专业性飞行安全保障工作，既需要驱鸟人员与鸟情研究人员的参与，也需要空勤、地勤人员等的参与才能共同完成的安全保障工作。因此，需要进行鸟撞与鸟情规律的科学研究，以便了解、掌握鸟撞发生和鸟情变化规律间的关系，改被动工作型驱鸟为主动研究型科学防范，为制定针对性强而有效的鸟撞防范措施奠定基础。

7.1.1 区域相关

研究、掌握鸟类的栖息、觅食生境与其来机场的方向、位置和活动规律，就能发现鸟撞与某种鸟穿越机场及航线的飞翔活动是相关的。如果某种鸟迁徙期间于某区域发生鸟撞，与迁徙鸟类经过该区域的迁飞活动相关（图 4-1、表 4-5）；研究、掌握迁徙鸟经过某地区的规律和路线后，安排飞行时段和航线时就可以避开鸟类的迁飞时段或路线，或加强驱鸟力度。如果鸟撞发生在栖息或觅食生境，鸟撞就与飞行经过该空域时鸟类的起飞、降落等飞翔活动有关；在机场，则与跑道的巢区侧或觅食地一侧及其草坪上的鸟情和飞机的飞行方向相关；飞机主向起飞时，爬升阶段鸟撞与Ⅲ、Ⅳ和Ⅴ、Ⅵ机场分区的鸟情相关；降落时鸟撞与进近阶段机场Ⅶ、Ⅷ分区的鸟情相关（图 4-1），特别是在飞机飞行时，鸟撞与鸟穿越相应区域飞行航线的飞翔活动相关；起飞与滑行二个阶段的鸟撞与图 4-1 中的Ⅰ、Ⅱ或Ⅲ、Ⅳ区，特别是跑道航线上的 1 和 2 区的鸟情相关。

当然，某一地区也有山区、平原、河流、湖泊、森林、草原、草坡等不同地貌类型，不同季节有不同的鸟类。繁殖鸟类多在水源、食物、巢位丰富山谷的谷底活动。迁徙鸟类则随机、一次性沿山谷走向迁飞，有的在谷顶部、谷上部，有的沿河流迁飞；山谷中的风力风向、气候条件等都会明显影响鸟类的活动，河流与山谷的走向还会决定鸟类迁飞时是否经过机场上空，从而决定在飞机起降时是否能造成严重的鸟撞威胁，影响飞行安全。与繁殖鸟有规律的觅食活动具有可预见性、可控性不同，迁徙鸟因路过休息、觅食活动和群体大小不规律，难以预见，可防控性差，所以需要加强对迁徙鸟类到达机场的具体迁徙时间、路线地点和应急防范措施的研究。

可见，鸟撞与机鸟的相对空间位置及飞翔方式有关。研究、掌握鸟类在机场不同生态环境的分布、活动和鸟撞发生的基本规律及其相关性，将有助于进行区域内相关机场及其分区的风险预报，有助于机场开展防范工作。在制订飞行计划时，能提醒飞行员注意做好防范准备，为飞行期间的驱鸟布控设岗提供科学依据，有助于制定防范方案和措施，便于执勤时进行具体的操作。有组织地进行区域性、全国性的鸟情与鸟撞相关性研究，有助于对重点鸟撞防范区域的确定，加强对地区性防范措施的研究；有助于地区性、全国性各层次的鸟情测报网络系统的建设，为各类机场鸟情的准确测报发挥重要作用。

7.1.2　飞行鸟情相关

简单地说，只要有飞机飞行，就有发生鸟撞的可能性。但鸟撞是否发生及其发生的概率则与鸟情测报、驱鸟方式以及飞行计划、航线设计有关，也与不同飞行阶段鸟类的飞翔活动的频率有关，更与机、鸟在时间和空间位置上能否"和平共处、互相避让"避免发生移位重叠现象相关。当飞机正在飞来时，如果航线附近栖息的鸟突然惊飞；或翱翔的鹰隼突然向航线俯冲捕食猎物；或飞翔的鸟突然改变飞翔方向冲向航线；或在安全距离内，因不能及时发现飞机飞行的危险，慌不择路飞翔的鸟类不能做出适当的逃避反应，出现上述这些情况时就极易发生鸟撞。

鸟在航线的飞行阶段上活动并且与飞机相遇是鸟撞发生的必要条件；而鸟撞发生的危害程度则与飞机的飞行阶段、鸟撞部位、飞行员的操作心理与处理方法，以及鸟类的大小、飞行速度与方向、撞击强度有着十分密切的关系（7.3.2 节）。

当鸟类的飞翔路线和方向偏离航线时，鸟撞风险就降低或不会发生鸟撞。如果某种鸟的飞翔路线是 $Ⅶ↔Ⅰ↔Ⅲ↔Ⅴ$ 或 $Ⅷ↔Ⅱ↔Ⅳ↔Ⅵ$（图 4-1，4.3.4.2 节），其飞翔路线与航线平行或进行 $^{1a}Ⅲ$ 等方向进出机场的飞翔活动，不会发生飞行鸟撞；但具有潜在的鸟撞风险，在降落滑行时 $^{1a}Ⅲ$ 方向飞翔的鸟因穿越滑行道则可能发生鸟撞。任何在图 4-1 中的 1、2、3 区及其延长线间飞翔活动的鸟，由于是在飞行航线上飞翔而极易发生不同飞行阶段的鸟撞。鸟类沿 $^{a}Ⅲ$、$^{a}Ⅳ$ 方向飞翔则降低、甚至没有鸟撞威胁。沿 $^{1}Ⅲ$、$^{1}Ⅳ$ 等方向飞翔的鸟将进入机场具有潜在的鸟撞威胁。当鸟沿 $^{1}Ⅲ→Ⅳ$、$^{1}Ⅳ→Ⅲ$ 和 $Ⅳ→^{a}Ⅲ$、$Ⅲ→^{a}Ⅳ$ 方向飞翔穿越跑道航线时具有明显的鸟撞危险，或沿 $^{1}Ⅲ→Ⅱ$、$Ⅳ$、$Ⅵ$、$Ⅷ$ 进入机场，或沿 $Ⅷ$、$Ⅱ$、$Ⅳ$、$Ⅵ→^{a}Ⅲ$ 离开机场方向的路线飞翔，由于鸟的飞翔路线与跑道航线有不同程度的交叉，鸟类穿越跑道的飞翔具有明显的鸟撞危险，可能发生不同飞行阶段和飞机左右侧的鸟撞。

因此，要根据鸟类不同飞翔方向进行驱鸟，防止 $^{1}Ⅲ…^{1}Ⅷ$ 等方向飞翔的鸟类进入机场、靠近航线，防止 $^{1}Ⅲ→Ⅳ$ 方向飞翔的鸟穿越航线，促使 $Ⅳ→^{a}Ⅲ$ 或 $Ⅲ→^{a}Ⅳ$ 等方向飞翔的鸟类在飞机飞行前尽快沿 $^{a}Ⅲ$、$^{a}Ⅳ$ 方向飞离机场，这样才能消除潜在威胁，有效防范鸟撞发生。

鸟情记录数据不仅能用于分析鸟类的数量、取食、飞翔和活动位置的日变化规律，而且必须含有能分析飞翔状态（如方向等）与鸟撞相关的信息，以便探讨有效的驱鸟措施和方法。如果记录的统计结果（表 4-2、表 4-3）表明，8∶00～9∶00 是喜鹊日活动数量最多的时段，这与机场外喜鹊大量飞入机场有关，在跑道上活动或飞翔穿越跑道的喜鹊数量是其他时间的数倍，这无疑是鸟撞易发时段；如果喜鹊鸟撞真的发生在这一时段，说明鸟撞与在航线上活动的喜鹊数量呈正相关，主飞方向起飞阶段的鸟撞发生于飞机左侧与内侧Ⅲ区草坪的鸟情有关，而右侧则与Ⅳ区及场外鸟情有关，驱鸟主要是防止场外鸟类侵入机场，使鸟类的数量显著减少。如果鸟撞不是发生在 8∶00～9∶00，而是发生于数量较少的其他时间，则鸟撞与鸟类的行为密切相关。而与数量相关性较差。这可能是有些数量较少的鸟比数量多的鸟容易发生鸟撞的重要原因，这需要对机场鸟类的分布行为进行深入研究，探索找到解决问题的方法。

研究掌握了鸟撞与鸟情规律及其飞行的相关性，空管部门就可以加强管理，在制订飞行计划时充分考虑鸟的飞翔、迁徙特点，安排航线与飞行计划时避开鸟类活动高峰期和迁徙路线，同时，治理机场周边生态环境，使鸟的活动和迁徙路线远离机场。研究掌握飞行与飞翔、驱鸟的互动关系，进行主动研究型驱鸟，准确测报并根据鸟情制定应急方案，采取针对性措施，加强科学的驱、避鸟类工作，将使鸟撞的发生概率减少到最低（10.2节、11.5节）。

7.1.3 季节性鸟情相关

春季，留鸟开始占区、配对、选址筑巢；由南方返回的夏候鸟相继进入繁殖期，也是鸟类向北迁徙的季节；旅鸟北迁或在机场附近短暂停留、觅食补充能量后继续北上。留鸟、候鸟的出现将使机场鸟类的种类和数量产生明显的规律性变化；种类由少而多再到少，数量的多少是由迁徙鸟的数量和繁殖鸟的繁殖活动共同决定的。

迁徙、繁殖鸟类的种类和结群活动、停留时间的长短都会给机场净空、飞行安全带来一定的影响，成为鸟撞的多发季节。个体大、活动范围相对固定于机场附近的鸟类对飞行安全威胁较大，是造成严重的突发性鸟撞事故的鸟类群。

夏季，繁殖鸟处于繁殖、育雏期。幼鸟出飞，成鸟由单独、成对活动到结成家族性、混合性集群活动。幼鸟经验不足，对飞翔危险缺少"认识和经验"，栖息地与觅食地在航线两侧的鸟类往返飞翔经过机场，容易侵入航线与飞机相撞。机场附近的旱田改为水田，致使大量土壤动物浮现，容易吸引大量水禽来觅食，此时是造成飞行安全隐患的重要时期。

繁殖鸟的种类和数量在各地是不同的，对飞行安全的威胁也是不同的，并且受环境的影响明显。发育的草籽或成熟的小麦能吸引各种食谷鸟类，大量繁殖的昆虫能吸引众多食虫鸟类，繁殖鸟常结成群体到机场活动。个体小的鸟本身危害性不大，但集群活动时产生的危害不亚于大型鸟类个体，因此，要注意防范集群活动而驱赶难度大的中小型鸟类，防范其集群从营巢环境侵入机场。

秋季，夏候鸟有的已经离去，在北方繁殖的候鸟结群南迁途经本地，留鸟集群游荡，鸟类由小群逐渐聚集为大群。鸟群活动的不确定因素增大，幼鸟数量多；第一次迁徙的亚成体鸟沿途经过不同的机场，由于飞翔反应能力差，感官不完备，发现险情和避让危险的能力弱，并且不熟悉各机场的飞行规律与环境，遇到有利于停留觅食活动的地方就会滞留机场。鸟类喜欢在机场草地上停留觅食、藏匿，猛禽类、鸻鹬类等对环境陌生的鸟类进入机场增加了鸟撞的机会，成为一年内的鸟撞高发期。

冬季，北方大部分地区的鸟种类和数量比南方较少，机场附近主要是留鸟和冬候鸟（雁鸭类）。越冬水禽多在水库、沿海滩涂等湿地生境中栖息，很少进入食物匮乏的机场；但为寻找食物，它们常在湿地与麦田等觅食地之间移动。清晨和傍晚时，体型较大的雁鸭类飞越机场上空会构成较大安全隐患。

将鸟类的季节性活动与鸟撞发生率的季节性变化规律（图2-3，2.3.1节、4.4.5节）进行比较研究，可以发现二者在季节时间上的相关性。

春、秋季节，鸟类的种类、数量高峰与鸟撞的多发季节重叠，这说明鸟撞与鸟类的季节性活动相关。但各地（如黑龙江、山东、福建、上海等）相同的"季节"，鸟情变化不同，鸟类春季由南向北、秋季由北向南迁徙，有的候鸟已经过境，有的正在过境，有的候鸟还没有到达机场。相同时间的鸟情与鸟撞，应按"不相同的鸟情季节"（不是自然季节）对待；只有鸟情季节相同，迁徙鸟类到达时发生鸟撞才能说明是与某种鸟的迁徙季节相关。某机场防撞鸟网捕鸟数量的季节性变化（表 4-8）和鸟情调查相符，说明 9 月为潜在的鸟撞多发季节，即鸟撞发生与季节性鸟情变化相关；如果该机场的鸟撞发生在 7 月，这与鸟种的行为特征或其他因素，如雏鸟加入飞翔群体、机场周边的旱田改为水田而吸引大量水鸟前来觅食等有关。因而，需要开展鸟种季节相关性方面的研究，以便探讨鸟类总数量、鸟种数量与鸟撞的关系。

已有研究表明，每年的 5 月和 9 月前后是鸟撞的高发期，有的机场 7 月还会出现一个小高峰。在地域分布上，鸟撞与候鸟迁徙的基本规律有一定的相似性。我国与美国所处的纬度位置相似，季节性鸟撞的规律也相似，这说明美国的鸟撞防范经验值得借鉴。鸟撞高发期的季节性规律与北半球鸟类的繁殖、迁徙规律和数量高峰期有关，鸟撞、鸟情高峰期的重叠说明，过境候鸟对飞机起降构成最大的潜在威胁。

季节性相关鸟撞规律提示人们，应加强对鸟类迁徙路线和活动规律的研究，特别是对鸟撞的季节、地域分布规律与鸟情相关性的研究。通过研究鸟撞高发期是与鸟类的行为规律、种类、数量峰期季节性重叠相关，还是与繁殖雏鸟的出飞高峰重叠相关，以确定鸟撞是与鸟类的迁徙或是繁殖峰期相关，或鸟撞的发生与鸟类的行为方式相关。鸟撞物种的鉴定有助于确定重点及普通防范物种。春季南方机场的鸟情为北方机场的防范预报提供准确的信息，秋季南方机场的鸟情预报需要借鉴北方机场提供的准确信息。可以根据鸟情与鸟撞的季节性相关程度，研究有效的针对性驱鸟技术和方法，加强迁徙期各种鸟类的实时观测和预测预报，有的放矢，采取有效措施进行科学驱鸟、防范鸟撞的发生。

7.1.4　时段鸟情相关

黎明或黄昏时，鸟类外出觅食或归巢夜栖，活动频繁，由于光线昏暗，难以及时发现危险，因而发生鸟撞的概率增多。将鸟类日活动的基本规律（3.4.1 节，图 4-2、图 4-3）与鸟撞规律（2.3 节，图 2-4）进行比较研究，就能探讨鸟类日活动是如何影响鸟撞发生的（图 7-1）。

机场内各种鸟的日活动曲线高峰不同。如果鸟撞发生率高峰与鸟类日活动数量高峰相吻合，即鸟撞与机场鸟类的总数量高峰，特别是与某种鸟的数量高峰相吻合，说明鸟撞与鸟类的数量密切相关，即鸟类数量增加将增加鸟撞概率。但在相同数量的情况下，群体活动比个体分散活动出现的频次少，鸟群比个体的鸟撞机会减少而危害性增加，可见鸟情的统计分析还需要考虑鸟类的集群与活动频率。

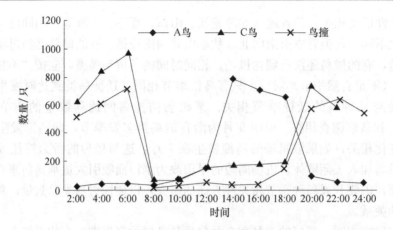

图 7-1　机场鸟撞与鸟日活动曲线的比较

　　鸟撞时间与鸟类（图 7-1 中的 C 鸟）早、晚进出机场或在机场觅食日活动峰值相关，这说明鸟撞发生与该鸟在机场航线上的时段活动数量密切相关，应采取针对性措施重点加强该时段的驱鸟活动。鸟撞、鸟情二者的高峰期不吻合，而是异步发生（图 7-1 中的 A 鸟与鸟撞），即鸟撞发生在鸟类数量较少的时间段，说明鸟撞与鸟类的活动方式以及驱鸟活动对鸟类的应激行为反应有关。不同鸟类的出现将产生危害程度不同的鸟撞，应根据对鸟撞物种的鉴定，考虑该种鸟的行为方式和驱鸟措施、方法的有效性及周边环境的突变性，研究针对性强而有效的驱鸟措施，加强时段、机场区和地域性的针对性驱鸟工作，特别是研究撞击鸟和鸟数量最多的几种鸟的驱鸟工作。加强机场鸟类的行为研究，探讨鸟在航线飞行阶段上的行为心理与不同飞机类型的飞行状态之间的关系，将有助于研究具有地方、区域机场特色的科学的驱鸟方法，杜绝鸟在飞行航线上的活动。否则，只注重驱鸟技术的更新换代，不考虑鸟情、飞行具体情况与驱鸟效果，其结果必然是技术越来越先进了，驱鸟设备却不能发挥其应有的理想效果。

　　鸟类的各种活动是受光照度影响的。我国东西时差大（约 2h），鸟类的日活动情况显然不同；晨、昏时段不同，而全国统一按北京时间计算，这会影响对不同地区的鸟情分析。另外，各地天气变化差异明显，不同天气条件下的鸟撞在相同时段相关性分析的结果会背离实际情况，从而影响防范决策和驱鸟措施的实施。因此，加强不同地区、天气条件下的时段鸟情研究，有助于根据区域性鸟情制定有效的驱鸟措施、以确定驱鸟时段。

7.1.5　鸟种数量相关

　　我国地大物博，已知鸟类约 1300 种。不同地区、不同机场、不同月份鸟类的种类、种群数量与总数量有明显差异。

不同群落结构的鸟类组成及其种群数量和年、季、日活动规律与鸟撞发生密切相关，但其相关程度如何？只有平时进行了鸟情规律的研究，才能知道不同季节有哪些鸟类在机场活动，知道未来有哪些鸟到机场活动，知道鸟类的繁殖、迁徙活动及其数量变化的规律。鸟撞时鉴定了鸟撞物种、评估其造成危害的大小（7.2.1节），才能通过鸟情、鸟撞规律的比较分析确定物种的鸟撞相关性和危害程度。掌握是在物种数量高峰期还是非高峰期发生的鸟撞，以及鸟类行为规律与鸟撞发生的关系等，就能针对危害性大、发生率高的鸟种，研制并采取有效的驱鸟技术措施，防范鸟撞、保障飞行安全。

7.1.6　天气相关

天气的好坏不仅影响飞机的起降与飞行，而且影响鸟类的活动。天气恶劣时，鸟类活动急剧减少，但在一般情况下，雨前天气闷热，云量增多而气压降低，鸟类忙于觅食活动。雨后，机场含水量增多或积水会将土壤动物逐出地面，从而吸引大量鸟类来机场捕食；多日阴雨天后的雨过天晴正是飞机飞行和鸟类觅食的大好时机，饥饿多日的鸟类频繁来机场捕食，将增加鸟撞的机会。研究证实，雨季鸟撞发生概率比较高（Gabrey and Dolbeer，1996），主要是因为雨前和雨后鸟类活动比较频繁且经常集群，因此，在此期间应加强机场鸟类的人为驱赶。

飞机的飞行受气流和风向的影响，风对鸟类的飞翔活动也有很强的影响；顺风加速了鸟类的飞翔速度，特别是疲劳飞翔的鸟更易受到强风的影响，而逆风飞行、涵道吸力大的飞机与顺风而来且无法自主飞翔的飞鸟快速相遇增加了鸟撞概率，也增加了鸟撞的危险性。

根据天气变化情况，对鸟类的分布、活动规律和行为特征进行比较研究，探讨天气变化对机场鸟类活动影响的相关规律，有助于根据天气预报情况预测鸟类活动的基本情况，做好飞行驱鸟的准备工作。

7.1.7　驱鸟相关

毫无疑问，驱鸟的目的是防止鸟撞。科学驱鸟能使机场鸟类减少，避免鸟撞；不科学的驱鸟方法，没有考虑鸟的飞翔行为心理特点及其与飞行的相关性，盲目驱鸟不仅不能达到减少鸟撞的目的，反而会增加鸟撞的机会。

科学驱鸟需要"知己知鸟"，才能"百战不殆"。"知己"就是需要知道机场的驱鸟技术水平，知道机场现有的驱鸟技术、手段和方法是否高效，知道如何使用驱鸟技术、方法才是最有效和最好的，知道一种技术使用后的效果是如何变化的，知道该如何发挥驱鸟设备的最佳性能。"知鸟"就需要驱鸟员进行鸟情研究，了解、掌握鸟类的种类、数量及其行为变化和活动分布的规律，从而能准确地预测鸟类的种类数量和空间的变化趋势及时序。驱鸟时，能根据鸟类的行为轨迹作出准确的时空判断，采取针对性强而有效的措施；能根据飞行区域鸟情相关性规律，知道该提前到哪儿、怎样做好和应该做好哪些工作，防止鸟类侵入或促使鸟类在适当的时机离开机场，请鸟让路（1.2.2节），减少机场鸟类，达到防范鸟撞的目的。

因此，要根据飞行鸟情相关（7.1.2节）掌握飞行、飞翔之间的时间差和空间关系，通过采取有效的措施，保证航线在飞行时形成"鸟情真空"，特别是重点防范鸟的鸟情真空。保证航线在飞行时形成鸟情真空就保障了飞行安全，避免了鸟撞的发生。

7.2 鸟撞物种鉴定

7.2.1 物种鉴定与损失评估

不同机场各种鸟的种群数量、活动分布规律不同，发生鸟撞的概率也不同；不同物种的鸟因体重、大小不同，撞击飞机时产生的载荷不同，对飞机产生的威胁和造成的危害程度也显著不同；不同季节各种鸟发生鸟撞的次数、部位和所造成的损害程度也不一样。因此，研究、鉴定鸟撞物种及其危害程度是鸟撞防范的重要任务，通过鉴定可以知道鸟种发生鸟撞造成损失的大小和鸟撞概率，有助于机场针对鸟情开展防范技术措施的研究，有助于飞行驱鸟时的鸟情观察识别和防范措施的实施。

鸟撞鉴定不仅需要地勤人员对飞行事故进行鉴定、评价飞机受损害的程度、造成损失的大小（2.4.1.2节），而且需要对发生鸟撞的鸟进行物种鉴定。鸟撞物种鉴定将有助于确定、评估各种鸟发生鸟撞的规律和概率大小，确定鸟撞鸟危害等级的排序（表7-1、表7-2），确定优先驱鸟对象。从而便于研究掌握重点鸟类的活动规律，进行具体的鸟情分析测报，开展鸟撞防范理论、技术和方法的研究，为制定有效鸟撞防范措施奠定基础。

表 7-1 USAF 鸟撞危害前 10 种鸟的鸟撞次数和损失

物 种	鸟撞情况					
	次数	所占比例/%	损失 $	所占比例/%	$/次	所占比例/%
美洲鹈鹕（American White Pelican）	21	0.11	257 650 916	45.446	12 269 091	82.228
加拿大黑雁（Canada Goose）	139	0.677	92 829 720	16.374	667 839	4.476
斑嘴鸭（Spot-billed Duck）	15	0.08	24 920 198	4.4	1 661 346	11.134
绿头鸭（Mallard）	346	1.69	10 582 110	1.867	30 584	0.205
黑头美洲鹫（Black Vulture）	458	2.25	56 811 479	10.021	124 043	0.831
红头美洲鹫（Turkey Vulture）	860	4.19	53 539 935	9.444	62 255	0.417
红尾鵟（Red-tailed Hawk）	866	4.23	15 738 015	2.776	18 173	0.122
美洲隼（American Kestrel）	1 081	5.27	2 744 742	0.484	2 539	0.017

续表

物　　种	鸟撞情况					
	次数	所占比例/%	损失 $	所占比例/%	$/次	所占比例/%
哀鸽（American Mourning Dove）	2 862	13.94	9 970 304	1.759	3 483	0.023
燕子（Barn Swallow/Swallow）	2 175	10.58	11 599 704	2.046	5 333	0.036
暗眼灯草鹀（Dark-eyed Junco）	156	0.77	10 252 842	1.808	65 723	0.441
角百灵（Horned Lark）	3 523	17.15	6 770 650	1.194	1 922	0.013
双领鸻（Killdeer）	1 292	6.29	4 465 838	0.788	3 457	0.023
攀禽（Perching Birds）	3 148	15.31	3 848 047	0.679	1 222	0.008
东方地鹨（Eastern Meadowlark）	1 379	6.72	2 163 875	0.382	1 569	0.011
旅鸫（American Robin）	1 112	5.42	2 154 448	0.381	1 397	0.009
烟囱雨燕（Chimney Swift）	1 109	5.4	899 951	0.159	811	0.006
总数	20 542	100	566 942 774	100	14 920 787	100

表 7-2　国外民航鸟撞对飞行威胁较大的前几位鸟类

鸟类群	鸟撞情况					
	报道数	所占比例/%	危害数	所占比例/%	影响飞行	所占比例/%
1 鸥类（Gulls/Jaegers）	7 470	19.42	1 169	15.65	935	13.54
2 鸠鸽类（Pigeons/doves）	5 590	14.53	341	6.10	400	7.18
3 猛禽（Raptors）	5 070	13.18	852	16.81	574	11.32
4 水鸟（Waterfowl）	3 175	8.25	1 418	44.66	694	21.86
其他种类	17 169	44.62	839	4.89	911	5.31
总数	38 474	100	4 619		3 514	
5 涉禽（Shorebirds）	2 604	6.77				
6 雀类（Sparrows）	2 358	6.13				
7 八哥椋鸟（Starling/mynas）	2 115	5.50				
8 燕类（Swallows）	1 964	5.10				
9 乌鸫鹩（Blackbirds/orioles）	1 426	3.71				
10 猫头鹰（owls）	1 168	3.04				

　　通过鸟撞物种鉴定可以使我们知道，在我国 1300 种鸟中或某地区、某机场的鸟类中，有哪种鸟发生过鸟撞及其发生频率高低、造成损失的大小；哪些鸟发生鸟撞将造成重大的财产损失；哪些鸟单次鸟撞损失较小，但发生鸟撞频率高、累积损失大；等等，这是航空经济损失评估的重要基础数据，可以用来评估针对该鸟所采取措施的有效性，为改进驱鸟理论、技术、方法提出更高要求。

　　鸟撞物种鉴定可以使我们知道，在某区域、机场每单位（如万、十万）架次飞行及机型鸟撞比率的大小、不同损失程度所占比例的大小，从而确定重点鸟撞防范地区、机场及其飞行阶段、方位，为研究飞行与鸟类飞翔、栖息生境之间的关系提供科学依据。通过对鸟情、鸟撞数据的统计分析，探讨其规律性将为飞机的设计制造提供直接有益的试验验证数据，也是进行航空安全与经济分析的重要组成部分。

　　以掌握的鸟撞、鸟情规律和驱鸟技术为基础，有助于利用计算机多媒体技术构建完善全国、区域性和机场的鸟撞数据库和查询系统。该系统的建立有助于研究、查询和掌握鸟撞的基本规律，并根据危害性大的重点鸟甚至根据机场所有鸟进行科学的防范预报，确定优先防范鸟种应采取的驱鸟措施，制定和采取有效的针对性驱鸟措施，从而避免因"草木皆兵"而耗费巨资却无法做好鸟撞防范工作和鸟撞的发生。

7.2.2　鸟撞物种的鉴定与分析

7.2.2.1　机身痕迹的分析鉴定

　　飞机上出现撞击痕迹，不仅需要确定是跑道上的硬物造成的，还是飞鸟造成的？而且需要借助机体上的印痕（如血迹、撞痕大小等）估计鸟类的基本情况，因为大小、形态不同的鸟撞击飞机后，会在机身上留下大小、形状不同的印痕，为确定可疑鸟类提供证据。然后，结合鸟类的生态分布、季节性活动规律等推测鸟撞物种。这样做有助于借助羽毛标本进行具体鸟撞物种的鉴定，也有助于从形态结构确定鸟种时，结合 DNA、超微结构进行鸟撞物种的准确鉴定。

　　鸟撞一旦发生，不论大鸟、小鸟，机身撞击部位必定会留下一定的表明鸟类特征的撞击痕迹（图 7-2、图 7-3），鸟撞的痕迹特征是鸟撞分析鉴定的重要依据。飞机撞鸟后，如图 2-2A 所示，机头端保留有鸟撞击的凹坑特征，其直径大小符合大雁等体型较大鸟类的特征，鉴定鸟种时应该考虑从这些鸟类中进行相关鉴定；撞痕部位说明，此鸟如稍微向左、向右偏一点将撞到发动机上，必将产生极其严重的后果；痕迹特征提示人们，千万不要因为没有发生重大事故而忽视鸟撞防范，必须注意加强对此类鸟的观察与驱鸟工作。图 2-2C 表明鸟撞击并穿透风挡玻璃，其孔洞

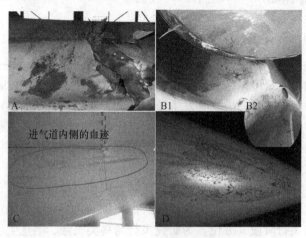

图 7-2　鸟撞部位特征

图 7-3　鸟撞受伤叶片

的直径大小符合中小型鸟类以极快的速度与相对飞行的飞机相撞的力学特征。虽然撞击力的大小需要用撞击试验的测验结果来证实，但中小型鸟以极快的速度撞击飞机、穿透风挡玻璃，其结果必然对飞行员造成了严重伤害，从而严重影响飞机的操作和飞行，将引起严重的安全连锁反应，甚至造成继发性鸟撞灾难和重大损失。这只能靠研制更好的机载保护设施进行防护，靠飞行员敏捷的快速应急反应躲避鸟击危害。

　　明显的血迹显示，即使是发生空勤人员没有任何感觉的鸟撞，检修人员也应该进一步检查发动机的受损情况，避免潜在的威胁因素保留下来，影响以后的飞行。当地面人员发现晨昏起飞的飞机发动机"冒火"，飞行员感觉到震动、转速下降，着陆后发现机身表面没有损伤，也需要进行全面的严格检查；如果仔细检查发现发动机后部二级叶片受到损伤，并有血迹和羽毛残存，这是小型飞鸟直接飞入进气道造成的，由于相对运行的速度极快，小鸟从旋转的叶片间穿过造成鸟撞；如果是稍大一点的鸟，无疑会造成严重的鸟撞。此类事件中，飞机虽可"正常"降落，但从其撞击特征看，如果鸟、机二者的位置向左、向右偏移一点点，或者是另一种鸟发生的鸟撞，就会出现图 7-2 上鸟撞部位的情况，即飞鸟经飞机的"颈侧"部位撞入进气道，不要说如此大的鸟（图 2-2），即使是较小的鸟（图 7-2、图 7-3）也将撞击发动机，鸟撞发动机常会产生严重的后果（2.2.2 节）。

　　图 2-2B2 发动机的损伤情况可以说明，此类鸟撞是鸟群发生鸟撞造成的多方位众多叶片损坏，而不是单只鸟［图 2-2B1］造成的少数相邻叶片的损坏。关注小型鸟类集群活动的研究，掌握规律及时采取驱鸟防范措施，将减少机场鸟的数量，避免鸟撞的发生。图 7-3 中 A、B、C、D 显示，不同大小的鸟种甚至是同一鸟种以不同的方式发生鸟撞（如直接撞击发动机、二次撞击碰到叶片）造成的发动机叶片伤害的程度是不同的。图 7-3A、B 叶片伤害程度轻，对飞行安全影响较小；图 7-3C 已使叶片严重变形，对飞行有明显的影响；图 7-3D 已造成叶片断裂，可直接使飞

机失去动力，如果处置不当将会造成严重的空难事故。

　　将鸟撞痕迹和鸟情结合起来分析，有助于判定是哪种鸟发生了鸟撞，开展对鸟撞物种的鉴定、灾害分析研究。鸟撞痕迹特征的鉴定分析证明，鸟撞部位及其造成危害程度的不同，可提供鸟撞物种鉴定的可靠信息，为鸟撞科学分析提供原始的信息资料。鸟情隐患险于鸟撞，防范鸟撞胜于事故处理；科学的鸟撞分析鉴定需要重视每一次鸟撞及其详细的记录，即使是没有发生鸟撞的机场也应该了解鸟撞的基本规律，采取有效措施严防鸟撞、避免意外事故发生。

7.2.2.2　鸟撞残体的鉴定与分析

　　鸟撞因撞击的部位不同，常有残体，如头、翅、足、甚至有尸体散落到鸟撞发生地附近，收集、保存此类标本与已有标本进行比较，将有助于进行简单易行的鸟撞物种鉴定，也为鸟撞试验研究提供科学的佐证数据。

　　图7-4是鸟撞发生后残留在机场内的鸟类残体。首先，残体毫无悬念地证明是喜鹊发生的鸟撞；确定鸟种后，有助于分析某种鸟发生鸟撞的频率及其造成的损失程度，以便确定驱鸟的重点对象和制定防范对策。其次，需要分析鸟撞是怎样发生的，即是熟悉机场飞行环境的喜鹊自然飞翔造成的，还是其他原因，包括不科学的驱鸟活动造成的。从残体还可以进行飞翔、飞行与驱鸟等相关方面的分析。现以起飞爬升阶段对此鸟撞残体进行分析。

图7-4　鸟撞后的喜鹊残体（赛道建和卫伟摄）
A～C. 自然情况；D. 摆放后

　　图7-4喜鹊鸟撞残体特征表明，鸟撞不是发生在左侧进气道；因为撞击左进气道边缘时，应该是左翅被撞切进发动机而不是右翅。如果喜鹊与飞机交叉、同向飞翔，左进气道边缘对飞鸟的撞击力会使喜鹊的逃生折返飞翔产生向外的旋转，喜鹊顺力向外旋转时，左侧擦伤是主要特征，不可能遭受切割样的重创。

　　图7-4鸟撞残体特征表明，飞鸟喜鹊是撞击在右进气道外缘才被切割、留下残

体掉落在机场上的。其原因是由于受惊的喜鹊慌忙从飞机的右侧飞向航线，此时飞机正好到达，喜鹊发现飞机转身飞翔逃生，正好面对着右进气道外缘发生鸟撞，瞬间相对运动产生巨大而锋利的力，进气道外缘将鸟体切割到进气道里，并造成发动机叶片的伤害（维修检查证实有多叶片损坏），而把左翅和旋转的头部留下来掉到地上；如果喜鹊没有逃生飞翔，鸟体将可能整体撞入进气道并将发生严重的事故；喜鹊的逃生飞翔避免了整体进入发动机发生更为严重的事故。残体成为喜鹊发生鸟撞过程分析的有力证据。

另外，需要分析鸟撞与飞机的飞行方向、阶段和机场分区的关系。当飞机按 AB 主飞方向起飞（图 4-1）发生鸟撞，说明是机场跑道外侧 Ⅱ、Ⅳ、Ⅵ 区的喜鹊飞向航线造成滑跑、起飞、爬升阶段的鸟撞。喜鹊的飞翔与该区对应的林地和备降道草坪的突然环境干扰或进入机场觅食等因素有关，鸟撞的时间应该是白天（特别是早晨），并与喜鹊急于进入机场觅食或躲避天敌"误入航线"的逃生行为相关。如果是黄昏，在场外林地夜栖的喜鹊应该向林地飞翔，除非突然发生严重的干扰因素，否则，喜鹊不会飞向空旷而没有夜栖环境的机场航线，即不可能发生右侧鸟撞。

当飞机按 BA 次飞方向起飞时（图 4-1）发生鸟撞，鸟撞如果发生在早晨，由于鸟类多从林区飞入机场，应该是飞机左侧撞击鸟。残体说明鸟撞与航线外侧备降道相关区域的鸟情无关；发生在起飞爬升阶段的鸟撞是由 A 端、跑道内侧 Ⅰ 区草坪上的鸟情造成的，是由鸟类离开机场穿越航线向夜栖地的"逃飞行为"引起的；右侧鸟撞是进入内侧草坪的觅食鸟逃离飞翔行为造成的，原因是它们发现了某种临近危险因素而向夜栖地逃飞，否则，飞鸟向ᵃ Ⅰ 方向逃飞不会穿越航线；如果鸟撞发生在晨昏，由于光线暗淡，影响了鸟与人之间的及时发现，或单只鸟忙于低头觅食，疏于危险防范观察，未能及时发现"危险信号"，当发现巡逻员对自身安全造成严重威胁时，向夜栖林地沿 Ⅰ ᵃ Ⅱ 方向怆惶逃飞的喜鹊穿越飞行航线，与正在起飞的飞机相撞。这种情况显然说明，鸟撞与不科学的"驱鸟行为"有关，即不考虑飞行状态和鸟情的盲目"巡逻行为"造成的，是由于没有弄清楚驱鸟与飞机的飞行、鸟的飞翔轨迹、鸟撞之间动态的关系造成的。残体还说明，喜鹊的逃生欲望补偿了不科学的驱鸟行为造成的更严重鸟撞事故地发生。

从飞机机体受损情况和鸟类残体特征进行的鸟撞分析告诫人们，不要因一次鸟撞造成的危害小而忽视鸟撞的发生，也不要因为几年没有发生鸟撞而不重视鸟撞的严重性。驱鸟必须讲究科学的思路与方法，必须了解鸟情和飞机的飞行情况，明确鸟类飞翔与飞机飞行状态及其轨迹间的时空动态关系，采取科学的对鸟博弈策略、方法，而不是使用固定的方法。

只"鉴定鸟撞"，不进行鸟撞与鸟情相关性分析，将无法探讨其科学的防范规律。因此，需要总结、分析鸟撞发生、鸟情活动的规律和驱鸟的经验教训，进行鸟撞防范关系的研究；研究掌握鸟撞防范的理论技术和科学的驱鸟方法，利用各种设备做好科学的驱鸟工作，这是鸟情驱鸟员日常工作的重要任务。

7.2.2.3　鸟撞羽毛的鉴定分析

鸟撞后，常有羽毛和血迹残留在飞机的某个部位上（图 2-2、图 7-2、图 7-3）。利用羽毛进行鸟撞鉴定，不仅需要有鸟类学分类知识，而且需要借助鸟撞后留下的羽毛进行鉴定。

利用飞机上残留的羽毛进行鸟撞物种的鉴定是简单易行而必须拥有的一种鉴定方法。采集羽毛标本后，依靠种属羽毛的一般形态结构特征，直接与机场鸟情室已有的羽毛标本（6.4 节）比对，就能进行鸟撞物种的鉴定。鉴定了鸟种，便于对鸟撞物种与损失大小、比率的相关性进行分析；鉴定了鸟种，有关该鸟的大小、重量、基本活动规律、生活习性等信息便可以从鸟情查询系统中查到，便于有针对性地研究、采取有效措施，减少驱鸟工作的盲目性，用科学的方法开展鸟撞防范工作。

7.2.2.4　鸟撞的 DNA 鉴定

无法直接用羽毛标本进行鉴定的事故，需要借助鸟类研究，借助已有的羽毛超微结构、DNA 图谱进行鸟撞物种鉴定（6.4.3 节）。

对造成重大损失的鸟撞，即使无法从羽毛的一般形态结构进行物种鉴定，也需要利用残留的血液、肌肉和羽毛等进行 DNA 鉴定。利用分子进化方面关于 DNA 研究的结果获得鉴定信息，借助已构建并完善的鸟类 DNA 图谱、数据库和鸟类基因库，确定具体的鸟种，以便及时从鸟类查询系统中获得该鸟的有关信息，确认高危鸟种后，就可以根据该鸟的相关信息制定飞行驱鸟应急措施，有效防范鸟撞的发生。

鸟撞物种的鉴定方法有多种，依据实际情况，较完整的标本可直接用肉眼鉴定确定鸟撞种，对肉血、羽毛肉眼无法确定的而造成重大损失的鸟进行 DNA 和超微结构鉴定。因此，机场鸟撞防范的基础工作是，必须加强羽毛、残体等各种标本的收集，尽快建立数据库，用于鸟撞鉴定分析、教育培训，提升鸟撞防范工作的专业水平。

7.2.3　鸟撞物种鉴定存在问题的解决

在我国，机场鸟撞物种鉴定虽然能以残体、羽毛和血迹等确定为鸟撞，但大部分鸟撞的鸟种没有鉴定，工作严重滞后，对科学的鸟撞、鸟情、驱鸟关系的分析和制定高效防范措施带来一定的影响。之所以出现这种情况，与鸟撞物种鉴定存在的以下问题有关。

首先，我国鸟撞防范工作起步较晚，缺乏熟练的专业人才。没有建立起不同层次的鸟撞鉴定专家系统，驱鸟员更新快，绝大部分人员缺乏鸟撞防范必备的专业基础知识和基本的技能训练。在观念上，有些人把驱鸟当做是一种临时的谁都能做的工作，忽视了其科技含量，没有用职业的思想去进行驱鸟研究，使机场驱鸟工作一直处在较低水平。

其次，鸟撞物种鉴定除了必须掌握丰富的鸟类学知识外，基础的工作就是必须采集并保留相关标本，收集研究数据。我国缺乏基础工作的积累和总结分析，机场没有科学的鸟情记录数据，甚至已获得的鸟标本也缺少记录数据，没有做好收集制作保存整体、残体和羽毛标本的工作。没有基础的历史数据资料将无法进行科学有效的分析总结。由于没有鸟撞鉴定所需的各种标本和记录数据，因而缺乏充足而详细的可供利用的历史资料和数据，给鸟撞研究和防范工作带来困难。

再次，鸟撞防范需要利用计算机技术建立起机场、区域、国家级完善的鸟情、鸟撞数据库，进行大量的数据处理探讨规律性的东西，以便开展科学的预测预报工作。否则，凭记忆积累的经验和信息"资料"，会随人员的更新而蒸发，结果，简单地经验性重复使机场鸟撞防范工作始终处于从头开始的状态，影响了科学水平的提高。

因此，必须摒弃各种错误思想，认识到一根羽毛、一个标本、一条记录就是重要的鸟撞鸟种的科学证据，是进行鸟撞研究分析的重要依据。需要利用计算机建立起完整的数据库，实现全国性鸟撞防范智能化管理，提升机场鸟撞防范工作科技水平；采用科学的方法（第 6 章）收集鸟撞防范的各种数据和所有标本，这是鸟撞防范的历史性基础工作和重要的日常科研工作。

7.3　机场鸟撞风险的评估

鸟类只有在航线附近的飞翔活动才构成鸟撞的潜在威胁。鸟撞发生的概率则与在航线附近活动的鸟的数量呈正相关关系，即数量越多，发生鸟撞的概率越高，但造成危害的程度则与鸟撞种类的危险等级相关。一般来说，数量和危险等级越高，鸟撞的危害性越大。分析评估鸟撞风险是科学防范鸟撞的重要前提。

7.3.1　物种风险因子评估

为了客观反映每种鸟类对飞机飞行安全的威胁程度，需要定量并尽可能全面地选择鸟撞风险评价因子进行风险分析，以便确定驱鸟的优先顺序。

参考 Carter 和 Rescue 提出的 10 个风险因子，杨道德曾按 11 个鸟撞风险因子对黄花机场的鸟进行评价。按十进制分值评分，分值越大，风险越大；为突出差异性，按 10 分、5 分、1 分三个等级评分，具体评分标准见表 7-3。

表 7-3　鸟撞风险因子的评分标准（杨道德）

风险因子	评分标准		
	10 分	5 分	1 分
1 遇见率	>10 只/d	1~10 只/d	≤1 只/d
2 集群规模	>20 只	10~20 只	<10 只
3 年网捕量	>10 只	5~10 只	<5 只
4 体重	>250g	100~250g	<100g
5 飞行高度	<40m	40~100m	>100m
6 居留期	12 个月（留鸟）	超过 6 个月（候鸟）	不足 5 个月（候、旅鸟）
7 活跃时段	白天	晨昏	夜间
8 移动频率	长时间持续飞行	间歇或短途飞行	极少或极短距离飞行
9 躲避能力	飞行非常笨拙	飞行轨迹多呈直线	飞行轨迹多变
10 防治难度	难驱赶	驱赶后又出现	驱赶后很少再发现
11 活动位置	跑道、滑行道和停机坪及其上空	跑道和滑行道两侧的草地及其上空	机场围界附近及其上空

　　1~11 个风险因子的数据在每次鸟类观测中实时记录，再根据平均值或平均水平进行评分。（4）体重：实测平均体重和参考《中国鸟类志》体重综合评分；（6）居留期：鸟类在该区停留月数；（3）年网捕量：每年被捕鸟网拦截的鸟类总数；（10）防治难度：一周内的驱鸟效果，需要根据长期的观测记录进行评分。

　　然后，利用风险等级评估模型进行鸟撞风险评估：$RE=(R/R_{max})\times100\%$。式中，$RE$ 为每种鸟的相对鸟撞风险百分比；R 为每种鸟的鸟撞风险值，$R=\log X$，X 为各个鸟撞风险因子评分的乘积；R_{max} 为所有鸟类发生鸟撞风险值中的最高值。根据每种鸟的鸟撞风险值和相对鸟撞风险百分比，利用 SPSS11.5 统计软件进行层次聚类分析，最终可将机场鸟类划分为不同风险级别的鸟撞防范类群，确定机场优先防范的鸟类以及应该采取的驱鸟措施，便于对机场进行长期鸟类评估。

　　但是，由于在测评风险因子时，评估因人而异，他们会根据自身的经验和感觉给出不同分值，在鸟撞防范优先权排序后，缺乏筛选重点防治鸟类的方法和标准。因此，该模型的可操作性差异性较大，因而实用可操作性普及也存在一定的问题。

7.3.2　物种鸟撞危害等级

　　各种鸟发生鸟撞后，造成的损失是显著不同的，只有确定每种鸟类的鸟撞风险值和防范优先类群，才便于制定、实施针对性强而科学的防范措施，保证飞机飞行安全。

　　发生鸟撞的危险和危害程度与撞击飞机的部位及其飞行速度有关，而撞击力、鸟个体的大小与鸟撞的危害程度呈正相关关系（7.1.2 节）。研究证明，撞击力的大小与撞击时鸟、飞机的飞行速度、撞击方向有关。体重 2000g 的飞鸟撞在时速

900km/h 的飞机上，瞬间产生的冲击力高达 4000kg，而且鸟体越重，对飞机的撞击力越大。撞击力与鸟类的体型和体重大小有关，根据物理学原理 $k=0.5mv^2$ 得知，冲击力与鸟的质量呈正比，与相对速度的平方成正比，即飞鸟与高速飞行的飞机相撞时产生的能量是非常巨大的。

在撞击速度、鸟撞部位等相同的情况下，鸟撞的危害程度显然与鸟的体型大小和体重相关，体大而重的鸟发生鸟撞造成的危险性较大，否则，危险性较小。为此，《欧洲鸟撞委员会第 17 次会议文集》（1984）将鸟类的鸟撞危害等级划分为 4 个等级：A 级，体重<0.11kg；B 级，体重＝0.11~1.81kg；C 级，体重＝1.81~3.63kg；D 级，体重>3.63kg。

在不同生长发育期和季节，一种鸟的体重有很大差异。为了便于实际工作中实时操作，根据鸟类的体型（以相对固定的翅长为标准）和体重的大小将鸟类分为大小不同的危害等级群，鸟撞危害等级可用公式进行评定：

$$d = \sqrt{WL}$$

式中，W 为体重；L 为翅长；d 为等级数。由于各种鸟的翅长比较固定，而体重随觅食状况等有很大变化，所以用 WL 开平方划分危险等级。参考已有的中国鸟类翅长、体重记录资料，可从大到小评估、确定鸟类的危害等级，据此可将我国鸟类划分为 5 个等级（表 7-4）。物种等级确定后，便于驱鸟人员借鉴相似鸟迅速地识别危害等级高的鸟类，并采取更为严厉而有效的防范措施，即在飞行期间给予这些鸟类特别关注，只要见到它们在机场一定范围内活动，就果断地采取应急的驱避措施。

表 7-4 鸟类危害等级的划分

鸟体型	翅长/mm	体重/g	鸟类	相似鸟	等级
大型	>400	>1500	雁类、鹂类、鹋鹑、鹤类、鹳类、大型鹭和大鸥、大杓鹬、鹈鹕、鸬鹚等	雁、鹅、鹂、鹤、鹳、鸬鹚	5
中大型	~400	~1500	大型鸭、骨顶鸡、中型鹭和鸥、蛎鹬、小杓鹬、野鸡、乌鸦	鹰、鸭、鸥、鸡、乌鸦	4
中型	~300	~300	小型鸭、鸠鸽类、金眶鸻、中型鹬、鸦、喜鹊、三宝鸟	隼、鸽、喜鹊	3
中小型	~200	~150	小型鹬和鸥、燕鸻、戴胜、椋鸟、鸫、鹌太平鸟	鹬、伯劳、鹌鹑	2
小型	<100	<20	雨燕、小鸻、燕子、麻雀、莺类、鹟类	燕、麻雀	1

7.3.3 物种的鸟撞指数

鸟撞发生的频率与在航线附近活动的鸟类的种类及其种群数量呈正相关关系，即机场鸟类的种类、数量越多，发生鸟撞的频率越高，其中数量最多的几种鸟和发生过鸟撞的鸟是应该引起特别关注的。

为了评价各种鸟的鸟撞概率，吕艳和赛道建等曾用鸟撞指数，即用机场鸟的种群数量评估、确定各种鸟的鸟撞指数，评估各种鸟的鸟撞风险大小和鸟撞的概率，以便确定重点防范的鸟类，制定不同级别的应急防范措施。

鸟撞指数不仅需要考虑鸟类的种群数量因素，而且需要考虑与数量密切相关的其他因素，故鸟撞指数的表示公式为：

$$N = BA\,\frac{nQ}{100}$$

式中，N 为鸟撞指数；B 为鸟类的机场行为因素，评分包括（1）食物＋（2）巢位＋（3）经验＋（4）栖位等的分数，反映机场吸引鸟类各因素的状况；A 为航线飞行相关因素，为是否发生鸟撞的必要条件，故评分后为（5）鸟类在航线活动×（6）飞翔频率；双峰期为鸟撞的鸟与鸟类活动峰期、飞机飞行峰期重叠。n 为鸟类的集群系数分，鸟独自活动，$n=1$；10 只鸟以下小群，$n=2$；10～30 只鸟中群，$n=3$；30 只鸟以上大群，$n=4$；50 只鸟以上集群，$n=5$。Q 为鸟类的数量。各因素的评分标准如表 7-5 所示。

表 7-5　鸟撞指数各因素的评分标准

评分因素		分数				
		10分	7分	5分	3分	1分
鸟行为因素	（1）食物	丰富	较多	有	临时性	少
	（2）巢位	丰富		有		无
	（3）经验	无（幼鸟、迁徙鸟、候鸟初到）		有（成幼混群，候鸟中期）		丰富（成鸟或候鸟栖息后期）
	（4）栖位	丰富	较多	有		无
飞行相关	（5）鸟	飞行航线上	航线上	航线上	航线附近	机场内
	（6）机鸟	鸟机双峰重叠	晨昏峰期	峰期重叠	非晨昏峰期	非晨昏，非高峰
	（7）数量级	≥50只	≥30只	16～30只	6～15只	≤5只

（1）用谷物、昆虫、小动物的三级丰富度评价机场内鸟类的食物得分。

（2）用巢位表明鸟类在机场营巢繁殖的情况。

（3）用鸟类对机场环境的熟悉程度评价行为得分，无经验为幼鸟、迁徙初到机场的陌生候鸟；有经验为成、幼鸟混群的鸟类，或换羽成鸟、种群迁徙中期的候鸟；经验丰富为成年留鸟或栖息后期准备迁离的候鸟。

（4）用栖位评价机场各种设施为鸟类提供栖息位置的得分情况。

（5）用鸟类是否在航线上活动评价鸟撞相关程度的得分。

（6）为飞行和鸟类活动峰期间的相关程度，即飞行高峰是否与鸟类活动高峰期重叠吻合，评价飞行鸟情相关程度得分。

用鸟的数量级（7）评价鸟类的数量与鸟撞发生的相关性得分，即单位时间内鸟类群体数量多（≥50 只）且活动分散为 10 分；集群活动的优势种（＞30 只）为

7 分；优势种（16～30 只）为 5 分；普通种（6～15 只）为 3 分；稀少（≤5 只）为 1 分。

鸟撞指数按百分比计，用以表示各种鸟的鸟撞发生概率及其排序，主要考虑鸟类的数量级、在航线上活动频率、鸟类行为三方面的因素，即飞机飞行时段的频率、鸟类在单位时间内航线上活动的数量评估鸟撞概率；在鸟类总数量发生鸟撞的情况下，鸟撞指数越大的鸟发生鸟撞的可能性越大。由于不同季节的鸟类和飞行航班架次等因素基本确定，用鸟撞指数将机场鸟类划分为 5 个鸟撞等级。只要观察到各种鸟的数量即可判断鸟撞概率，从而根据鸟撞发生概率的大小，决定采取的什么样的驱鸟行动，便于在实际工作中的操作。

1 级，极小：鸟撞指数<10。表明这些鸟类在数量上发生鸟撞的概率极低，对飞行安全的影响极小。

2 级，较小：鸟撞指数 10～25。表明这些鸟类发生鸟撞的概率增加，对飞行安全的威胁不是很高，需要注意观察鸟情的变化。

3 级，一般：鸟撞指数 25～45。表明这些鸟类的存在容易发生鸟撞，已经对飞行安全构成明显影响，需要加强防范。

4 级，较大：鸟撞指数 45～75。表明这些鸟类的存在比较容易发生明显鸟撞，对飞行安全影响较大，需要加强防范措施，加大驱鸟力度。

5 级，极大：鸟撞指数>75。表明这些鸟类的数量和活动方式极易发生鸟撞，对飞行安全影响极大，需要高度重视飞行期间的鸟情观察，采取应急驱鸟措施加大驱鸟力度。

在机场鸟类总数量发生鸟撞的概率事件中，4、5 级两个鸟撞指数等级的鸟类是构成机场严重飞行安全隐患的鸟类物种。在驱鸟过程中，应该高度关注这些鸟类引起的鸟情变化，制定防范预案，随时采取果断驱鸟措施防范这些鸟类。

7.3.4 物种鸟撞风险指数与等级

鸟撞指数主要是用鸟类的数量评价机场鸟类发生鸟撞概率的大小。鸟撞风险预报既需要评价鸟撞是否能发生，还需要评价鸟撞发生可能造成的危险性和危害性大小，即需要综合评价鸟撞的风险等级。评价可根据鸟撞指数、危害等级和机场环境（如飞行频率、航线是否经过鸟撞风险区）等因素进行综合评定，预测某种鸟发生鸟撞造成的危害程度。然后，根据风险指数高低确定鸟类的优先和应急防范序列。例如，小型、中型与大型鸟发生鸟撞相比，家燕分布范围广，经常大量侵入机场，防范难度较大，鸟撞发生频率高、造成的单次损失小；䴙䴘、大雁等大型鸟类虽然较少发生鸟撞，但一旦发生就可能是灾难性的，成为应急驱鸟的重要对象；介于二者之间的鸽子、喜鹊、鸭类等中型鸟类分布范围广，鸟撞发生率较高，造成的单次损失较重，累积损失很大，因而成为广泛关注而重要的日常鸟撞防范对象。

鸟撞风险指数（bird strike risk index）风险评估的公式为：

$$D = dNeE$$

式中，D 为风险指数；d 为物种的鸟撞危害等级（7.3.2节）；N 为鸟撞指数；E 为单位时间内飞行的频率，如架次/小时；e 为经过鸟撞指数高风险区的频率。

然后，利用鸟撞风险等级评估模型进行鸟撞风险评估，其公式为：

$$C = \sum_{i=1}^{n} (P_i)^2$$

式中，C 为鸟撞风险等级；n 为在机场航线上活动的鸟种数；P_i 为第 i 种鸟的风险指数占全部鸟的风险指数的比例。用鸟种风险指数百分比可将机场鸟类分为以下 5 个等级。

1 级，极低：鸟撞风险等级＜5％，表明该鸟发生危害性鸟撞的可能性极小，对这些鸟的活动不必过度强度驱鸟，以免费财费力。

2 级，较低：鸟撞风险等级 5％～20％，表明该鸟发生危害性鸟撞的可能性增加，对这些鸟的活动需要关注、进行适当驱鸟。

3 级，一般：鸟撞风险等级 20％～45％，表明该鸟发生危害性鸟撞的可能性大，对这些鸟的活动应该注意，并采取必要的措施加强驱鸟。

4 级，危险：鸟撞风险等级 45％～70％，表明该鸟极有可能发生危害性鸟撞，对这些鸟的活动需要高度关注，加强驱鸟措施进行科学防范，并需要考虑其他应急防范措施。

5 级，极危：鸟撞风险等级＞75％，表明该鸟发生危害性鸟撞的概率大，必须高度重视它们的活动，加强防范措施和驱鸟力度，准备应急方案。

根据每种鸟的鸟撞风险值和相对风险百分比，利用 SPSS 等统计软件进行层次聚类分析，可将机场鸟类划分为不同风险等级的防范鸟类群，确定机场优先防范的鸟类及应该采取的驱鸟措施，便于对机场鸟类进行长期的鸟撞防范动态评估。鸟类个体越大，撞机造成的损失越大；鸟撞指数越高表明鸟类撞机概率越大；鸟群数量越大撞机威胁越大，风险指数等级越高的鸟类对飞行的危险性越大。利用不同时间、区域机场鸟情调查的鸟情计算出鸟撞指数、风险指数；可根据两种指数的评价，确定机场不同季节重点防范的种类和驱鸟对象，探讨防范措施，采取科学有效的驱避措施避免鸟撞发生。

一般来说，机场鸟撞指数高而风险指数、危害等级低的鸟类主要有燕子、麻雀、金翅雀、柳莺、鹀类等小型鸟，它们造成的单次损失小，常被忽略。鸟撞指数、风险指数和危害等级均高的鸟类有鸠鸽类、鹰隼类、鸥类、鹭类及喜鹊等中型鸟类，它们在机场活动的频率高，常构成严重飞行安全隐患，这些鸟类是日常重点防范对象，应加大驱赶力度，迫使它们离开飞行航线。对风险指数大、危害等级高而鸟撞指数低的天鹅、鹈鹕、鹳、鹤等型鸟类，因其是机场鸟类的稀少物种，需要特别注意观察，及时发现它们，特别是对风险等级高而集群的鸟类，以便果断采取应急驱鸟措施，避免重大事故发生。

7.3.5 鸟撞概率评估

就航空业而言，鸟撞是每年、每月甚至是每天都会发生的，并可能造成重大事故，这就是航空界高度重视鸟撞防范的原因所在。但对一个机场来说，鸟撞是否发生不仅与物种相关，更与机场鸟类数量的变化相关，即飞机起降架次频率越高、鸟类数量越多，发生鸟撞的可能性越大，当机鸟活动达到一定数量比就使航行空间极度拥堵，即使是及时发现危险，没有躲避的空间也将必定发生鸟撞，因此，随着鸟机数量的变化，鸟撞存在着一定的概率。

如果飞机按一定架次飞行，机场各种鸟的数量相当，每种鸟发生鸟撞的概率就会相似，质量相同时，个体小的鸟撞概率大，故用质量密度参数评估鸟撞发生。可能发生鸟撞时，质量＝$0.063×$密度 kg/km^2；当必然发生鸟撞时，质量＝$1.5×10^{-6}×$密度 kg/km^2，质量密度参数的大小变化反映鸟撞发生状态的变化。

当质量密度参数评估机场鸟撞必然发生时，如果 A 种鸟数量达到总数的 95％，它发生鸟撞的概率就是 95％；其他鸟（B 鸟）不论种类多少、数量大小，也只有 5％的概率。少数量的鸟类物种数越多，其每种鸟的鸟撞概率越小，如果 B 鸟是 1 种或 5 种、50 种，其鸟撞概率分别是 5％或 1％、0.1％。因此，驱鸟重点是根据 A 鸟的飞行鸟情相关（7.1.2 节）采取有效的针对性措施，而不是只有 1 种的 B 鸟，更不会是 50 种 B 鸟中的任何一种；但如果 A 鸟、B 鸟种的个体大小相差悬殊，即使高鸟撞危害物种只有 1％的概率，也要给予高度关注，并采取严厉的应急驱鸟措施，阻止它侵入飞行航线，否则，就会盲目驱鸟，甚至违背驱鸟的宗旨，反而造成鸟撞！

总之，用质量密度参数、鸟撞指数和风险指数等评估鸟撞发生的危险等级与鸟撞规律的相关性，将指导机场有的放矢地开展科学的鸟撞防范工作，并通过科学驱鸟保障飞行安全。尽管国内外研究鸟撞防范的学者越来越关注对机场鸟类的风险评估，并提出了具统计学意义的评估模型，但缺乏系统而可靠的数据验证模型的普适性。因此，鸟撞风险评估系统需要采集广泛的真实数据，需要在长期的防范工作中不断验证、修改与完善，形成可靠、可行而操作性强的风险评估体系用于机场鸟撞防范研究。

复习思考题

1. 鸟撞发生与哪些时空因素相关？

2. 鸟撞物种鉴定有何意义？怎样进行鉴定？

3. 何为鸟撞风险因子、风险指数与风险等级？

4. 何为鸟撞指数、危害等级？

5. 怎样进行鸟撞风险评估？

6. 指数评估、等级评估在实际工作中有何意义？

第8章 数据库的建设与应用

本章提要：采集、保存各种鸟撞相关的标本和数据资料是构建机场鸟情数据库的基础，也是科学防范鸟撞的需要。数据库建设有助于对鸟撞防范科学人才的培养和工作的深入开展，便于进行鸟撞、鸟情和驱鸟研究，实现智能化的鸟撞风险预测预报。

8.1 数据库建设的意义

有人认为，机场鸟类"认识"就可以了，收集几根羽毛、做个标本、记录几只鸟没有意思，甚至作为"专业"的鸟情驱鸟员也不进行鸟情记录，不进行标本（包括正常和鸟撞羽毛、整体和局部标本）的采集保存。机场用各种方式获得的鸟类被白白扔掉，或让其在防鸟网上风干、腐烂掉，这样做不仅对防鸟网等设备造成损害，也对鸟类在机场飞翔时躲避网具起到警示作用，而且造成鸟类资源的极大浪费，一旦鸟撞发生，即使拿到了鸟撞羽毛、血迹甚至是鸟的残体也无法鉴定是什么鸟，只能鉴定为鸟撞。结果是面对着鸟撞标本，却无法鉴定物种、进行科学分析，给科学防范鸟撞和进行物种损失鉴定以及鸟情调研造成很大困难。没有科学的数据统计分析就很难探讨鸟撞防范的规律，提出合理有效的预防措施，指导驱鸟工作深入开展，所以建立机场鸟类、羽毛和 DNA 等的标本库、数据库和鸟情研究室势在必行。

8.1.1 确定鸟撞和安全趋势分析需要数据库

飞行安全趋势的分析评价与决策，需要全面收集与安全运行有关的数据，需要构建"测报—预警—控制"一体化网络化软件平台，建立快速信息反应系统。平时将获得的鸟做成各种标本，将为鸟撞鉴定提供可靠的证据；取下鸟撞留下的血迹、羽毛、残体等残留物与已有标本进行对照，就可以轻易地确定是哪种鸟发生了鸟撞。这些信息资源的积累有助于研究飞行安全趋势的分析方法、技术和指标体系，有助于开发安全信息管理数据库和趋势分析系统，为航空政策规章、飞行安全管理和针对性驱鸟措施的制定提供科学依据。

已报道造成严重鸟撞危害的鸟类有鸽、海鸥等盘旋集群飞翔的种类，鹰隼等在航线附近翱翔突然俯冲的鸟类。靠近海滨的机场多是鸥类，内陆机场则多是迁徙路线上的鸟类和繁殖鸟类。这些鸟类何时、因何发生鸟撞，各机场情况不同，需要研究鸟类的群落结构及其季节性活动变化规律，需要确定哪些鸟类与飞机相撞概率高和危害程度大。有了翔实的原始资料，才能探讨鸟类活动的规律和鸟撞发生的原因。例如，某机场巨大的鹭类巢群和取食活动的河流、库塘湿地在航线的同侧，而另一侧是城区闹市，距航线百米远林区的鹭鸟数量虽多，其穿越航线的个体数量却很少，多年以来未发生鹭鸟影响飞行的事情；而首都机场位于鹭鸟城区营巢地与密云水库之间，巢区、觅食地在机场两侧，鹭鸟可集群在航线上活动，已有报道因鹭鸟群发生了多次航班停飞的事情。

这些定性的工作还需要建立适合机场特点的理论联系实际的鸟情资料室，不断积累研究数据和资料构建数据库，才能进行更加科学的定量分析，探索鸟类活动的规律和原因，便于根据鸟情变化随时进行中长期或实时预报，确定有效的驱鸟对策和措施。

8.1.2　确定鸟撞危险和航空经济研究的需要

机场鸟类的季节性活动规律不同，鸟类数量、飞机飞行架次数与鸟撞发生呈一定的正相关关系。在同样情况下，虽然体型较大的鸟发生鸟撞的危害性大，但个体小而数量多、集群活动的鸟不仅鸟撞的发生概率大，而且具有较大的危害性。因此，飞行安全需要有预防效益的评估体系和经济的计算分析法，需要研究安全事故损失评价体系，建立投入、产出的安全经济学模型，评价鸟撞防范工作的经济效益，以便提高相关部门对飞行安全效益的全面认识，指导机场开展有效的飞行安全管理，降低驱鸟成本，因为这是另一种形式的鸟撞经济损失。

飞行安全需要在上千种鸟中，选择并确定哪些鸟可能发生鸟撞及其鸟撞的概率和危险程度。这需要深入调查研究机场鸟类的活动规律，更需要建立机场鸟情数据库。有据可查才能对机场鸟类开展深入的定量研究，进行科学的鸟情分析预报，这是研究科学有效驱鸟措施和方法的基础。

机场建立鸟类标本和资料数据库，才能通过各种标本和羽毛超微结构、基因等资源库进行比对鉴定，就像公安机关利用 DNA 侦破罪犯那样确定危害严重的撞机鸟类，为防治重点鸟害制定有效和应急措施。

8.1.3　教育、培养人才的需要

驱鸟是机场日常鸟撞防范工作的重要组成部分，但驱鸟人员流动性大，新驱鸟人员需要尽快掌握鸟类学知识、识别鸟类，才能有效地投入正常工作。研究型科学驱鸟需要职业研究型鸟情驱鸟员，更需要日常调查资料及实物标本的积累。驱鸟人员通过采集制作对鸟情研究有价值的各种标本，认真观察、真实地记录机场鸟情，才能研究、分析机鸟相撞的动态关系，研究鸟类在机场的活动规律，特别是研究鸟类的迁徙、飞行活动与航线鸟撞、驱鸟的相关性，如营巢、飞翔活动离航线的远近，与航线是偏离、交叉还是重叠，就能实时进行动态的鸟情监测与科学研究，评价、改进驱鸟措施，减少机场鸟类。

鸟情室积累了充分的研究资源，如真实的鸟撞记录、长期而准确的鸟情调查记录、丰富的鸟类标本和各种音视频等研究资料；鸟撞防范数据库提供了丰富的实物和积累的历史研究资料，这是科学驱鸟工作具体而充分的体现，有助于教育培养鸟撞防范人才。新驱鸟人员可以通过参观学习，在鸟情室中学习鸟撞防范的相关知识，很快掌握鸟类活动规律，并成为机场研究型专业鸟情驱鸟员。

8.1.4　机场特色鸟情研究的需要

机场鸟情研究需要结合航空安全管理的政策制度、机场运行特点的安全管理规章和特色鸟情研究以及国际飞行的安全保障方法，研究适合机场特点的飞行安全评估技术和指标体系，用于主管部门对机场飞行安全进行监督检查和单位自查。

特色鸟情室的建设需要自己动手，制作并保存具有自己机场特色的标本和各种调查资料。翔实系统的原始资料与标本实物的积累，将为机场驱鸟奠定良好的基础，促进驱鸟工作向规范化研究型驱鸟工作的转变。特色专业性鸟情室将在不断提升机场鸟撞防范飞行安全保障的科学水平方面发挥重要作用。

一个好的鸟情室，图文、标本资料展示的设计布局将科学性与观赏性相结合，将专业系统性与突出机场鸟情的历史研究相结合；展示布局能直观地反映机场鸟撞防范与驱鸟工作的水平，使进入鸟情室的人看到鸟撞危害的严重性，了解有关机场驱鸟的法令法规和规章制度，看到本机场鸟类的各种标本和相关资料，有助于借助计算机辅助网络系统，使用现代媒体技术和鸟情快速查询系统。驱鸟人员通过视频学习丰富的鸟类学知识及识鸟技术，迅速掌握有关驱鸟知识和技能，明确自己的职责，知道自己该如何科学地做好鸟撞防范工作。

鸟情数据库的构建是鸟撞防范工作（特别是物种鉴定）必需的基础工作。目前，欧美发达国家已广泛开展卓有成效的鸟撞、鸟情数据库基础工作。构建鸟撞、鸟情数据库后，就可深入研究鸟情与飞机飞行的关系、预测鸟撞发生的概率，有助于提升驱鸟工作的专业科学水平。保障机场、区域和全国的航空安全需要长效鸟撞防范数据库正常运行，需要利用风险因子进行鸟类的鸟撞风险评估，从预防和控制两方面研究保障飞行安全的方法、技术、程序，提升鸟撞防范工作的科学水平，减少鸟撞对航空安全的威胁。

8.2　鸟情数据库的构建

构建机场鸟情数据库的关键是，抓住一切机会获得实物标本和观察的各种信息资料，如文字、图片、视频及有关人员的评判等，并将这些标本、资料长期有效地保存下去，这是做好科学的鸟撞防范工作的必要条件。

8.2.1　机场特色标本库的构建

在日常工作中，注意采集、制作机场鸟类、羽毛标本，以及鸟撞标本，包括飞机发动机叶片和羽毛、血肉等标本（第6章）。收集保存的每种鸟、每根特征性羽毛都有唯一的规范化的统一编号，从而集全国的力量快速建立起机场鸟类标本库、羽毛标本库、DNA数据库等必要而基础的机场特色标本库，为构建鸟情数据库奠定基础。

采集昆虫标本、建立昆虫数据库是研究机场吸引鸟类必须做的基础工作，有助于对机场昆虫生活史的了解，掌握机场昆虫的变化规律，既能采取针对性灭虫措施，减少鸟类食物资源，也有助于根据虫情对鸟情进行准确测报。

8.2.2　影像资料库建设

用数码相机拍照网捕或其他方式获得的机场鸟类；拍摄制作鸟类标本和其他标本采集的过程，有助于用视频资料示教各种标本的制作、认识机场鸟类。实地拍摄鸟情、鸟撞的各种照片，如机场的常见鸟类及其栖息生境等，同时，从互联网上下载已知有关机场鸟类的图片、视频资料，收集相关影像资料编排组合形成生动的影像视频资料，有助于构建机场特色的影像资料库。

8.2.3　智能数据库的构建

鸟撞防范的记录应该像气象站一样，按要求认真做好鸟情的日志记录，保留机场及周边环境鸟情的动态监测数据，以便开展鸟撞风险的各种分析测报。

通过人工或设备监测获得更多、更详细的鸟情数据，并将获得的数据输入鸟撞防范预警计算机数据库系统，与机场雷达和监视器实时探测数据系统相结合，构建机场智能数据库系统，最终实现鸟撞防范自动管控系统。

8.3　鸟情数据库的应用

有了机场特色标本库，就拥有了机场全部鸟类标本、残体和羽毛标本、鸟撞标本，甚至是鸟类DNA和羽毛超微结构等各种标本。这样做既有利于鸟撞物种的快速鉴定，又利于对新人进行理论联系实际的鸟撞防范教育，认识鸟撞防范工作的严峻性、重要性，尽快掌握机场鸟类活动规律，迅速提升理论水平，开拓思路，开展专业的驱鸟方法、技术研究，提高素质，使机场驱鸟进入科学鸟撞防范时代。能将野外无法识别的鸟与标本库中已有的标本进行比较，提高机场鸟类的识别能力，从而能准确而容易地进行物种鉴定；暂时不能鉴定的，有了标本将便于请有关专家进行物种鉴定，进行鸟撞与鸟情的分析研究，探讨针对性的防范措施。没有标本和相关数据，相关鉴定、规律性研究都将无法进行。

有了内容丰富的影像资料库，便于随时对有关人员进行相关宣传教育，更便于有关人员随时随地进行查阅；实拍的鸟撞、鸟情等视频资料能保留、提供更多容易被忽视的信息，便于利用专家系统进行比较分析发现问题，推动机场鸟撞防范研究工作的深入开展。

真实地记录、保留鸟撞、鸟情、驱鸟等历史档案数据资料，加强机场动态的智能鸟情数据库建设，有助于根据各种风险因素构建风险评估模型，形成完善的智能化数据库和子数据库。数据库完成后，将便于迅速检索鸟种特征、危险等级、鸟撞风险指数、季节性活动规律、生境分布类型、驱鸟措施及其有效性等相关信息，随时为管理部门、空勤人员和驱鸟员提供当地是否有实时鸟情，以便对鸟类活动与鸟撞及其严重性进行快速科学的研判和预测，达到综合预警防范目的，采取有效的防范措施，真正体现未来主动驱鸟模型"以防为主、防治结合"的宗旨。

复习思考题

1. 鸟撞数据库建设有何意义？
2. 鸟撞数据库包括哪些子数据库？
3. 怎样设计、构建鸟情数据库？
4. 怎样应用数据库做好鸟撞防范工作？

第9章 鸟情分析测报

本章提要： 编制鸟情物候历、开发探鸟雷达和使用遥感技术可追踪鸟情进行预报。通过鸟情分析测报鸟撞概率，将为机场驱鸟、飞行计划制订提供科学信息，便于采取针对性措施防范鸟撞。鸟情测报是鸟撞防范最有效的方法和重要的基础工作。

科学的鸟情测报就像天气预报一样，为飞行计划的制订和航班起降提供信息，对保障飞行安全有着重要的影响。及时发布准确而科学的鸟情、鸟撞预测预报是防范鸟撞发生的最有效方法之一，是科学防治灾害的一项极其重要的基础工作。

预测预报是在鸟撞发生之前，通过对鸟情、食源、栖息地生态环境的一系列调查研究，将所得资料结合天气情况与驱鸟干扰活动状况等进行综合分析、判断，对未来一段时间内，如一天、几小时后的鸟情做出预判，对鸟撞发生的概率做出科学地预测。然后，准确及时地预测鸟撞的发生期、发生量、危害程度，并根据鸟情规律决定应采取的防治措施和防治适期等，用预报预警的方式向机场有关部门发出预报。

预报便于各相关部门做出决策，指导开展鸟撞防范工作，制订、调整与改变航班与飞行计划，确定航线及其高度、密度，设计机场驱鸟方案等，与其他安保单位共保飞行安全；通过预警引起飞行员在某时某处对鸟情高度注意，提高并充分发挥随机应变能力，将不利因素转化为有利因素，减少鸟撞事故的发生。

9.1 鸟情的观测数据与预报

有了准确而全面的鸟情信息就有了准确预报的科学基础。预报的准确程度由数据的真实性和数据量决定。从难以掌握而多变的鸟情中获得大量真实的原始数据，同时，摒弃效率差的人工处理方法，采用高科技数字化处理技术和 SPSS 等统计分析软件进行数据的高效处理，就能进行快速科学分析，找出鸟情变化的基本规律，提高鸟情预报的精准性。准确的鸟情预报便于主动地在某地、某处、某时采取有效的针对性措施，摆脱被动驱鸟局面，进行科学的鸟撞防范。

机场已设有专业的鸟情驱鸟员，可多人配合进行 365 天的鸟情观察记录（4.3节）。积累记录的数据，然后进行相关的统计分析（4.4节），不仅能了解某种鸟何时来到或离开机场，及其数量的变化和高峰期，研究机场鸟类的活动规律，而且能知道每天机场有多少种鸟，某种鸟在机场居留多长时间，何时进行繁殖，何时达到数量高峰期，有助于机场鸟情物候历的编制（9.5 节），知道鸟类的繁殖、迁徙行为和数量变化的规律及其与鸟撞的相关程度。

当我们对机场鸟类进行了认真调查和有效监测，获得了一定时期的各种数据，就可以利用有关软件进行精确而科学地分析处理，这是及时准确预报鸟情预测结果的重要依据。全国机场的观察记录数据经过统计分析，知道鸟撞重点鸟类何时来往机场，就能根据它们的环志记录和观察数据、迁飞速度，预测将何时到达下一个机场及其数量，如春季从福建、上海、济南到哈尔滨，秋季从哈尔滨、济南、上海到福建（10.2.3 节），有了预报和联动，机场就能提前做好防范工作，加强实时监测预报。

9.2　鸟情观察点选择

鸟情观测区是取得机场上空和地面鸟情资料的主要场所。为了便于鸟情的观察记录，观测和监控器安放地点的选择不仅应考虑跑道两侧的飞行阶段分区（图 4-1），而且离主跑道要有一定的距离，要选在能较好地反映较大范围鸟类活动的地方，能很好地观测机场分区与场外生境的鸟类活动情况，避免局部地形、地物对鸟类观察、监控的影响。

鸟类观测点四周 20m 范围内不能有影响视线的高秆植物，应该在最多风向的上风处，气流要畅通。观察区的边缘与四周障碍物距离内没有影响观察的人造结构。观察点的布局应该考虑各种环境因素，以便探讨鸟情与周边环境间的相关性。

由于客观环境限制或机场基础条件不同，观测区点的选择可根据机型、机场飞行阶段分区参照上述要求灵活掌握。

9.3　鸟情测报依据

9.3.1　依据鸟类的迁徙规律

研究表明，鸟类的迁徙活动有一定的地域性规律，但何时到达某机场，与当地的天气、物候条件等有何关系，特别是与鸟撞密切相关的各种鸟情尚缺乏基础的研究资料。

认真观察记录机场空域鸟类的鸟情数据，将知道它们来去的准确时间；经过几年的认真研究，就能了解鸟类迁来、迁离机场及其数量变化的基本规律。例如，池鹭、夜鹭等 4 月底来山东繁殖，当发现它们在机场附近树林中筑巢繁殖时，除了加强当年的应急驱鸟措施外，次年 4 月底要注意观察，及时发现有鹭来营巢即采取连续人工干扰措施，或提前去除大型树冠，使鸟类失去营巢环境，会取得驱使它们离开的预期驱鸟效果。

　　春季天气渐暖，冬候鸟陆续迁离，大批旅鸟集群迁飞途经本区，夏候鸟迁来本区；秋季旅鸟迁飞再次路经本地，冬候鸟迁来；季节性鸟类的种类、数量会大量增加，因而会增加鸟撞发生的机会。许多旅鸟（如鹬类、鹤类、鹰隼类）在迁徙途中以陆地景观作为定向飞行的参照物，会选择适宜的地方（如沿海、湖泊边缘的沼泽湿地）进行觅食、休息，或选择森林旷地活动觅食。许多鸟来去匆匆，如东方白鹳沿河流经过某机场空域的时间不足 30min。由于迁飞随机性强、数量大，这些鸟类多不熟悉机场的飞行规律，迁飞路线与航线交叉或平行飞行，在航线上活动的机鸟容易相遇而发生鸟撞。

　　宏观测报有助于不同机场根据鸟类的迁徙规律进行认真观察，确定鸟类来去的准确时间、制订飞行计划，便于严密监视驱鸟对象，采取有效防范措施，也为翌年的鸟撞防范提供可靠依据。

9.3.2　依据鸟类行为习性和分布规律

　　各种鸟都有自己的生活习性和生境选择的规律，机场环境不同，鸟类的活动规律也不同。春、夏季，鸟类的行为与营巢繁殖活动有关，林地、居民点、湿地等生境成为稳定的机场鸟类输入源。

　　驱鸟后，飞行期间仍有隼、喜鹊、鸠鸽类和燕子等鸟类穿越机场航线，会出现较高的鸟撞概率。通过对机场鸟类数据进行统计分析，研究鸟类在本机场各区域的分散和集群、游荡活动规律，探讨鸟类分布与周边环境变化的关系，有助于结合鸟撞规律探讨鸟类活动规律与飞机飞行的关系和驱鸟。

　　同时，结合鸟类在机场的分布、数量变化的基本趋势，选择数量最多的前几种鸟和发生过鸟撞的鸟进行风险评估。根据栖居生境往返机场的方向位置、时间和停息区域等，结合行为预测鸟类数量与鸟撞发生的关系。预测发生鸟撞的可能性及发生鸟撞的鸟，评估造成损失的大小，为制订飞行计划和制定针对性强的有效应急驱鸟措施提供科学依据。

9.3.3　依据鸟类繁殖活动的规律

　　喜鹊等在林木和电线塔架上营巢。冬季捣鸟巢的实践证明，春天它们会很快重新做一个更加坚固的新巢。如果冬季统计、标记巢位树，不仅进行了巢位标记和支巢树权的调查，而且可以预测来年鸟的繁殖情况。当它们进入繁殖期，虽然树叶茂盛也能有选择地捣巢，或用剪除树权的方式使其营巢失败，驱使它们远离机场，减少鸟类的数量。对于鹭类、燕子等繁殖鸟类，它们何时迁来、迁离本地？除了直接观察研究外，还可从老百姓处了解燕子何时来村里进行求偶、孵卵、育雏和雏鸟出飞等的基本情况。

了解、掌握鸟类的繁殖规律，可根据巢的占用情况统计，结合湿地、食物的变化情况进行鸟情测报，可根据窝卵数及孵化期预测预报鸟类的数量变化，预测它们到机场觅食活动的时间和数量峰期，预报重点鸟撞防范期（8.6.4 节）。

9.3.4　依据鸟类的生态分布及景观环境的改观

鸟类的生态分布与沿海或内地、水域、湿地或林地、农田有关，与鸟类的种类、数量变化与生境景观的变化密切相关。当麦田改为稻田，旱地耕作后灌水会使大量土壤动物浮出活动，丰富多样的食物能吸引各种鸟类集群觅食活动；麦收和杂草结籽期间，谷物丰富，出现麻雀、鸠鸽等食谷鸟类的集群活动高峰，此时，农田增加了向机场输入鸟类的概率。林地改为湿地或湿地改为林地等可减少森林鸟或水鸟的种类和数量，但经过一段时间后，随着生境与鸟类群落的演替，湿地水鸟、林地森林鸟的种类和数量就会增加，出现新的威胁飞行安全的鸟类。

因此，景观变化是预测鸟情的重要指标。清楚机场鸟类生态分布与环境类型的关系，及其与飞机爬升、滑行、降落阶段等的相关性，就能根据附近的景观变化测报机场鸟情的变化，采取针对性环境防范措施。

9.3.5　依据气候变化对鸟类活动规律的影响

鸟类的活动受晴雨天、风和气温等气候条件的明显影响。风向及其大小决定鹰隼等鸟类的集群迁徙活动。寒潮到来影响鸟类的迁徙，使鸟类春季延迟、秋季提前到达某地的时间。例如，2012 年春季，豆雁因寒流晚于平均物候期（9.6.2 节）集中经过山东机场。雨过天晴，机场附近可出现较大面积的积水，鸻、鹬、鹭类等水鸟便向机场聚拢、觅食；饥饿和淋湿羽毛的鸟类纷纷出来觅食、理羽、晒太阳，机场鸟类的种类、数量会明显增加。藏匿草丛中的水鸟受惊吓常成群起飞，绕圈或穿越航线飞翔增加了鸟撞概率。

结合同步气象资料，开展机场鸟类活动规律的分析有助于进行鸟情测报。基本鸟情及需要重点关注鸟类的测报有助于航班和飞行计划的实施与调整。因风、雨、雪天延误的航班飞行任务，晴天开飞要避开鸟类集群活动的峰期进行起降，同时，注意观察加强驱鸟，减少鸟撞威胁。

9.3.6　依据昆虫对鸟类活动规律的影响

对鸟类食性的研究表明，机场鸟类与昆虫的活动密切相关。如果证实来机场且容易发生鸟撞的迁徙鸟与某种昆虫的生活史有关，就可以根据昆虫的种群密度和羽化时间，借助农林部门相关虫情的预测预报进行机场鸟情变化的预测预报，从而做好鸟撞防范的准备工作。同时，根据对昆虫的观察，在昆虫蜕皮后，利用药物等方法加强应急灭虫，减少食物资源，达到减少鸟类种类、数量和防范鸟撞的目的。

9.3.7　依据物候期的周期变化

物候现象是受环境（气候、水文、土壤等）影响出现的、以年为周期的自然现象。物候包括植物物候，如各种植物发芽、展叶、开花、叶变色、落叶等现象；水文、气象现象，如初霜、终霜、结冰、消融、初雪、终雪等自然现象；动物物候，如候鸟、昆虫等动物的迁徙、交配、繁育、换毛、初鸣、终鸣等现象。

鸟类无论是夏候鸟、冬候鸟，还是旅鸟、留鸟，它们的分布、活动都与当地环境的物候条件是有一定关系，如杜鹃俗称"割麦打谷"，就是说，杜鹃在小麦即将收割时迁来本地繁殖活动。因而可以根据当地的物候期（9.5节）进行重点鸟情预报，总结经验推广应用到机场鸟情预报中来。

目前，我国机场防范鸟撞采用的方法主要是投入大量人力物力，使用大量的驱鸟设备，由于被动驱逐鸟类，效果并不理想。如何准确测报鸟情，有的放矢地主动进行驱鸟就成为鸟撞防范工作急需解决的问题。

9.4　鸟情测报的类型

预测迁徙鸟类迁入或迁出当地和途经机场的日期，预测繁殖鸟类的数量高峰期，预测鸟类在航线附近的活动情况，在此基础上，就可进行鸟类危害飞行安全的预测，作为确定机场鸟撞防范和决策的科学依据，可对突发性危害或可能造成危害的鸟情发出预警，并迅速组织有效防范。鸟情测报可分为以下几种类型。

9.4.1　按预测时间划分

在鸟撞防范工作实践中，注重于对中、短期预报准确率的评定，便于具体操作，而长期预报要求能与鸟撞发生实况的趋势一致，以便进行决策。预测预报的准确度是根据历史数据的科学计算（9.4.5节和9.4.6节）得出来的；将预测预报与实测数据不断进行对比，历史性准确数据的积累，经过不断修正测报模型，将会迅速提高测报的准确度。

（1）短期测报与实时、应急测报。预测未来数小时或1～3天内重点鸟类的鸟情变化以及可能发生鸟撞的危害和等级，预测最佳防范时空位置，提出应采取的防范措施及方案。

预报发出后，执行观察驱鸟的过程中，鸟情驱鸟员根据预报、注意观测鸟类的飞翔活动轨迹，及时判明鸟类的飞翔轨迹是逃离机场、航线，还是向航线靠近构成飞行安全威胁。如果测报对象、内容等出现明显而重大的差别和变化时，应该实时发出补充应急测报进行"更正"，以便于飞行和驱鸟相关人员采取果断、应急措施处理鸟情。

（2）中期测报。预测未来一周或一旬的重点鸟情及危害等级，作为制定防范策略、决策与防范部署的依据。

（3）长期测报。预测未来一个月、季、年的鸟情及鸟撞发生、危害的趋势（图 2-1），作为制订机场、区域防范工作计划的依据，指导机场进行鸟撞防范、开展研究工作。

9.4.2　按危害等级划分

根据对鸟情，如风险指数、鸟撞指数和风险因子等的评估，预测预报一定时间内发生鸟撞的概率百分比、造成危害的程度和危害等级等，便于场务安全保障人员掌握鸟情，密切监控造成严重危害的鸟类，做好心理行为和物质上的充分准备。

1 级（轻度发生）：发生鸟撞危害的风险指数<10%；危害等级为 1 的鸟种。需要认真观察鸟情，注意防范。

2 级（中轻度发生）：发生鸟撞危害的风险指数 10%～25%；鸟撞指数<10%＋危害等级为 2 的鸟种。要加强鸟情观察，做好防范准备工作。

3 级（中度发生）：发生鸟撞危害的风险指数为 25%～45%；鸟撞指数 10%～25%＋危害等级为 3 的鸟种。要重视并加强鸟情观察，及时做出判断，做好驱鸟工作。

4 级（中重度发生）：发生鸟撞危害的风险指数为 45%～60%；鸟撞指数 25%～45%＋危害等级为 4 的鸟种。需要做好驱鸟准备工作，高度重视鸟情观察，做出准确判断，及时采取驱鸟措施，防范鸟撞发生。

5 级（重度发生）：发生鸟撞危害的风险指数>60%；鸟撞鸟撞指数>45%＋危害等级为 5 的鸟种。需要高度重视并加强鸟情观察，制定防范应急预案，采取有效的针对性驱鸟措施和防范手段，堵截此类鸟侵入机场、航线。

9.4.3　按预测内容划分

1. 迁徙鸟类测报
根据鸟类的迁徙规律、鸟类物候日历（编制方法见 9.5 节）和天气、环境变化等情况，预测鸟类种类、数量，或集群迁入、迁出或途经机场的日期和种类、数量的高峰期，以便于确定机场防范适期和需要采取的具体针对性措施。

2. 繁殖鸟类测报
根据历史观测资料得出的规律和当年巢数、求偶育雏行为等的统计分析，测报繁殖鸟类在不同生境中的种类、数量、栖息地密度和分布状况等情况，及其活动对机场鸟种类的数量、分布的影响（9.6.4.2节），以便于根据机场的生态环境特点，制定不同飞行阶段区域的监控方案。

3. 时段鸟情测报

根据鸟情日活动规律的研究，对飞行日各时段的鸟情及其飞翔活动的方向、数量做出实时预测，测报鸟情和飞行频率间的变化对鸟撞发生概率的影响，为具体实施驱鸟、飞行决策和飞行过程的指挥调度或操作提供真实有用的信息，便于开展具体的鸟撞防范工作。

4. 鸟类行为轨迹预测

繁殖期，看到亲鸟叼着草或昆虫悄悄飞翔时，亲鸟一定会飞向巢位或飞出雏鸟所在的位置，受到干扰则会发出惊叫声向其他方向飞翔。因此，知道巢位、雏鸟所在位置或飞翔轨迹，就可预测亲鸟飞翔的基本轨迹或巢、雏鸟的具体位置，改变巢和雏鸟的位置就改变了亲鸟的飞翔轨迹。

早晨，鸟的飞翔是离开巢或者从夜栖地飞向觅食生境，黄昏时则相反，由觅食地返回夜栖地或巢位生境。根据已经了解掌握的鸟类繁殖、非繁殖期和巢位、夜栖地、觅食生境等因素，就可依据所处地点、时间对观察到的飞翔鸟预测其飞翔轨迹是趋向航线还是背离航线，预判鸟类飞翔行为与鸟撞发生的相关性，采取适当的驱鸟措施。

鸟类行为轨迹结合鸟情物候历将有利于对鸟类飞翔活动的准确预测。例如，集群活动期发现一只或者一小群鸟，不久将会出现一大群鸟，特别是在鸟类的迁徙季节，这种现象更是常见的。准确预测鸟类行为轨迹，提前做好鸟类飞翔方位的驱鸟工作，有助于防止其进入机场航线或促使其离开机场。

5. 鸟撞发生期测报

在鸟情、鸟撞规律研究的基础上，依据历史和近日鸟情分析，测报危害飞行安全，特别是某种鸟类的鸟撞多发期，有助于确定不同季节的重点鸟类防控时间及针对性措施。

6. 鸟撞危害测报

在鸟撞发生规律研究的基础上，根据鸟撞发生期、鸟情的预测，预测鸟撞发生危害程度的轻重缓急，发出危害性、突发性鸟撞事件警报，引起相关部门的特别警惕和高度重视，制定并迅速组织有效的防范工作。

9.5　鸟情物候日历的编制

动物的年生活周期性现象的发生期是随季节、时令应时而发的，如昆虫、蛙、蛇类等的休眠、启蛰苏醒日期，鸟类迁徙的往返和营巢繁殖日期等。虽然随气候条件变化，每年不是固定的日期，物候现象发生有早有晚，属于自然环境动态变化的一种综合性征候，但长期演化的结果，在一定区域繁衍生息的鸟类必须调整物种的生活周期与生存环境周期现象协调，才能更好地生存。因此，鸟类物候现象发生不仅有一定的时间顺序，而且具有大体同步性的特点。例如，"春江水暖鸭先知"（苏轼）、"天寒水鸟自相依，十百为群戏落晖，过尽行人都不起，忽闻冰响一齐飞"（秦观）、"烟开远水双鸥落，日照高林一雉飞"（文同《早晴至报恩寺》）、"月黑雁飞高"（卢纶）。农谚：雨中闻蝉叫，预告晴天到，早蚯闻蝉叫，晚蚯迎雨场；麻雀囤食要落雪，燕子低飞要落雨，蚯蚓爬上路，雨水乱如麻；鸡迟宿，鸭欢叫，风雨不久到等，都是与鸟类有关的物候现象。

俗话说"八九燕来"、"秋天到了，一群大雁向南飞"，"燕来"和"大雁向南飞"或向北飞等都是鸟类常见的物候现象。将数年观测到的鸟情数据资料，按照时序编制成鸟情物候日历，即可作为机场把握鸟情变化时机的时间坐标，进行长期的鸟情预报。鸟情物候日历是简单有效、可操作性强的一种鸟撞风险预报方法。

9.5.1　鸟情物候日历编目的基本原则

在已有鸟情观测资料的基础上，首先要保证物候日历内容尽量丰富，以便为实际应用和进一步研究、观测提供更多方便和科学依据。

入编鸟情物候现象的发生日期，如迁入、迁出、繁殖、出飞及数量高峰期、生境分布等的时间和数量，至少要有 3 年以上的观测记录，才能用于鸟情的预测。时间的长短影响测报的准确度，观测时间越长越准确。

入编的同种鸟的各种物候现象发生期要符合其自然发生的基本顺序，如夏候鸟的迁入、占区、营巢交配、育雏、出飞、迁离等，要能揭示鸟情物候现象发生的顺序，也能为揭示某种鸟、其他种类的鸟，以及植物、气象条件等物候现象的相关性奠定基础，以利于在鸟情测报的实际应用。

9.5.2　鸟情物候日历编目的基本步骤

编制步骤科学、严谨是保证鸟情物候日历成功而顺利编制的基础，也是保证其应用实效性的科学依据，必须认真观测以确保物候日历的科学性和鸟情实测的实效性、应用性。

9.5.2.1　收集观测资料

首先要认真收集真实、准确而科学的相关历史观测资料。其次，要认真科学地进行物候现象的观测、记录，并与历史资料进行比较分析，探讨改进观察记录的方法，保证观测数据的连续性和准确性，为持续的鸟情观测提供有效的精确信息，使鸟情预报具有较高的准确性。

9.5.2.2　计算鸟情物候平均发生期和标准差

机场鸟情物候日历中的物候期（phenophase）能反映机场鸟类活动的一定规律性。认真阅读获得的科学数据或已进行过审查的历史记录资料，可按照式（9-1）计算鸟情物候平均发生期，按照式（9-2）计算其标准差，以判断鸟情的实际变化用于鸟撞防范预报。

$$\bar{x} = \frac{1}{n} \sum_{i=1}^{n} x_i \tag{9-1}$$

$$S = \sqrt{\frac{1}{n-1} \sum_{i=1}^{n} (x_i - \bar{x})^2} \tag{9-2}$$

式中，x_i 为某种鸟的逐年发生日期；$\bar{x}$ 为某种鸟情多年的平均发生日期；n 为发生日期的统计年数；S 为该鸟某种发生日期的标准差。

9.5.3　编目物候现象早晚的判定

为保证物候日历编制能够反映实际情况，即编目符合物候现象发生的客观规律，要对各种物候现象进行排序，看其平均发生日期与实际情况是否相符，如果出现不相符现象，应保留较多年份的结果，或者保留意义大而易于观察的日期。

排序首先按照各物候现象平均发生日期（$\bar{x}$）的先后进行，发生早的排在前面；当几种鸟的物候现象平均发生日期相同时，按它们最早发生日期的先后为序；物候现象最早发生日期也相同的，按最晚发生日期的先后为序；以上 3 个统计量物候现象相同的，则按它们标准差的数值由大到小进行排序。

有了鸟情物候日历和每年的观测日期，就可用 $x_i - \bar{x}$ 的大小判定每年鸟情物候日期的早晚。$x_i - \bar{x} = 0$ 为平均发生日期，$x_i - \bar{x} < 0$ 表示发生日期比平均值提前，$x_i - \bar{x} > 0$ 表示发生日期有所延迟。

用 $|x_i - \bar{x}|$ 的大小判定每年鸟情物候日期变化是否在正常范围内。例如，$|x_i - \bar{x}| \leqslant S$，表示物候发生日期的变化在正常变化范围之内；$|x_i - \bar{x}| \geqslant S$ 表示物候发生日期属于异常；$x_i - \bar{x} < 0$ 属异常偏早；$x_i - \bar{x} > 0$ 属异常偏晚。以此探讨影响鸟类物候现象的气候、食物等环境因素，以便利用气候条件的变化预测鸟情变化。

9.5.4　物候观测注意事项

首先，需要责任心强的人员进行观测，准确记录所看到的内容，不允许凭记忆事后补记。不同机场特别是相同区域的各机场应统一物候日历编目的观测特征和标准，如主要项目、标准、记录方法，经培训的人员按统一标准进行，以保证观测数据的可靠性、可比较性。在此前提下可增加本机场特殊的细化观测项目。

其次，观测目标和地点的确定应以机场主要鸟类如常见的中型鸟、发生过鸟撞的鸟为主要观测对象，选择容易发现它们的视野开阔的地点进行观察记录。

再次，观测时间，应常年进行以保证观测数据的连续性和历史档案性；可随季节不同，根据观测对象与项目特点等具体情况决定观测时间的长短，变化快、要求细的项目宜每天、甚至进行全天连续观测。

有了客观的原始物候观测资料，按照以上原则和步骤编成的鸟情物候日历，就能保证内容比较丰富而科学，能反映鸟类物候现象发生的顺序性、周期性的基本规律及某些物候现象重叠发生的情况，有助于机场进行鸟情测报。

9.5.5　编制鸟情物候历

在机场鸟撞防范监控过程中，每种鸟，特别是重点防范鸟按照鸟情物候现象的观察记录到表 9-1 中，多年数据积累后就能计算出各种物候现象的平均日期、标准差。将物候表数据与鸟撞数据进行比较分析，如果 60％以上的鸟撞发生在该鸟的某一物候期（如数量峰期）、30％发生在出飞期，预示应加强这两个鸟情物候期的驱鸟和鸟撞防范工作。

表 9-1　某种鸟物候现象的观察记录

年份	物候现象									
	初见	全迁	叼草	孵卵	育雏	出飞	数量峰期	鸟撞	迁离	…
…	…	…	…	…		…	…	…	…	
2009	3.12	3.15	3.25		4.10	4.25	5.5	5.8	6.30	
2010	3.13						5.8	3.28		
2011	3.17						5.2	5.12		
…										
$\bar{x} \pm S$	3.14±7		3.26±4		4.12±3		5.5±9			

注：$\bar{x} \pm S$ 为物候历的平均日期±标准差。如初见一列为每年的初见日，3 月 14 日±7 日即平均初见日期 3 月 14 日±7 天，表示正常初见日在 3 月 7～21 日之间。

将观测到的各种鸟的物候现象平均日期±标准差（$\bar{x} \pm S$）汇集成机场鸟情物候历表（表 9-2）。此历表制成后，从 1 月 1 日到 12 月 31 日（表 9-2 中 A1 到 L31）的 365 天中，某种鸟（如 x 鸟）何时来、去机场，何时在机场进行什么活动；或者某一时期都有哪些鸟在机场活动，如 xyz 在 DEF 月的情况；等等，在鸟情物候表中都可清楚地显示出来。借助表 9-2，就可以对机场全年的鸟情有个基本的了解和评估，为机场某日鸟情的具体观察和深入研究提供科学依据，有利于科学地开展鸟撞防范工作。

表 9-2 机场鸟情物候候历总表（示范数据）

A*1 A	B	···	C14	···	C26	···	D12	···	E5	K3	···	L31	鸟撞
···													···
x 鸟			来±7*		叼±4		育±3		数±9	去±s			
y 鸟					来±3		叼±4		育±2	数±5			
z 鸟							来±4		育±3	数±6			
···													

＊ABCDEFGHIJKL 代表 12 个月，数字为物候现象的平均日期，叼为叼草筑巢，育为育雏，数为数量高峰期，用以表明鸟情重要物候现象平均发生期±标准差，如 x 鸟迁来日期是 3 月 14 日±7 日，即 3 月 7～21 日迁来机场。

9.6　鸟情物候日历与机场鸟情预报

通过适当的排序规则编写鸟情物候日历，能真实反映当地鸟情变化"先后有序、迟早相随"的基本规律，有助于进行鸟情的中长期预测预报和鸟撞防范方案的制订。

9.6.1　假设

如果观测发生过鸟撞的 3 种鸟迁入机场的日期，A 鸟 2009～2011 年 3 年的日期分别是 2 月 26 日、2 月 28 日、3 月 2 日；B 鸟 2007～2011 年 5 年的日期分别是 3 月 29 日、3 月 28 日、3 月 30 日、3 月 27 日、4 月 1 日；C 鸟 2008～2011 年 4 年的日期分别是 3 月 31 日、4 月 1 日、4 月 3 日、4 月 4 日。那么，其 A 鸟 $\bar{x}=\frac{1}{3}(26+28+30)=28$，$S=4$；B 鸟 $\bar{x}=\frac{1}{5}(29+28+30+27+32)=29$，$S=4$（3.75，4 舍 5 入为 4）；C 鸟 $\bar{x}=\frac{1}{4}(0+1+3+4)=2$，$S=3$，此时，3 月 31 日按 O 进行计算，以解决前后月份大小的问题。

计算结果表明，A、B、C 鸟今年（2012 年发生期前预测；如明年，则是预测 2013 年或是 2011 年预测 2012 年；依具体的测报日期而定）迁入机场地区的日期分别是 2 月 28 日、3 月 29 日和 4 月 2 日，应该注意加强这一时段的鸟情观测预报。例如，2012 年春季因强寒流到来，实际观测 B 鸟是 4 月 5 日，则计算出 B 鸟明年（2013 年）的平均迁入日是 3 月 30 日；4 月 5 日属异常年份的情况；春季寒流使鸟推迟了迁入日期。当平均日期即将到来前发生寒流，春季鸟类会推迟、秋季会提前迁入日期，可参考寒流等天气条件确定鸟情的重点观测、防范日期。更多年限的科学观测数据将能使测报更为准确、有效，实用性更强。

种群数量随着时间的推移而增加，可用同样的方法测报 B 鸟数量的最多日。发生鸟撞的概率会随时间的推移而变化，应制定和采取针对 B 鸟数量变化的防范措施，特别是数量最多日的有效驱鸟措施；此后，随着鸟类种群数量的下降，鸟撞概率也会降低。离开之日后，B 鸟发生鸟撞的威胁也就完全解除。

9.6.2　观测实例

潍坊机场已经观察记录到豆雁春季向北迁飞该机场或发生鸟撞的时间是 2008 年 3 月 8 日、2009 年 3 月 11 日、2010 年 3 月 12 日，相邻机场是 2011 年 3 月 8 日。利用式（9-1）可以计算出，春季豆雁迁飞路过机场的平均日期是 3 月 10 日，$S=4.5$ 天。据此预测，豆雁 2012 年在该机场的平均迁飞时间是 3 月 10 日，最早 3 月 5 日，最晚 3 月 15 日，在这段时间内要特别关注豆雁飞越机场的向北迁飞活动，做好防范准备。2012 年相关机场的鸟情观察已经证实此测报的准确性，但因 3 月 10 日前后持续的寒流，豆雁迁飞经过机场的时间偏晚且批次、数量集中。新观测数据的增加，其平均日期 $\bar{x}$ 和标准差 S 需要进行重新计算，以便得出 2013 年的相关预报数据。

依次类推，机场各种鸟的各种物候日期都可以计算出来，经过数年的观察和统计分析，结合天气预报、农时活动等，就会使机场的鸟情预报越来越准确。

有了鸟情预报，机场驱鸟员就可以结合以前的经验，在此时期认真观察鸟情，与相邻机场驱鸟员共同注意此时期的鸟情观察，对飞越机场的大雁做出正确判断，机场接到及时报告的鸟情后决定调整飞行；根据准确的观测预报、飞行计划的调整和应急防范措施的采取，避免了鸟撞事故的再次发生。当日持续的观察证实有多批次、每批数百只大雁在机场上空迁飞盘旋。

9.6.3　利用物候历预报鸟情发生期

在机场鸟类季节性动态指标物候期出现后，利用物候历不仅可对当年的季节性鸟情做出判断，而且还能对其他鸟情物候现象的发生期，甚至是鸟撞风险概率进行预测预报。其方法主要有平均期距法和标准差比值法两种。

9.6.3.1　平均期距法

期距，是指时间上先后发生的两个鸟情物候期之间相差的天数，多年平均值就是两个物候期的平均期距。每年，先发生的某个物候期的实测日期（预报因子）加上其后发生物候期（预报对象）两者间的平均期距，即可得到预报对象在该年的预测日期。编制出不同地点物候历，可利用不同地点先后发生的物候期间的平均期距，即由 A 地发生在先的物候期预测 B 地发生在后的物候期的出现时间，称为物候异地测报。前一地点的实测数据保证了后一地点预测的准确性。

编制物候历方法简便易行，便于普及和推广，对机场及附近地区的鸟情预测预报有重要的作用。平均期距法的表达式为

$$\hat{y} = x + (\bar{y} - \bar{x})$$

式中，x 为预报因子在预报年份的实测日期；$\bar{x}$ 为预报因子的平均发生日期；$\hat{y}$ 为预报对象在预报年份的预测日期；$\bar{y}$ 为预报对象多年的平均发生日期；$\bar{y} - \bar{x}$ 为预报因子和预报对象之间的平均期距。

如果知道预报因子和预报对象的平均发生日期，计算出（也可从已经编制了的当地物候历中获得）平均期距，并在预报年份对预报因子的出现日期进行观测，就能通过简单的计算发布预测对象的预报了。为了对许多有意义的鸟情物候期做出预测，使预报结果具有实用价值，并保证准确度，需要按以下基本原则确定预报对象、预报因子和平均期距。

首先，要根据预报的目的、任务，选择有实际意义的观测因子和预报对象。要预知某些物候季节的开始和典型特征的出现时间，可以选择那些具有指示作用的物候期作为预报对象。例如，选择机场鸟的数量高峰期作为预报对象，便可以预测鸟撞发生季相出现的大致时间，甚至可以预测鸟撞发生的危害程度。若以繁殖鸟配对营巢作为预报因子，可以预测当年机场鸟类繁殖盛期（预报对象）的大致时间；对鸟类繁殖盛期做出预测，就可预知当年的夏候鸟的高峰期和迁离时间何时到来，以及大部分繁殖鸟类鸟撞发生率的衰减终止期，即对该鸟进行防范的结束日期。也可参照常见农林害虫的活动与鸟情、植物物候期的重叠关系，选择有关的指标物候期作为预报对象。例如，通过预测食虫鸟类数量峰期预告昆虫的盛期，以便及时实施灭虫，减少鸟类食物资源，或通过对昆虫虫情期测报鸟情的发生期。

其次，要选择预报"能力强"的物候期作为预报因子，以保证预报对象预测结果的准确性，实践证明，预报的因子与对象在发生时间的顺序相关性越好，预测的准确性就越高。

再次，两种物候期之间顺序相关性的好与差是预报因子选择的主要标准，选择好的预报因子可以从二者逐年发生日期之间的相关分析获得，或通过绘制物候逐年发生期曲线图的办法直观地判断。值得注意的是，预报因子的准确观测是保证因子预报能力强的重要前提之一。

由于应用平均期距法对物候期预测的误差有随平均期距加长而变大的趋势，所以预报因子与预报对象之间平均期距的数值要适宜，以保证预测的准确性。应当尽可能选择统计年数多的物候现象平均发生期来计算平均期距，因为统计年数越多，平均期距对两个物候现象发生期间相差天数的实际情况代表性就越好，有助于准确地进行预测预报。

做出预测后，不仅需要使用地方性季节的早晚去判断预报对象发生日期对平均日期的偏离情况是否属于正常，而且需要了解预测与实测结果的误差情况。利用预测结果的绝对误差和相对误差对该年物候预测工作的质量进行评定，可以找出造成误差的原因和预测的薄弱环节，进而改进测报的思路与方法。

鸟情预测的准确性是随鸟情物候历预测期距的缩短而提高的。在进行有关物候期预测时，可选择若干个与预报对象有不同期距的物候期作为预报因子，循序渐进地进行预测，可随时修正前期发布的预报，以满足实际工作对有关物候现象发生的中期、短期预报的不同需要，并保证、提高预测的准确性。

假设豆雁在某机场迁离的平均日期是 3 月 10 日，与 A 鸟的迁入平均日期 3 月 28 日的期距为 18 天。某年观测到豆雁迁离（3 月 8 日）时间，根据平均期距公式 $\hat{y}_{\text{A鸟迁入日期}} = X_{\text{豆雁迁离日期}} + 18 = 26$，3 月 26 日就是当年 A 鸟的迁入日期；如果错过对豆雁的观测，可利用 B 鸟的迁入平均日期（3 月 19）进行推算，$\hat{y}_{\text{A鸟迁入日期}} = X_{\text{B鸟的迁入日期}} + 8 = 27$。如果两种方法的推算结果都是 26 日，说明结果较准，如果推算结果有差异，应以后者作为校正值，即以 3 月 27 日 $\pm S$ 作为该物候现象的观测期。虽然二者都能对 A 鸟的迁入日期提供一定的参考，但随着推算期距的缩短，推算结果的绝对误差则有减小的趋势。

将测得的鸟情物候历制成梯度表，可依据当年观测到的任何预报因子的发生期，加上表中相应的平均天数，即可通过预报因子方便地预测预报各种预报对象的发生日期。同时，可比较不同因子对预报对象的准确性，及时对预报对象的发生期进行修正，便于机场提前做好鸟撞防范的各种准备工作。

9.6.3.2　标准差比值法

利用平均期距法进行鸟情测报简单易行，但随着平均期距的加长，预测效果有变差的趋势，用标准差比值法相互参照进行预报，有助于提高机场鸟情准确测报的水平。

鸟情物候测报标准差比值法的公式为

$$\hat{y} = \bar{y} + \frac{S_y}{S_x}(x - \bar{x}) \tag{9-3}$$

式中，$\hat{y}$ 为预报对象发生期的预测值；$\bar{y}$ 为预报对象多年发生期的平均值；$\bar{x}$ 为预报因子多年发生期的平均值；x 为预报因子发生期在预报年的观测值；S_y 为预报对象 y 多年观测值的标准差；S_x 为预报因子 x 多年观测值的标准差。

鸟情物候日历编制完成后，$\bar{x}$、$\bar{y}$、S_y、S_x 都可方便地从物候日历中查得。测报时，只要观测预报因子 x 当年的发生期，代入式（9-3）即可得到预报对象的测报日期（$\hat{y}$）。

例如，用以上观测实例豆雁测报 A 鸟，豆雁在某机场迁离的平均日期是 3 月 10 日，$S_x = 4.5$ 天，而 A 鸟数年的迁入平均日期是 3 月 28 日，$S_y = 6.3$ 天，代入式（9-3），Y＝3 月 28 日＋6.3 天/4.5 天（3 月 12 日至 3 月 10 日）＝3 月 28 日＋3 天，据此推算，A 鸟在某年的预测迁入日期是 3 月 31 日，即在此日前后应特别加强鸟撞防范工作。

9.6.3.3　鸟情物候的年周期性和重叠性

在某个地方，鸟情物候现象的重现期在不同年度之间不尽相同。例如，家燕，在北京元朝诗人迺贤（1309～1352 年）的诗集中有诗说，"三月尽方至，甫立秋即去"，近代物候观测，家燕在春分时节到上海，10～12 天后到山东泰安、济南。但它们的多年平均重现周期大都为 365 天左右，年年都是"七九河开，八九燕来"，即鸟情物候具有大体上是一年的周期性特点。

用物候现象重现周期的多年平均值（$\bar{x}$）描述的是物候现象发生的年周期性规律。各种物候现象发生的平均日期表示它们以 365 天为重现周期的平均起始点；用标准差（S）反映其年周期平均波动状况，用全距（R）反映年极端变化幅度，R和S数值的大小，即这些物候现象发生的最早、最晚日期及其标准差，反映各物候期之间的差异是否明显，以及其波动的幅度从何时有逐渐减小或增大的趋势，这反映鸟情年周期起始点和终止点可能出现的变化情况。

在进行机场地方性鸟情物候记录或进行鸟情物候排序时，可以发现有些物候现象大体在同一日期发生，同时出现的物候现象称为重叠（9.6.4.1 节）。如果这种重叠的发生是逐年保持相对稳定的，就是这些物候现象在发生期上具有重叠性规律。鸟情物候日历中的平均日期、标准差以及最早、最晚日期等统计数值间的差异有大小之分，可依据此点去判定几种物候现象的重叠性规律是否明显、稳定。显然，数值相同或差异小的物候现象间重叠发生的可能性大，反之，则小。

机场鸟情物候日历能反映物候现象的重叠规律。列出相同日期的多种物候现象，一旦错过某种鸟情物候观测机会，可以利用其他物候现象，如机场植物或昆虫的物候现象预测鸟情的变化，以便于借助气候、植物条件和农时进行鸟情和鸟撞风险预测预报，提前做好防范准备工作。

9.6.4　物候日历在鸟情预报中的应用

9.6.4.1　预测当地鸟情变化规律的基本特点

鸟类学研究常以鸟类的居留期，即用留鸟、夏候鸟、冬候鸟和旅鸟的居留期反映鸟类在当地的分布活动情况。例如，在某地，家燕是夏候鸟，居留期从 3～10 月；豆雁是冬候鸟，居留期是从 10 月到翌年 3 月，也就是说 4～9 月没有豆雁、11 月至翌年 2 月没有燕子、3 月和 10 月两种鸟都可能存在。

鸟情物候日历不仅反映鸟类居留期的重叠状况，而且明确反映鸟类哪一天到达，何时求偶营巢、孵卵、出飞、集群活动及其数量变化的具体情况。日历明确反映各种鸟类活动方式的重叠情况，有助于对各种鸟活动规律的了解掌握，更有利于对鸟类活动规律和环境因素交叉情况的了解，有助于全面了解机场鸟情变化的规律，以及制定和掌握鸟撞防范措施。

由于鸟情的各种活动（物候现象），包括日活动具有一定的基本规律，因此，深入观察研究鸟类的各种活动不仅可以编制日发生期物候日历，而且可以将多年同一天不同时段的活动规律编制成"时发生期"物候时历，有助于鸟情员对机场鸟类进行实时防范预报，便于安排飞行和进行驱鸟，长期保障实时飞行安全，也保证了航空业发展的长治久安。

9.6.4.2 预测机场鸟类数量高峰期

根据求偶筑巢育雏期，繁殖鸟活动频繁的特点，可预测其出现的高峰期。例如，家燕，统计村庄有 80% 的巢被家燕占用，即可用下式预测家燕的数量高峰期及其可能来机场的数量，从而预测鸟撞发生概率的大小。

数量高峰期＝x 月 x 日（始现产卵日）＋（孵卵期＋育雏期）天数，或以 80% 巢被占用日作为观测的预报因子＋平均期距。

预报的总数量＝(2＋平均窝卵数[①])×村平均巢数×村庄数，或（2＋平均窝孵化率[②])×村平均巢数×村庄数。

结合鸟物候历和出生率、成活率分析，即可准确预测繁殖高峰期、数量的大小，以及该物种与机场鸟撞发生的关系和危害程度。

迁徙的候鸟可依据往年的平均峰值数量与迁徙途中前一机场的过境数量进行预测。

9.6.4.3 预测鸟撞物种风险防范期

通过鸟情物候历能够知道，鸟类特别是鸟撞物种每年何时迁来离去、何时何处种群数量最多，以及其行为的基本特点。当发生鸟撞的物种在某机场、某时、某处达到数量高峰期，此期必然是鸟撞容易发生的时期；应该加强此期的鸟情观察研究和预测预报，制定必要的应急驱鸟方案，以便于实际操作。而针对已经离去的这些鸟类的防范工作便没有实际意义，应该把工作转向其他防范工作。

9.6.4.4 鸟情物候日历的时空差异与重点鸟情的判断

鸟类飞翔或迁徙时，是利用地形、地貌等作为飞翔参照物的，或以较低高度沿河流、湖海边沿，或以林缘、城市景观带，或以河口、海湾、森林、农田等自然景观作为参照物。机场的时空位置不同，自然景观差异变化较大，自然环境的季节动态不仅在一个机场不同年份的表现不同，而且区域内不同机场之间的差异也十分显著。

鸟情物候日历反映的是鸟类适应当地生态环境的年生命活动周期和日行为的基本轨迹，如巢区不同，觅食地则有机场、森林、垃圾场、江河及其入海口等的差异。区域内鸟类的季节性活动先后有序，要科学驱鸟就需要掌握和判断鸟类季节性

---

① 计算出来的是大约数量，实际数量应该是当年雏鸟的存活率。
② 计算出来的是大约的出生数量，实际数量应该是当年雏鸟的存活率。

空间的动态差异状况，需要使用鸟情物候日历进行测报，需要利用各机场同一个或具有重叠的物候现象的平均发生日期对区域物候现象平均发生日期（简称区域均值）的偏离情况进行判断。如果一个机场某物候期的平均日期（或标准差）对区域均值（或标准差）的距平均值为负，说明该机场是区域内这一物候期季节来偏早的机场；反之，则属于偏晚的机场；若距平均值为零，说明该机场与区域平均状况相同。

机场和空管部门要加强合作，利用鸟情物候日历提前对候鸟过境和繁殖峰期作出预警，就能适时增加人力、物力，重视并加强飞行阶段的防范工作；同时，可提请相关单位、人员注意加强鸟情观察，采取针对性防范措施，尽最大可能减少鸟撞引发的安全事故或征候。

9.6.4.5　鸟情物候日历在机场昆虫防治方面的应用

循着利用物候日历判断机场鸟情的思路，可通过对指示害虫发生期有意义的植物物候期差异进行判断，从而掌握当年的虫情，为机场适时防治昆虫提供依据。借鉴、利用鸟类学已有的研究成果和对机场鸟类的食性研究，知道鸟类食谱中的主要食物是哪些昆虫，就能根据昆虫的生活史并借助农林业的虫情预报，预测预报机场的虫情、鸟情。同时，探讨吸引鸟类的原因并消除这些原因，加强灭虫和环境改造使鸟类失去食物资源和活动场所，达到减少鸟类的数量和鸟撞发生的概率。

总之，对鸟情物候期与当地其他一些季节性现象之间在发生期上相互联系的线索了解得越多，利用鸟情物候日历进行相关判断、预测预报的实用价值也就越大。

9.6.5　机场鸟情测报试用模板

近××年的鸟情观测统计（3.4节）显示，机场8月23鸟类总种类××种、数量××只；容易发生鸟撞的A鸟迁来、数量高峰期、迁离本机场的物候日期分别是8月15日、8月25日和9月10日，数量峰期标准差（S）分别是3，故在某月某日开始注意观察其迁来、数量变化和迁离情况，加强其日鸟情观测预报。根据今日鸟类活动规律的研究，以及天气预报（如有无寒流、雨等）和附近农田环境等的监测情况，本机场明天的鸟情预测预报如下所述。

鸟情物候图表和鸟情统计分析（表9-1、表9-2、图9-1）显示，8~9月是鸟情变化的年活动曲线高峰期；今日实际观测到××种鸟，总数量××，A鸟数量××。5：00~17：00日活动曲线出现高峰；物候历（表9-1、表9-2）显示，今日开始处于鸟情呈上升趋势。

依据上述情况预测，明日A鸟数量处于高峰期，其数量峰值可达到××只；其日活动高峰曲线见图9-1，相对集中的数量峰期时间段是××：××~××：××、××：××~××：××，其数量分别可达到××只和××只。除发生过鸟撞的A、

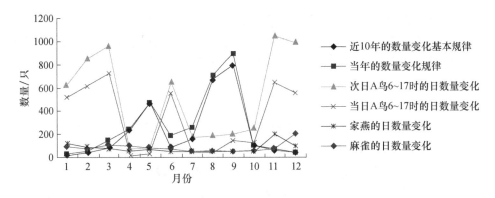

图 9-1　机场鸟情变化规律的分析

B 种鸟外，晨昏鸟类数量最多的 3 种鸟分别是××、××、××，还有中大型鸟类如××、××等对飞行安全将造成极大的危害。

同时，某某节日来临，明日航班架次将达到××次，鸟撞指数和危险指数等级将分别达到×、××；明日××时段处于极高的鸟撞危险期，鸟撞质量密度参数可达××％的发生概率（7.3 节），特别是有曾发生过 x 级严重鸟撞事故的中大型鸟类。这些鸟类分布于起飞端的"新翻水田"生境中，应关注此方向随时飞来的较大鸟，加强驱鸟力度（反之，体形较小鸟种数量少，鸟撞质量密度参数 1％，一般不会发生鸟撞造成严重危害，飞行较安全）。

建议措施如下所述。

飞行期间，要特别注意加强来自××处鸟类的观测、记录与汇报。应急驱鸟工作预案是采取已证实是有效的××、××等措施，在鸟数量高峰时增加驱鸟力度，如增加放炮×次/分钟。

明日飞行尽量避开该鸟类高峰时段和水田区域。飞行时，应高度注意对飞行空域的观察，及时发现鸟情，采取预案应对措施。

此件共 3 份，报_____一份，签字：_____

报_____一份，签字：_____；鸟情室留存一份。

××机场鸟情预报员××、××

××年 8 月 23 日

9.7　机场鸟情预报的基本程序和要求

准确预测预报鸟情的关键是掌握真实而科学的原始资料并进行科学的快速分析，这要求鸟情员既要认真观察记录鸟情，又要掌握历史资料，了解未来的发展形势等。只有在充分占有资料的基础上，才能利用计算机进行综合分析比较，对未来鸟撞灾害发生的时效、程度及防治做出正确的判断，发出准确的鸟情预报。

鸟撞防范的鸟情预测预报全过程，包括收集掌握原始资料、进行综合分析、发出预报、进行验证和准确评定 5 个基本过程。机场重视测报基本程序第一步骤的实施和完成，才能进入其他步骤；重视评定步骤、落实相关规章制度，才能不断改进机场鸟情预测预报手段、方法，迅速提高鸟情预测预报的准确性，采取积极主动的措施科学地防范鸟撞发生。

9.7.1　预测预报资料必须具有代表性、系统性、可比性

机场应像设立气象观测站那样，在有代表性的地方设立鸟情测报点，定期对不同分区、生境类型的鸟情进行系统调查，观测并采集系统而科学的基础资料。

在保持相对稳定观测的同时，根据机场飞行的需求，按机场自身特点，可对测报点进行适时的调整，并做出必要的补充。避免不做具体调查研究的工作方法，遇到问题时，临时抱佛脚，"按图索骥"，向别人请教自己机场的鸟情。

9.7.2　区域联网预测预报与建立健全监测预警系统

各机场鸟情观测站点因地制宜，积极与气象及相关的预测预报点配合，尽快编制鸟情物候日历表，用于鸟情的预测预报。

利用现代化的信息技术及时收集相关的测报信息，确定主要测报对象，分工协作，及时交流，建立健全区域性网络测报预警系统，不断增加有效鸟情监控和预测预报的覆盖面。

9.7.3　加强业务部门的协作

在机场原有驱鸟机构的基础上，加强相关专业队伍建设，推广"鸟情—气象—飞行安全综合测报—驱鸟"和区域机场联动模式，开展宏观（区域）和微观（机场）气象与物候的鸟情测报，进一步提高鸟撞灾害监测的准确性，实时发出机场预警鸟情，并为相关机场提供鸟情预报依据，提高区域性鸟撞防范的能力与准确率。

9.7.4　按专业要求改进测报工作

专业技术人员将完整真实的原始资料与鸟情测报信息进行比较研究，有助于验证鸟情与鸟撞风险测报的准确性，有助于改进鸟撞风险测报的技术手段和方法，提高测报的准确率，增加飞行安全效率。因此，需要按专业水平要求做好鸟情研究与测报工作，以便做好准备工作，防范鸟撞的发生。

9.8   鸟情监控是测报防范的基础

机场鸟情监控是准确测报的基本保证。所谓鸟情监控，不仅飞行时需要对飞行区域内鸟类进行监控，而且日常工作时，需要对机场及周边地区鸟的种类、数量以及觅食地、栖息地等情况进行全面监控。只有连续的鸟情监控，才能掌握真实而准确的鸟情信息，利用数学模型对鸟情数据库进行快速科学的数字化处理，对鸟情变化趋势进行科学的预测预判，评估鸟撞风险的各种指数（7.3 节），有的放矢地开展鸟撞防范与规避工作。

机场鸟情的监控由鸟情员或鸟情员与监控设备共同完成。监控方式有定点监控和流动监控、定时监控和全天监控多种；监控内容有留鸟监控、繁殖鸟监控和候鸟监控，食物、生境变化、气候情况的监控，以及驱鸟监控等方面。根据现有人力、物力，鸟情监控人员每天定时在机场及其周边进行定点监控及流动监控，详细记录鸟情变化的相关内容，同时，机场积极地和地方相关部门进行多渠道的信息交流，开展有效的机场鸟情监控是及时发布鸟情预测信息和避免鸟撞发生的重要保证。

在机场内部，直接视觉监测鸟类是一种传统而方便的方法，具有直观、实效的特点，但具有范围小、效率低的缺点；运用高科技手段增加与雷达配套的监控器等设备，加强机场内外环境鸟情和飞机飞行状况的测控，监测效率高，可覆盖全机场。

9.8.1   定时定点鸟情监控

定点监控分为日常和飞行期间两种情况。结合实际情况，由鸟情员或熟悉哨位情况并经过鸟类学知识培训的警戒人员完成，以降低人力、物力的投入，增加机场飞行安全保障的科学水平。

鸟情员定时站在机场适宜观察的位置上（4.3.4 节），目视或用望远镜辅助观察、记录周围一定范围内，特别是机场范围内鸟类的活动情况。例如，鸟类的活动、飞行高度、方向与路线及其与航线的关系（或安放的鸟情监控设备进行监测），哪些鸟类的飞翔活动与机场与飞行航线有关，影响程度多大，等等。然后，根据鸟类活动分析鸟源地状况，预测哪些鸟类的飞翔活动威胁飞行安全，及时做出预测进行准确预报。

9.8.2   流动鸟情监控

鸟情员沿包括机场分区及周边生境类型在内的固定路线（4.3.4 节）观察记录鸟类的活动情况。本法用于监控机场不同的生境类型鸟类活动情况。

通过流动监控，调查机场周边各生境类型生存有哪些鸟及其数量，以便探讨鸟类的日、季节性变化规律，研究变化是如何发生的？是由哪些环境因素在什么时期引起鸟类发生变化的？哪种生境是鸟类的栖息地、觅食地，鸟类往返栖息地与觅食地的飞行路线、时间和各种活动的高峰时段。

9.8.3　繁殖鸟情监控

繁殖鸟类监控是对机场地区的留鸟和夏候鸟进行调查统计，监控并找出各种繁殖鸟的营巢、觅食地及其营巢育雏、觅食等各种活动规律，特别是监控其数量变化、飞翔活动与航线的关系及其对飞行的影响程度。

统计数据如果显示，繁殖鸟在撞机鸟类中占有一定比例，就要加强对繁殖鸟的严密监控，采取有效驱鸟措施降低鸟种数量和鸟撞发生的可能性，监测数据也有助于对次年鸟情的预测。

9.8.4　候鸟的鸟情监控

候鸟的监控是对每年迁徙季节途经机场的旅鸟或在本地越冬的冬候鸟进行监控。通过监控及时提供候鸟迁徙、越冬时活动的基本规律和突发性集群情况，为本机场和相邻机场提供鸟撞防范信息共享，科学开展驱鸟工作，以降低迁徙季节候鸟撞机概率。

9.8.5　重点鸟情监控

对造成飞行安全威胁的重点鸟，机场可与鸟类迁徙规律研究机构合作，在鸟身体上安装一种遥感信号发射装置（目前，鸟类迁徙研究已有安装），同时在机场安装信号接收装置，以便准确确定鸟类到达机场的具体时间。机场就可以及时接收到发射器发送来鸟情的信息，知道同类鸟的飞行高度、飞行速度、方向及其所在位置等基本情况。当遥感和雷达标志鸟所在群体即将飞临机场上空时，机场可根据鸟情提前制订计划，做好应对准备，最大限度地降低鸟撞事件发生的可能性。

掌握重点鸟的物候现象，如何时迁来、迁离，重要行为出现的时间，最大数量、数量级别变化及家族群和集群活动的时间，以及相关植物、昆虫等的物候现象，编制完善鸟情物候历并应用之，以便指导对重点鸟进行日常监控和防范。

9.8.6　全天候鸟情监控

由鸟情员和监控设备进行全天的连续观察，并与地方鸟类组织建立候鸟迁徙警报系统。实时观测通过安装鸟情监控雷达、无线电遥感和卫星技术，建立国家鸟情监测预警体系，实现快速联合自动鸟撞防范。系统跟踪监控候鸟迁徙的活动情况，实时将有关信息自动通报机场，便于协同及时调整飞行计划，做好驱鸟准备。因此，需要专业人员对机场实施全天候的鸟情观察监控，为预警系统任何时间提供真实的飞行鸟情信息。

目前，我国绝大部分机场没有配备用于鸟情监控的仪器设备，监控主要依靠驱鸟员进行。因此，驱鸟员需要经过专家的业务培训和实践锻炼，需要不怕辛劳，每天认真观察鸟情。无论是人工还是设备监控都应做好详细的登记、统计，对鸟情规律进行科学地分析研究，掌握鸟情规律并在重点时期实施重点监控，以便及时发现异常鸟情，采取联合防范行动防范鸟撞。

复习思考题

1. 鸟情测报有何意义？鸟情测报有哪些类型？
2. 鸟情测报的依据是什么？
3. 怎样进行具体的鸟情测报？
4. 编制鸟情物候日历的依据是什么？
5. 怎样编制鸟情物候日历并进行鸟情预报？
6. 怎样进行鸟情测控？需要遵循哪些基本规程？
7. 为什么说鸟情普查是进行监测的基础？

第 10 章 鸟撞防范策略

本章提要：鸟撞防范需要利用生态学的基本原理和方法，采用减少巢位，切断食物源、水源和干扰鸟类活动的方法，降低环境对鸟类的生存适宜度，达到减少机场鸟类种类、数量和防范鸟撞的目的；根据预报做好包括思想行为在内的各种准备工作，有助于及时发现预警鸟情，做出适当的或应急驱避行为反应。通过间接的环境措施、直接的驱避方法从根本上保障飞行安全。

与飞行安全息息相关的鸟撞防范工作有鸟撞与鸟情规律、鸟种危害评估、鸟情预测预报、鸟撞相关性的研究，以及驱鸟技术方法的研究使用和效果评估等。因此，需要加强鸟撞防范人才的培养、引进，需要加强对鸟撞、鸟情和驱鸟工作等防范策略的同步科学研究，改工作型驱鸟为研究型鸟撞防范工作，使我国的鸟撞防范工作科学化、规范化，全面提升鸟撞防范人员的专业素质和飞行安全保障科学水平。

10.1 鸟撞防范原则

鸟撞防范工作作为机场飞行安全保障系统[①]的重要组成部分，重点是如何采取措施有效地将鸟类赶离机场，或制造不适合鸟类生存的机场环境，使机场在飞机飞行时成为鸟类的"活动禁区"！让鸟类主动离开机场与航线，因此，鸟撞防范需要遵循一定的基本原则，才能根据具体情况开展有效的防范工作，做到"多防一步，不出事故"。

10.1.1 防

所谓防，就是通过直接、间接的方法，增加飞机的抗撞能力，防止机鸟在运行过程中相遇。首先，是飞机的设计制造和材料的选择，既要符合空气动力学要求，保证高速飞行，又能避免鸟撞且"不怕"鸟撞发生，一般情况下的鸟撞不会对机体造成任何影响飞行的危害；其次，是具有一定的防鸟预警功能，能自动开启防范设备增加机体的抗撞能力，避免鸟撞发生（2.1.1 节）；再次，能记录到发生任何鸟撞的相关参数，便于对鸟撞进行深入的科学分析研究。

机场在设计、建造和运营过程中，绿化机场环境时要营造并保持不适宜鸟类生

---

① 机场飞行安全保障系统的任务是确保机场对空中（净空，包括鸟类）、地面（跑道保障、助航灯光保障和鸟类驱逐）、地下（排水管理）实施有效管理。创造良好的适航环境条件，保证飞机在机场正常安全起降。

存的"荒芜化"的机场绿地，防止环境演化成为适宜于鸟类活动、觅食的场所，从根本上减少机场鸟类、防范鸟撞的发生；飞行时，通过人和设备的共同设防，防止场外鸟类侵入机场向航线靠近，增加航线安全距离，保障飞行安全。

10.1.2　治

所谓治，就是采取综合治理措施整治机场及周边的自然环境和人工环境（10.2.1 节），使机场环境更有利于飞行；使机场吸引鸟类取食、活动和繁殖的因素降低甚至消失，形成不利于鸟类生存繁育的生态环境，降低鸟类活动生存的适宜度，达到减少机场鸟类的种类和数量的目的，从而避免鸟撞的发生。

10.1.3　避

所谓避，就是在机场的选址修建、航线的选择确定和飞行计划的制订上（10.2.4 节），既要考虑经济发展与飞行安全的需要，又要根据鸟情规律的研究，避开鸟类的迁徙路线和活动高峰期，在大环境中避让鸟类活动的适宜生境。

在具体飞行过程中，建立科学而自动的预警避让系统，加强鸟类活动高峰季节的鸟情预报（1.3 节）。根据危害鸟情预测预报，通过改变飞行的计划、路线等，避开危害鸟情及空域；飞行员根据科学准确的鸟情预报，注意并认真观察鸟情变化，及时采取避让措施。减少容易发生鸟撞航班的起降飞行，增加远途航行，多飞转训、机动等高空课目。从不同方面规避鸟类，防范鸟撞的发生。

10.1.4　驱

所谓驱，就是根据操作性条件反射原理，采用一切有效的驱鸟技术与方法（11.5 节、11.6 节），包括古老的方法和现代高科技的方法，用"警告"与真正飞行相关的方式加强驱鸟力度，使机场鸟类知道飞行危害而不侵入机场，或将进入机场的鸟类"请出"机场。最基本的要求是，驱使鸟类主动离开航线，或者根据飞行警告，已侵入机场的鸟类能隐蔽在草坪中不飞翔（11.1.2 节）。没有飞翔活动的鸟，就保证了机场的飞鸟净空，也就保障了飞行不受鸟撞的威胁。

10.2　鸟撞防范的基本对策

研究结果表明，个体小的鸟类（燕子）数量多，鸟撞概率大；个体巨大的鸟类（如鹈鹕）数量少，鸟撞机会也少，但造成的危害却非常大（表 4-1）。危险等级和鸟撞指数均高的鸟类其风险指数高，这些鸟类容易发生鸟撞并具较高危险性，应该针对它们的生态习性，采取适当的预防措施大规模地减少机场鸟类的种类数量，将避免鸟撞的发生。

10.2.1　环境改造

鸟类喜欢选择适宜自己生存的生境。鸟类之所以栖息、聚集于机场，是因为机场具有食物、草丛等对鸟类具有吸引力的因素。要保障机场飞行安全，就必须采取环境治理措施，减少、切断食物资源、水源，降低鸟类的生境适宜度，采取措施营造不适宜于鸟类生存的环境，达到减少鸟类种类和数量、防范鸟撞的目的。另外，机场鸟类监控不论用哪种方法，首先要清除杂草和灌木，以便于视频、视觉观察，并及时发现机场鸟情危险区域，进行有效监控才便于驱鸟。

因此，对采取封闭措施的机场环境进行治理，将视觉检测与高科技结合起来，使视野开阔，有利于未来探测、驱鸟数学模型的应用，施行全天候的安全保障，达到"以防为主、防治结合"实时测控鸟类的目的。

10.2.1.1　草坪改造

一般认为，当飞机意外冲进草坪，草的高度应不能缠绕起落架，影响轮子的转动；鸟类在此高度草丛中，不能清楚观察周围环境，也不能躲藏，从而有不安全感，因而数量减少；草太高则适于鸟类筑巢、隐蔽，因此，许多机场采用的方法是利用割草机修剪草坪，将草高控制在 20～30cm。但在历史上，许多机场因无法全面割草而多是高草。

1. 草坪类型与昆虫、鸟类的关系

对机场鸟类群落的营巢和活动、取食集团结构的研究结果表明，在机场内营巢的鸟种类、数量极少。机场有丰富的食物资源和广阔的活动空间，能吸引众多鸟类来机场觅食活动；昆虫样方调查显示，矮草区生活较多种类的昆虫，生物量大，是吸引众多鸟类的重要因素（表 10-1）。

表 10-1　某机场不同区的昆虫生物量研究（鲍连艳，2005）*

项目	矮草<30cm	中草 30～50cm	较高草>50cm	高草>80cm
拦阻网/目	7	6	5	5
种数	19	14	16	15
生物量/(g/m²)	1.889	1.781	1.191	0.651
T3区/目	7	4		
种数	16	10		
生物量/(g/m²)	0.634	2.434		
中心圆/目	9	5		
种数	25	11		
生物量/(g/m²)	1.99	1.03		
全机场/目	9	8	5	5
种数	29	21	16	10
生物量/(g/m²)	1.669	1.676	1.191	0.651

注：昆虫种数、生物量多少的差异是否与调查方式有关，需要进一步深入研究证实。

2. 矮草吸引觅食鸟类

由于矮草坪温暖、潮湿、阳光充足、人工干扰小，而且频繁割草使鲜嫩青草生长旺盛而含丰富营养，较大面积的鲜嫩青草，有利于各种昆虫的繁衍和生长发育，昆虫的种类丰富、数量巨大，种群密度远远多于机场附近的农田草地。矮草坪使土壤和地面小动物容易暴露。机场昆虫样方研究表明，机场内矮草区较其他杂草区的昆虫种类、生物量均高（表 10-1），机场内的昆虫种类和数量大，昆虫等猎物容易被鸟类发现而成为吸引鸟类的重要因素，能吸引众多鸟类来机场觅食活动。

虽然矮草更容易吸引食虫鸟类和食肉类猛禽（隼、鹰类）等旷野活动的鸟类，也不影响白鹡鸰、云雀等地面筑巢鸟类和中小型鸟类的藏匿，但是割草有助于减少杂草种子的生成，矮草不利于大中型鸟类的藏匿，有助于相关人员及时发现鸟类，开展有效驱鸟工作，各机场要通过调研，确定适宜的矮草高度。

3. 高草有助于鸟类营巢隐藏

高草缺少蛋白质不利于昆虫的生存；雨后，高草地表面悬浮暴露的小生物少；高草使鸟类活动不方便，不便于与同类联系，不利于捕食，不能及时发现天敌快速逃避；高草不需太多地修剪，减少飞行保障开支。但草过高，容易吸引鹌鹑、野鸡、野鸭、鹬类等中大型地面筑巢的鸟类来此筑巢，吸引草兔、鼠类和其他动物在高草区建窝，这些鸟类和吸引来的猛禽构成飞行安全隐患。

4. 如何实施草高策略

因草高对某些鸟类来说阻碍行动、不便觅食活动，却能有效隐藏防止天敌，鹬类及鸥类等喜欢在机场低草沼泽区觅食与停息；一些中小型食虫鸟类会聚集在低草区觅食。野鸡、野鸭、苇莺、黑水鸡等则喜欢在较高草地、芦苇丛中营巢繁殖。

不同鸟类适应于不同的杂草高度；引起鸟撞的鸟种在高、矮草丛中活动的都有。因此，草高控制需要根据机场环境及常见鸟类的生态类型决定，修剪次数与高度因机场条件不同，应进行不同草坪高度的比较研究后，确定最佳高度和修剪时间。要根据机场草体评价，如对昆虫调查，草坪高度与鸟类、昆虫活动关系研究，草坪临时水体显露与否对水鸟的吸引等的评价，实施机场草坪管理，根据机场的实际情况制订适宜的割草计划，控制草坪的合适高度，既不修剪过度，也不让杂草长高到影响飞行观察和驱鸟。

总之，治理草坪，减少昆虫适栖生境和灭虫是预防鸟撞的重要措施。潮湿环境有利于昆虫繁殖，加强水沟的排水能力和草坪的透水度，促使草坪适度干燥，可降低昆虫繁衍能力。昆虫对取食植物具有较强的选择性，引种、培育抗虫品种矮草改造机场草坪，或用药物、选择矮草品种控制草高，有助于减少割草次数和昆虫的适口性。或间种不同草种、建设多种类型的草坪斑，形成抗虫草坪，选择并改种对鸟缺乏吸引力的植物形成机场"荒草坪"，会使昆虫因失去食物资源而无法大量繁衍，使昆虫种群数量降低，减少食物资源达到减少鸟类的目的。

10.2.1.2　机场林地生境改造

机场区域内外的林地及"废弃房屋"，甚至是驱鸟设备（如稻草人、网杆、灯具、各种构架设施等）等可为鸟类提供营巢、栖位环境，更为许多鸟类提供临时栖位，成为吸引鸟类向机场扩散的重要环境因素。

在必须树木绿化的地方，采用幼树绿化，或去树冠绿化方式使树冠"幼龄化"，或者选择生长缓慢而使鸟类无法营巢栖息的针叶林树种，有助于减少机场鸟类的种类和数量。拆除或改造废弃房屋和不必要的构架设施，或者在必需的设施上增加"防鸟笼、防鸟刺"等，使鸟类在任何时候都无法落在其上。因此，统筹安排、合理布局机场附近区域必需的林地、建筑物等，有减少对鸟类的吸引作用，适应不同机场飞行任务的需要。

10.2.1.3　及时清除机场积水

大小不同的河流、水库、湖泊、海洋，以及机场范围内的临时积水和蓄水池沟等不同类型的水体和沼泽湿地，为涉禽、游禽等鸟类提供了良好的取食、栖息、饮水场所，特别是机场的临时显露积水，将土壤动物逐到地面，直接吸引各种水鸟到航线附近觅食活动。

在机场范围内建立良好的排水、透水系统，使地表水很快渗入地下流走，尽可能减少表面积水；雨季，有利于及时清除机场地表积水。在需要保留或无法消除水面的区域安放悬浮惊鸟器具，加强水体干扰，或使用无公害驱避药物，既减少土壤动物的地面活动，又使鸟类产生厌恶感而离开觅食、饮水环境，达到驱鸟的效果。

10.2.1.4　清除飞行区范围内适宜的巢位

在巢区范围内，鸟类的觅食、返巢育雏活动频繁；巢位、机场、觅食地三者间的位置关系决定鸟类的觅食飞翔是否影响航线飞行。飞行区内有巢位，或者巢位较近且与觅食地位于机场跑道的两侧，鸟类的觅食和栖息活动将增加穿越航线的频率，飞行与飞翔活动在航线上相遇的机会增加，必然增加鸟撞的概率。环境改造促使鸟类将巢位和觅食地选择在远离机场飞行范围的适宜生境，或者破坏机场附近鸟类适宜的巢位生境，减少、除尽巢位将驱使它们离开，从而减少鸟类的种类和在机场的活动频率，减少鸟类穿越机场航线的飞翔行为必将降低鸟撞概率。

人们喜欢冬季捅机场附近的喜鹊窝，可是，春天到来，喜鹊会团结协作加快筑巢速度，很快就筑成新巢。改冬春捣喜鹊巢方法为标记鸟巢，便于研究掌握喜鹊关于生境、树种和巢位微环境的巢位选择特点，绿化时，可以选择无适宜巢位树种，或者半锯支巢基干枝杈，日后被风吹断使其繁殖失败，或直接锯掉支巢枝杈，或定期采用去冠绿化方法，达到清除巢位、保证绿化、减少工作量、提高驱鸟效果的目的。无法清除的塔架巢位，可在其巢上方安放"刺猬式驱鸟刺"、风动旋转反光镜驱鸟器等，驱使鸟类离开。对于营群巢而已安家的鸟类，应该采取去巢位、捣鸟巢、加强人工干扰等多种办法，迫使鸟类无法成功繁殖而离开，不再选择该生境进行繁殖。

10.2.1.5　周边环境的改造与监测

为了繁衍生存，鸟类总是选择更适合于隐蔽、营巢繁殖和觅食的生态环境活动。因此，清除巢位、切断"粮源"迫使鸟类"搬家"到远离机场的地方，可大幅度减少机场鸟类的密度。为此，需要禁止在机场附近规划、建设吸引鸟类并对航空构成危险的土地使用做法，如建垃圾场、鱼塘、水池、饲养场、种植高大林木等；机场周边与经济发展有关项目的规划选址需要考虑是否对航空安全构成不利的影响，同时，地方政府应当征求机场和航空安全管理机构的意见后才能进行审批。

对已经存在而不能禁止的场所，土地使用人要采取补救措施，负责制定和实施控制、减少鸟类活动的行动。机场周边的居民点、林地（如阔叶林、果园、针叶林等）、湿地和农田等生态环境不仅林型多、面积大，而且紧靠机场，是机场重要的鸟源地。由于林木和林下灌草丛发达，较少人为干扰，为多种鸟类提供了良好的营巢、栖息生境，夏季森林鸟类多在此类生境栖息繁殖，繁殖后期，鸟类有明显的集群迁移活动。大片湿地、水田是涉禽和游禽栖息、觅食活动喜欢选择的生境；春季翻耕、麦地改稻田灌水或稻麦成熟等会吸引不同的鸟类，可随时向机场内输入各种鸟类，成为飞行安全隐患，机场需要对周边环境变化随时进行监测，实行动态的安全净空管理。

因此，采取一系列有效措施，如将机场周边一定范围内的成林区改造为幼林、阔叶林改造为松柏生态林或低矮经济林、不能砍伐的树木则采取清除树冠变为"幼林"或剪除有利鸟类营巢树杈；将湿地改造为旱田、填平机场水洼地等在机场周围形成隔离区，发挥广阔"荒丘地"等的屏障、阻隔作用，阻止外部鸟类向机场输入。或异地引鸟，在远离机场的地方建立人工招引区，适合鸟类生存的大面积新生境不仅可将机场鸟类吸引过去，而且能改变经机场迁徙鸟类的迁飞路线，如上海浦东机场采取这种措施取得了较好的效果。

需要根据生境和鸟类群落的演替规律，适时彻底清除鸟类适宜的机场周边环境，同时，对机场周边景观变化程度进行监测，了解掌握景观生境变化对鸟情的影响，及时采取环境应对措施。普遍认为，这是在较长时间内从根本上解决鸟撞防范问题比较适合的方法。

鸽子具有较高的鸟撞风险指数，其集群、随机飞翔严重威胁飞行安全，应大力宣传"航空法"，禁止在机场 2.5km 半径范围内饲养和放飞鸽子。机场可采取适当的合作发展经济的方式使个体户自觉取缔养鸽。

10.2.1.6　增加仪器设备，实时测控飞行环境

即使在机动灵活的驱鸟车上安装测控器，也只能流动监测局部的机场鸟情，在需要监视的地方却没有及时监视到，无法采取有效措施驱鸟。因此，随着经济实力的增加和现代化机场安全保障工作的需要，在机场设置和应用由雷达、监控器联结电视屏幕等固定与车载流动监控器组成的监测网，对机场范围内的鸟类活动、栖息及其变化进行系统地、连续地观测，将在鸟撞防范指挥调度室对机场实行全覆盖、全方位的自动监测、管控与飞行调度。实时监测机场鸟情变化，有助于人工智能系统做出快速应对反应，如提醒飞行注意观察避让，及时采取并且经验证明是有效的驱鸟措施，全方位防范鸟撞。同时，监控录像为鸟撞科学研究提供了真实的信息，提高机场监控设备的实效性。

10.2.2　灭虫减少鸟类的食物资源

除了广阔的空间外，机场吸引鸟类的重要原因是有丰富的昆虫等小动物，为鸟类提供了丰富的食物资源。通过诱瓶、昆虫网等进行样方调查统计，某机场小动物主要有环节动物（蚯蚓）、软体动物（蜗牛）、蜘蛛和昆虫等；蝗虫占生物量绝大部分，按含水量约 65% 计算干重的方法，$1\ 240\ 000m^2$ 的某机场草坪中昆虫生物量约 112kg，按每只鸟每天捕食量 100g 计算，可供 11 200 只鸟食用。机场丰富的土壤动物和昆虫等食物资源将引来大量的食虫鸟和食肉鸟，形成种类多、数量大的机场觅食活动鸟类群。大量鸟类来机场觅食活动，特别是迁徙鸟类和繁殖鸟后期的集群、觅食活动期，不熟悉机场飞行环境的迁徙鸟和亚成体鸟数量大，对机场环境变化的感知应变能力差，增加了鸟撞的概率和危险性。当年，该机场多次发生鸟撞的事实就证明了这一点。

打破机场鸟类生存的食物链，是防止鸟类进入机场的一种良好的生态学方法。研究机场草坪昆虫的种类、数量和生活史，对草坪环境进行研究、评估，有助于了解机场昆虫群落结构变化的规律，适时采取强效灭虫措施，减少鸟类食物资源，达到驱鸟效果；也可以根据昆虫生活史结合鸟类的食性对来机场鸟类进行及时的预测预报，做好鸟撞防范准备工作，为长期的机场安全保障工作提供基础的科学资料。可见，草坪灭虫是断绝鸟类食物供应、减少机场鸟类的重点生境改造策略。

10.2.2.1　割草灭虫、减少草籽生成

割草时，惊飞大量昆虫，引来大批燕子尾随觅食捕虫。在定期割草的同时，开展捕虫灭虫，即在割草机上加挂迷宫式捕虫网，既有利于灭虫，又可采集昆虫标本、研究机场昆虫的生活史。

频繁割草，新生的鲜嫩青草对昆虫的生长发育有利，且耗费大量人力、物力；

割草太晚，草籽生成又会吸引食谷鸟类。因此，根据机场环境不同，适时、及时、适度割草，将防止杂草生成草籽，也会影响昆虫的生长发育，减少生物量。通过各种减少食虫和食谷鸟类食物资源的方法，达到减少机场鸟类的目的。

10.2.2.2　增加人为干扰程度

飞行空闲时，机场人员在草坪上开展适宜的活动，绕场道的汽车或巡行的驱鸟车改固定道路为在草坪上交替循环运行路线，人员、汽车等的干扰活动既有利于踩压灭虫，调节、控制草坪的生长发育，又严重干扰鸟类在机场的活动，迫使鸟类离开机场。同时，可随时观察研究昆虫生活史，不仅能预测昆虫数量的周期性变化对鸟类的影响，而且有助于选择昆虫集群求偶交配的繁殖期，在昆虫集中的时间和地方开展人工灭虫，用昆虫网、捕捉等多种形式减少昆虫的种类和数量。

10.2.2.3　生物灭虫

在飞行间期，利用可移动的围栏或拴住的方式，将鸡、羊等移到草坪上进行圈养；为加强放牧效果，可利用饥饿的鸡、羊，即不喂食而处于快速生长期的个体，既可消灭大量昆虫、啄食大量草籽，又能啃食杂草控制草坪高度。也可利用捕食性昆虫控制机场其他昆虫的数量，或者选育抗虫草，将适宜昆虫生长发育的草坪更换为不适宜的草坪，达到控制、减少昆虫和谷物的数量，进而实现减少鸟类食物、干扰鸟类活动的目的。

10.2.2.4　物理灭虫

充分利用昆虫的趋光性，在昆虫繁衍期，利用黑光灯配迷宫式昆虫网诱捕昆虫。黑光灯诱蛾监测要从晚到早发挥飞行区黑光灯和昆虫陷阱的作用，保证黑光灯正常捕捉昆虫。每周更换黑光灯药剂 1 次；每周检查 2 次或 3 次黑光灯，取出其中的昆虫作为鉴定和计数用，按机场不同分区定位分组，分别计数昆虫的种类和数量，研究、探讨各区昆虫与鸟类活动的关系，结合生活史评估机场虫情状况，提供鸟情预测依据。

雨后，大量蚯蚓、蜗牛等动物爬上跑道等裸露地方，成为招引鸟类的重要因素。在沿跑道两侧、草坪边缘设置廻形槽式半管状"陷阱"，能阻止蚯蚓等动物进入跑道，可减少鸟类在跑道上的活动。

10.2.2.5　药物灭虫

昆虫几丁质外骨骼发育完全后，具有很强的抗药性。要根据虫情预报选择昆虫防治适期，即在刚蜕皮时喷洒低毒无害农药进行有效防治。或用糖浆诱捕监测昆虫，做法是按机场分区布设糖醋杯，在飞行区两端（起降）航线和滑行的两侧各布设一定数量糖醋杯，5 个一组集中安放，组间距在 5～10m。安放杯体时，使杯沿高出地面5cm。每周更换糖浆一次，每隔1天检查1次，取出诱集的昆虫按分区进行鉴定和计数，以研究不同区域小动物的分布情况及其对鸟类活动的影响。

10.2.2.6　机场昆虫的调查研究

确定最佳灭虫时机和方法需要进行灭虫效果分析和机场昆虫调查，需要调查昆虫的种类、生物量和生活史，这有助于进行灭虫方法、效果的评价，评价草坪高度与鸟类、昆虫的种类数量变化和活动的关系及其对飞行的影响；有助于选择割草时机、决定草坪高度；有助于利用昆虫生活史进行鸟情预报，即根据昆虫数量高峰期的时间和容易吸引来机场活动觅食的那些鸟类，提前做好驱鸟准备工作。

10.2.3　季节性候鸟防范对策

对鸟情、鸟撞规律的比较研究（2.3节、4.2.2节、7.1.3节）分析显示，机场上空出现数量较多的大中型鸟类危险性更大，特别是鸟撞发生频率高的物种，需要高度注意认真观察，研究鸟情的季节性变化规律（4.2.2节、4.4.5节）和具体的防范对策。飞行驱鸟应选择视野开阔而容易及早发现鸟类活动的关键飞行阶段、场区，以便准确测报重点鸟类到来及其数量高峰的时间，提前做好准备，在重点时段、区域采取有效措施加强重点防范。

10.2.3.1　春季防范对策

早春是冬候鸟、旅鸟的交汇活动期，中春是夏候鸟、旅鸟交汇活动高峰期，晚春是夏候鸟和留鸟的繁殖育雏期；鸟类种类、数量会出现"少—多—少—多"的变化。鸟群由南向北远距离迁徙，大群鸟迁飞在机场停留、觅食活动时间较短；鸟类迁徙随机性强、数量大，驱鸟时常常忽视突然飞来的旅鸟。这些鸟类不熟悉机场的飞行规律和环境，迁飞路线与航线交叉、平行重叠，因而对机场飞行安全构成严重威胁，也是鸟撞发生频率较高的季节。

认真观测记录鸟类的迁徙时间、路线和繁殖活动（7.1.3节），有助于机场掌握鸟情变化规律，预测鸟类迁徙、繁殖飞翔的情况，通过科学的方法做出短期和中长期鸟情预测预报，有助于做好驱鸟工作。可用数量＝对（巢）数×（2＋平均窝卵数）/面积的公式（9.6.4.2节）计算繁殖鸟类的最高种群密度以及鸟类群落的数量高峰期；借助南方机场为北方机场提供的鸟情测报信息，准确预测鸟类的迁徙时间和数量，评估鸟撞相关性高峰期，提前做好驱鸟防范准备工作，及时采取有效的"请鸟让路"或积极的驱鸟防范措施。例如，某机场驱鸟员观测到大雁鸟情，及时通报相关部门采取防范措施，通过改变飞行计划，即使是当日有多批大雁群在机场上空的迁飞活动一直持续到午夜，也不会发生鸟撞。事实证实，机场"主动避让"避免了鸟撞事故的上演。

10.2.3.2　夏季防范对策

鸟类已成功繁殖，进入育雏期，众多成鸟会带领雏鸟进入有良好觅食、育雏条件的机场环境，大量幼鸟（如燕子等）将待在机场栖架和跑道上，增加了驱鸟难度和鸟撞机会。

要减少机场繁殖鸟类，首先是清理巢位环境。例如，成片砍伐机场附近的成熟林会影响生态环境，村民也不愿接受；应加强巢位因子的清除措施，如对成林实施去除树冠的修剪方法，定期剪除支巢必需的树枝，填堵有巢树洞和墙缝，使繁殖鸟类因无巢位而远离机场。

其次是改造鸟类觅食活动的机场环境。机场内丰富的昆虫资源不仅吸引大量的食虫鸟类，还会直接、间接吸引捕食小动物的其他鸟类。因此，改造温暖、潮湿、阳光充足、适于昆虫滋生繁衍的机场草坪环境，及时清除杂草草籽，采用不同方式灭虫，减少昆虫生物量是季节性驱鸟急需而势在必行的措施。

成功繁殖的夏候鸟集群活动增强，并即将迁离本区，夏末旅鸟开始向南迁徙，不熟悉机场飞行情况的亚成鸟种类多、数量大，迁飞路线与航线交叉、平行重叠容易发生鸟撞事故。因而对飞行安全构成严重威胁，需要做出较好的鸟情预测预报，根据是否阴雨天和鸟情做好飞行航班计划，加强人工对机场环境的干扰和驱鸟准备工作；加强鸟情观察研究有助于及时发现大中型鸟类的种类、数量，及时采取有效的针对性驱鸟措施，防范鸟撞。

小型鸟类（如家燕、金腰燕和麻雀等）成鸟带领雏鸟进入机场；中大型鸟类（如喜鹊、白鹭、夜鹭等）带领雏鸟到机场附近的取食，早晚频繁往返营巢栖息地与取食处，或集群游荡在附近环境，成为构成威胁飞行安全的重要因素。要加强鸟情观测预报，驱鸟保证飞行安全。

10.2.3.3　秋季防范对策

秋季是鸟类为过冬做食物储备和候鸟迁徙的重要季节，鸟类集群向南方迁飞或游荡，其基本特点是时间集中、随机性强、数量变化大，幼鸟多。它们的"突然到来"需要多年研究才能找出途经机场的迁飞规律；北方机场为南方机场提供预测预报的鸟情，驱鸟员注意观察及时发现迁飞路线上鸟类的种群密度，判断迁飞路线是否与航线交叉、平行重叠及其对飞行安全造成的威胁程度。

活动频繁、随机的鸟情变化是机场鸟撞高风险时段，需要充分利用雷达、监控器，目前特别需要发挥经验丰富的鸟情观察员的作用，以加强全方位的鸟情观察，及时发现危险鸟类采取措施驱鸟，防止鸟类进入机场、靠近航线，利用环境措施使之远离机场。

同时，受鸟撞威胁影响较大的机场，必须观察研究高危鸟撞鸟类的迁到、数量高峰期和迁离的时间，掌握迁徙鸟类的种类和活动规律、迁徙路线，研究并采取适合当地条件的针对性驱鸟措施，驱使迁徙鸟类尽快离开机场。

　　夏秋季是昆虫及土壤动物种类及数量最多的季节，地表优势种类有鳞翅目、直翅目等的成虫、幼虫等，土壤动物优势种主要有蚯蚓、螺、蜗牛等，这些小动物是鸟类喜欢而营养丰富的食物，是吸引鸟类的一个主要因素。雨天后，要特别关注、清除机场内、外的积水区，防止水鸟向机场集中；雨过天晴，飞机飞行尽可能避开鸟类活动高峰期或加强全场驱鸟措施。秋季植物种子成熟，落地后吸引植食性鸟类进入飞行区取食，及时除草灭虫、减少机场食物、隐蔽场所是减少机场鸟类的有效方法。

10.2.3.4　冬季防范对策

　　冬季，机场除留鸟外，还有从北方迁来本地越冬的冬候鸟。由于越冬地食物资源的季节性变化，不同机场食物匮乏程度不同。冬季南方机场食物多丰富，栖息的鸟类种类和数量较多，因而鸟撞的概率比北方高。北方机场食物多匮乏，鸟类常到居民区附近、周边山林或农田、湿地觅食，鸟类在机场飞翔活动较少，但早晚是鸟类往返于夜栖地和觅食地的主要活动时间，也是易发生鸟撞时段。

　　在做好常规驱鸟工作的同时，要注意对栖息地、觅食地鸟类的观察，特别是雪天后，清扫的机场对鸟类具有较强的吸引作用，有可能随时来自较大面积湿地中的大型雁鸭类、鹳鹭类、鹤类和鹬类，应加强定向鸟情观察，及时发现它们的飞翔轨迹，采取预防性驱赶措施。

10.3　新机场的选址建设

　　鸟类是人类的朋友，20世纪，许多珍稀鸟类成为国际或国家重点保护对象。从环境保护的角度看，要保护鸟类就要保护其生态生境，保护其食源、水源、栖息地、活动地。鸟类的增加是人类保护生态环境和环境改善的重要标志。

　　机场的建设发展是一个关系地区社会经济发展水平的重要基础工程，需要适应国民经济发展和军事需要进行建设。但从飞行安全的角度考虑，机场必须驱鸟，驱鸟就要断绝机场鸟类的食源、水源和巢位，制造不适宜的环境，并采用各种人工技术的方法进行干扰使鸟类不能在机场活动。机场的选址、规划设计和建设必须考虑鸟撞因素，需要考虑并解决好机场建设发展与驱鸟与鸟类保护的关系，避免机、鸟相撞，做到既保障飞机安全，又考虑保护国家重点鸟类的问题。

　　机场选址建设，特别是当机场建设区位于众多鸟类和珍稀鸟类的活动区，或候鸟迁徙旅途中的休息区时，既会破坏鸟类的生存环境，对珍稀鸟类造成不良影响，也会给机场投入使用后带来更多安全隐患。同时，机场建设必然带动附近地区的经济开发，对土地资源的需求增加，土地利用方式改变，结果是大范围的自然植被、农业植被和人工林被破坏，导致自然生态环境的恶化，相对于生境恶化的周边环境，机场将变成对鸟类更具吸引力的适合于鸟类觅食活动的生态环境。可见，机场建设对鸟类的影响是十分明显的。在进行筹建机场环境影响评价时，要考虑对鸟类的保护，最大限度地实施鸟类保护，增加离机场一定距离的鸟类生存适宜生境建设的同时，可在机场草坪基底构筑过程中，适量铺设一定厚度的石子、沙子等以增加草坪区的通透性，防止积水和杂草的过旺生长，避免机场成为吸引鸟类的生态环境；按科学驱鸟技术要求，全方位规划设计、铺设覆盖机场地表与视觉、听觉设备连接的高音喇叭，克服单机设备难以顾及全场的被动局面，便于驱鸟主控人员掌控最佳时机，让设备根据飞行状态联动并"活"起来，根据鸟情况和飞机飞行状态，充分发挥局部和全场的"灵活驱鸟"功能。

10.3.1　机场选址与鸟情研究

许多新建机场在选址建设过程中，由于各种原因没有或者根本不考虑鸟撞问题，部分机场建在了鸟类富集的地区，为鸟撞的发生留下了隐患，如机场建在集群繁殖鸟从巢区到湿地觅食、归巢往返飞翔的必经之地，使鸟飞翔与飞机起降相遇的概率增加。周边茂盛而距离机场较近的绿地，栖息其中的鸟类有机会进入或经过机场，从而对飞行安全造成严重影响；而贫瘠不适合鸟类栖息的周边绿地，鸟类种类少、数量小，对飞行安全影响较小，并可形成安全"隔离带"，将减轻日后的鸟撞防范管理工作的危险性和被动局面。

因此，新机场的选址、设计和施工不仅要对机场及周围地区的地质学、土壤学、水文学、气候学、生物学等方面进行充分的论证，而且必须充分考虑鸟撞问题。在机场选址可行性研究报告中要有鸟类影响的专题内容，应当依据鸟类学研究者、爱好者和当地居民提供的当地鸟类的种类、数量及其活动规律，以及迁徙鸟类的种类数量、出现季节和飞迁方向、飞行高度等进行机场选址和设计。选址期间要对鸟类活动规律进行本底调研评估，供机场选址筹建决策参考，注意对迁徙路线、候鸟栖息与觅食地以及各种重要的吸引鸟类场所的避让，避免将机场建在鸟类巢区与觅食活动主要的必经之路或迁徙路线上，以节约机场建设运营的经费。

目前，世界各国对机场鸟害越来越关注，采取了很多驱鸟措施，并在建设机场的选址过程中把鸟撞问题作为其中的关键问题之一予以考虑。机场位置一般选在距候鸟迁徙路线及栖息地（如海滨、湖泊、沼泽、大型水库、自然保护区等）30～40km 以外的地方；飞机飞行高度 200m 以内的区域及其附近 3km 范围内没有规模化养殖场、种植场、垃圾场等各种吸引鸟类的场所；如果机场在选址时无法避开这类地区，应在机场设计、建设过程中消除这类场所，或在设计飞行程序时，具有足够的安全高度和可供选择的航线能够避开这类场所。

10.3.2　机场建设与鸟情监测

对机场进行园林化绿化规划时，不仅要考虑艺术景观及其视觉效应，而且必须要考虑数年之后园林可能成为吸引鸟类筑巢栖息的因素，从而成为影响飞行安全的潜在威胁。机场绿化需要对树种、草种进行严格地选择，注意所选树种、草种具有抗虫害能力，种植少结果实、种子的植被和难以形成高大林冠的乔木，景观植被的外貌、形状及特征具有防止吸引鸟类的功能。

在机场建设时，要在机场及其周边生态环境和鸟情调查的基础上，了解并掌握鸟源地生态环境对鸟类种类和数量的分布情况及活动规律的影响，构建适于机场飞行而不利于鸟类活动的环境。上海浦东机场在开工建设过程中，首先在几十公里外完善适合于繁殖活动和迁徙鸟类的生态环境，通过"种青引鸟"的方法将这些鸟类分流安置、疏导到远离机场后，减少或控制了机场附近鸟类的种类、数量，机场才开始运营。

机场配套环境建设将为鸟撞防范工作提供科学的基础硬件，并是提供优质咨询服务方案所需的数据。因此，机场建设、运营过程中的动态数据库建设是十分必要的（8.1节），该数据库应包括以下方面的记述、数据和图表，机场净空障碍物限制面的锥形面外边界范围内的农田（种植的作物）、森林、灌丛、草地、水塘、河流沼泽地、垃圾场、饲养场、屠宰场和其他吸引鸟类活动的场地、设施、生态生境类型及其变化等，可按大于1：2000比例尺绘制主要鸟撞鸟的筑巢地、觅食地和活动规律及驱鸟设备的分布图等，一目了然，以备应用时能随时调用。

10.3.3　机场运营与鸟撞防范

机场运营后，要按照国家和民航总局的有关法令法规、相关文件精神和咨询通告 AC-CA-2000-2（机场鸟击航空器防治方法）的要求，建立、完善机场驱鸟机构和工作程序。建立综合鸟撞防范体系，做好机场及邻近地区的生态环境治理和日常管理，控制飞行区内杂草的高度；在一定范围内根据航空安全法，禁止养鸽和修建各种养殖场，禁止垃圾场的存在，禁止影响净空的各种项目，如修建高楼、湿地森林公园等有助于吸引鸟类的景观项目开工建设。

只要有飞机飞行，就有可能发生鸟撞，鸟撞发生概率由多种因素决定但是是可控的。需要做好包括鸟撞、鸟情研究和科学驱鸟在内的各项工作，才能从根本上做好鸟撞防范工作。机场要加强日常鸟情和驱鸟研究（4.4节和11.7节），对鸟类活动进行全天候的监测，认真研究分析各种鸟，重点是中、大型鸟和候鸟对飞行安全的潜在威胁，确定机场重点防范对象。据此，可提出具体而有效的机场鸟撞防范方案，规划与配置好各种防范设备进行科学驱鸟。对已经发生的鸟撞进行科学的调查、统计和分析，从中找出规律性的东西，以便建立完善的鸟撞登记、上报制度和鸟撞规律研究防范机制（3.2.2 节，11.7 节）。

鸟撞防范工作是一项长期、系统的工程，需要得到社会各方面的关心、支持和协作，而地方政府的支持是最重要的。要加大鸟撞危害宣传力度，让各界人士对鸟撞的危害程度有深刻的认识，将机场鸟撞防范工作纳入法制化轨道，实施机场周边环境的依法管理，禁止危及飞行安全的社会行为。

总之，从生态学和环境保护的观点出发，利用法律和一切生物、非生物因素，从机场的选址、设计施工及环境综合管理，到发展物理、化学及生物的综合驱鸟技术，重科学、抓落实、标本兼治防鸟撞，最大限度地避免鸟撞事故的发生。

10.4　人才培养和管控系统建设

10.4.1　加速鸟撞防范科技人才培养

驱鸟与防范鸟撞是一项迅速兴起的机场安全保障新专业。急需加强对现有骨干的专业素质培养，急需培养一批掌握鸟撞防范基本理论知识和基本技能的专业人才，充实现有驱鸟队伍，加强机场鸟撞防范研究，提高机场整体的专业技术水平。

10.4.2　加速人工智能化管控系统建设

全面提升机场鸟撞防范工作的科学水平，需要在加速人才培养的基础上，加快鸟撞、鸟情智能数据库的构建与完善，实现数据库的科学构建与维护管理，及时迅速地进行科学的鸟撞风险预警，开展智能自动和人工驱鸟工作，保障飞行安全。

10.5　鸟撞防范管理评估体系

军民航空业是一个蓬勃发展的行业，鸟撞防范是随之发展起来的新兴专业，需要建立并不断完善其管理和评估体系，以全面提升鸟撞防范保障飞行安全的科学水平。

10.5.1　鸟撞防范管控系统

建立健全鸟撞防范管理体系是飞行安全的重要保障。《中国民航飞行规则》明确规定，安全运行是民航各级领导和全体职工的重要职责，这也是军航日常飞行训练安全保障的责任所在。通过严密的组织和有效地实施安全规章制度，确保飞行安全。

由安全管理中心等单位所属的各级主管鸟撞防范负责人组成全国、区域、机场不同级别的鸟撞防范管理机构。管理结构要具有合理性，机构设置要健全，各机构的职责明确，任务具体。在职能上，突出监督和预警管理。在工作上，重点是对鸟撞事故的处理与事前防范，重在防范，安全管理实行静态与动态管理并重。加强信息沟通，实施安全管理的整体性管控。对各部门执行鸟撞防范法规情况进行监督与检查；对违反法规的行为、危及飞行安全的人员和设备具有处理权；对鸟撞防范保障飞行的标准实行管理，做到是非分明，避免"既当运动员又是裁判员"，造成工作上责任不明的矛盾。

10.5.2　鸟撞防范评估体系

10.5.2.1　鸟撞防范安全评估的作用

安全评估有助于监察部门对鸟撞防范安全管理的调控。通过对机场和地域鸟撞防范工作进行系统而科学的评估，得出鸟类威胁飞行安全状况的客观性结论，有助于按照不同危险等级采取不同的驱鸟措施保障飞行安全，也便于以评估结论为依据，督促机场、单位分析存在的问题，提出整改措施达到提高鸟撞防范科学水平的目的。评估过程是一个以评促改、以评促建和保障飞行安全建设的过程，促使被评单位完善规章制度、改善技术装备、提高人员素质和技术水平，促进鸟撞防范工作再上新台阶。通过评估发现隐患并采取改正措施，达到强化鸟撞防范保障飞行安全的观念、预防事故发生的目的；促进鸟撞防范管理工作由经验型向科学化管理模式的转变，变鸟撞后处理为事前预防，变纵向单项管理为全面系统管理，变盲目管理为目标管理（management by objective，MBO），通过制订总体目标和行动计划为实现目标做组织准备；制订个人目标与行动计划，定期评估取得进程的反馈并做出调整，对结果做出最后的评估；制订更高的目标计划，使机场鸟撞防范工作更加科学化、系统化、标准化，加速推进鸟撞防范的数字信息化管理模式，有助于实现各级领导的科学管理决策，全面提高鸟撞防范水平。

10.5.2.2　鸟撞防范评估体系

鸟撞防范评估体系是航空飞行安全评估体系的重要子系统，涉及航空单位安全、机场安全和飞行安全等服务系统，需要使用科学、全面而统一的方法对单位和机场的鸟撞防范进行安全评估（图10-1），以便引导全员安全防范行为，促进防范安全管理，提高鸟撞防范安全的科学水平。

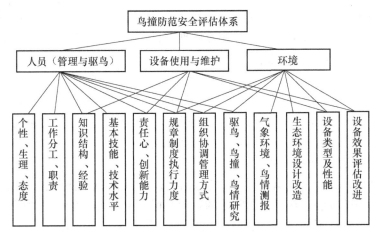

图 10-1　鸟撞防范安全评估体系

全国、局域和机场等各级评估体系应包括防范管理、鸟情管控、设备与使用维护、环境影响等要素，借鉴现代安全科学的分析体系，考虑管理的整体影响效力，建立层次评估模型，综合评价鸟撞防范的现实状况和管理水平，促进鸟撞防范工作由无到有向更加科学化、标准化、信息化的方向发展。防范管理涉及对领导对鸟撞防范的重视程度、职能部门的支持力度和监察力度，各运行部门的规章制度、技术标准和资料以及工作任务的规模和记录等方面进行的评价；鸟情人员管控涉及对各类人员的基本知识和技能、责任心与警惕性、纪律性、防范意识与创新性等方面的评价；设备与环境涉及对仪器设备的好用性、安全性、有效性和完备性等方面的评价（图 10-2）。运用统计分析的方法计算各层次的鸟撞防范安全综合指数、管理安全隐患系数和现实安全度，作为鸟撞防范安全评估的综合指标。

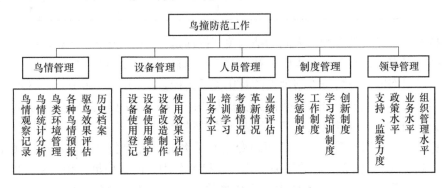

图 10-2　鸟撞防范工作评估层次结构

评估指标的结构设计要借鉴现代管理学的"目标管理"思想，目标层次设计要形成一定的链条和体系，以便于实施目标过程的管理和检查。通过细化的评估指标考察职能部门在鸟撞防范安全管理工作上的思想、组织和规章制度等方面的建设情况，便于对相关人员目标的明确性、工作过程的自觉性以及责任心和警惕性的考核；便于对设备的配置完备性和使用完好性进行检查。可采用"机场、部门自查"、"个人意见表"、"机场综合报告"、"现场评估检查"、"知识竞赛"、"技能比武、抽查"等方式进行检查，不仅进行有无的定性检查，而且要利用量化的公开、公正的评分指标进行科学地评价和评估，评价工作是如何开展、是否达到预期目的，技术方法的科学性与可推广性，克服单一方式的片面性、主观性，提高检查结果的客观性、公信度，推动各级鸟撞防范安全保障工作的科学发展。

1. 评估数据的获得方法。

借助录像、照相、录音等设备，通过直接、间接观察的方法，对比实验的方法，问卷调查的方法，获得鸟撞防范的各项数据。由于人们是根据"研究任务"的不同，对变量选择不同的处理方式，感兴趣的会重视，不感兴趣的常常"置之不顾"，因而影响数据的可信度与有效度，所以需要保证行为测量的一致性，即数据具有可靠性，并能用相关系数表示；可信度系数越大，测量越可靠。不可靠的测量是不能用的，因为会导致错误的结论。

2. 数据的处理方法。

鸟撞防范数据的评估方法有多种，此处简单介绍抉择分析和相关分析两种方法。

抉择分析是用数量指标的方法对某种情形可能有与可能无的行为心理进行分析的方法，用结构关系指标百分比表示部分与整体间的关系；用对比关系指标表示整体各部分间的关系。例如，调查某航空公司群体中，成员对新推行的奖励办法的态度，采用 5 点行为变量测量的量表的等距量表法，200 人的调查结果是：

非常反对	反对	无所谓	赞成	非常赞成
5 人	25 人	40 人	100 人	30 人

持赞成态度人与总测量人间的结构关系指标是：$100+30/200=65\%$；

持反对态度人与总测量人间的结构关系指标是：$5+25/200=15\%$；

持反对态度人与持赞成态度人的对比关系指标是：$5+25/100+30=23\%$。

结果表示，绝大部分人是赞同此奖励办法的，剩下的问题是如何保证此办法公平、公正地落实，以推动机场鸟撞防范工作的科学开展。

相关分析是用于揭示 X、Y 两组变量间关系的，可用公式计算相关程度的大小，下式中的 $r_{x,y}$ 为 X、Y 的相关系数，X 和 Y 分别为两组变量。相关系数的范围从 $+1$ 经 0 到 -1。同样的数值表示两变量的正、负相关。相关系数绝对值越大表示两变量间正、负相关性关系越密切，$0.3\sim0.5$ 表示中等相关、$0.5\sim0.7$ 表示显著相关、$0.7\sim0.9$ 表示密切相关，相关系数为 1 表示两变量存在正比或反比关系、0 则表示没有任何关系。

10 种不同实验条件下的两种变量观测数据如表 10-2 所示。

表 10-2 两种变量在不同条件下的观测结果（卢盛忠，2008）

条件	变量 X	X^2	变量 Y	Y^2	XY
1	12.6	158.76	14.5	210.25	182.70
2	12.7	161.29	16.9	285.61	214.63
3	9.9	98.01	19.8	392.04	196.02
4	10.2	104.04	20.4	416.16	208.08
5	14.2	201.64	13.3	176.89	188.86
6	12.9	166.41	16.3	265.69	210.27
7	10.8	116.64	17.5	306.25	189.00
8	11.2	125.44	18.2	331.24	203.84
9	9.6	92.16	19.5	380.25	187.20
10	9.4	88.36	22.7	515.24	213.38
$N=10$	113.5	1312.75	179.1	3279.67	1993.98

那么，两变量的相关系数

$$r_{xy} = \frac{N\sum XY - \left(\sum X\right)\left(\sum Y\right)}{\sqrt{N\sum X^2 - \left(\sum X\right)^2}\sqrt{N\sum Y^2 - \left(\sum Y\right)^2}}$$

$$= \frac{10 \times 19\,939.8 - 113.5 \times 179.1}{\sqrt{10 \times 1312.75 - 113.5^2}\ \sqrt{10 \times 3279.67 - 179.1^2}} = -0.924$$

用此式探讨驱鸟措施方法的改变与机场鸟情变化两个变量间的关系，就可以评价设备及其使用方法的驱鸟效果，为改进技术设备和防范方法提供科学依据。

除相关系数外，也可根据两组变量等级的相关关系进行评估，其计算公式为

$$p = 1 - \frac{6d^2}{N(N^2 - 1)}$$

式中，P 为等级相关系数；d 为两组变量的等级差；N 为样本数。

复习思考题

1. 鸟撞防范有哪些基本原则和对策？
2. 机场的选址与改建需要注意什么问题？
3. 为什么人才建设是鸟撞防范的首要任务？
4. 鸟撞防范评估体系包括哪些内容？
5. 怎样进行鸟撞防范工作的评估？

第 11 章　机场科学驱鸟

本章提要：摒弃固定的程序化驱鸟方法，按飞行阶段合理布局设备，利用适宜的驱鸟技术方法，根据飞行鸟情相关和鸟类行为心理选择最佳时机实施驱鸟，开展科学驱鸟方法的研究，发挥设备的最佳驱鸟效果。

对鸟撞事故的统计显示，飞机起飞滑跑、着陆滑行、进近和爬升阶段发生的鸟撞约占总数的 70% 以上，这说明机场范围内是鸟撞防范的主要区域，控制机场鸟情是防范鸟撞的重要举措。而鸟撞发生频率与在航线附近活动鸟类的种类及其种群数量呈正相关关系，与驱鸟方法和力度呈一定的负相关关系，即科学驱鸟（bird repellent）力度越大，鸟撞发生的可能性越小。

驱鸟需要研究并掌握鸟撞发生的基本规律、特点及其危险性。知道了驱鸟工作的重要性，即把复杂多变的鸟情看做是飞行安全威胁的"敌情"，就能主动认真地研究并掌握机场鸟情变化规律，及其与飞行、鸟撞的相关性。明确飞翔与飞行的关系，才能知道怎样进行科学驱鸟防范鸟撞。

对于机场驱鸟人员来说，优质的设备技术和思想准备是决定驱鸟质量和飞行安全度的基础，驱鸟工作是驱鸟人员自身素质和能力的表现。要完成鸟撞防范工作，驱鸟人员除必须研究并知道、掌握鸟情变化，及其与飞行和鸟撞发生的关系外，还必须研究驱鸟技术、方法，知道驱鸟技术水平及其应用的效果，不断提高其科学水平和有效性，保证驱鸟设备、技术好用，会用并且能用好各种驱鸟技术、设备，使其达到最佳驱鸟效果。克服"一蹴而就、一举成功"的错误观念，树立长期战斗的精神，深入研究并做好科学的驱鸟工作，"知己知彼，百战不殆"，在战略上藐视、在战术上认真对待，不断创新驱鸟技术，改进驱鸟方法，科学驱鸟保障飞行安全。

11.1　科学驱鸟

驱鸟作为保证整个飞行系统处于最佳安全运行状态的重要一环，就是充分发挥人的主观能动性，通过驱鸟创造一个有利飞行的环境，保障飞机的飞行安全。

11.1.1　盲目驱鸟的成因

鸟撞规律的研究告诉人们，鸟撞事故的发生不仅具有突发性、损失惨重的特点，而且国内外鸟撞发生近年来均呈现明显的上升趋势，并具有一定的时间、空间规律，单靠飞机的设计制造和抗撞击材料选择是不能解决这一世界性航空难题的（第 2 章）。

　　驱鸟的目的是避免鸟撞事故的发生。如果驱鸟人员没有进行鸟情规律与飞机飞行的关系等相关性研究，没有根据鸟类行为与飞行的相关关系进行驱鸟，就会盲目驱鸟，种种不科学地盲目驱鸟行为反而会增加鸟撞的机会。盲目驱鸟不考虑飞行状态和机场鸟的实际情况，无警告性巡逻驱鸟使"埋头"觅食的鸟类突然感到危险而惊飞，在向栖息地逃离时穿越航线；或者枪击航线上方飞翔的具有空难威胁鸟，飞鸟被击中会使鸟向航线坠落，而恰在此时，飞机正好飞过来，结果是，驱鸟使慌不择路的鸟飞到航线上、飞鸟坠落到航线上，增加了机、鸟相撞的机会。盲目驱鸟使地面草丛中藏匿的鸟类受惊飞向飞行航线或枪击之鸟坠落航线，此时，不进行所谓的"驱鸟"才能避免鸟撞，才是科学地开展鸟撞防范工作。可见，一味地加派人手、增加巡逻密度，过分强调驱鸟技术的作用，不讲究科学的鸟撞防范方法，结果是增加驱鸟成本，效果却不明显，甚至是适得其反。

　　致死性驱鸟方法（如只管打鸟、捕鸟）会腾出许多生态位空间，结果让更多对机场环境陌生的鸟类扩散侵入机场，不熟悉飞行规律的鸟进入机场必将增加鸟撞的概率和危险性。另外，国家的野生动物保护法要求，必须进行科学驱鸟，而不是随意打猎捕鸟，特别是对国家重点保护的濒危鸟类更不能随意捕杀。

　　显然，盲目驱鸟是由于对鸟撞事故采取被动、就事论事的态度造成的；事故发生后，查查直接原因，找到"责任者"，规定几条，处理责任者就算完事。不进行事故发生机理的分析，不探讨事故诱引的规律，也就无法指导分析事故发生的原因、预防事故发生，无法指导完善技术和科学管理，加强预警预报，结果进入"决策失败循环"。正如格林顿（Glendon）和麦肯纳（Mckenna）所描述的这种过程，一个问题产生——就事论事地解决——不考虑其他因素就针对仓促解决方法做出决策——被忽视的问题重新出现——坚持原来的解决方法——耗费更多的人力、物力和财力资源——事故重复发生——更多的新问题产生。这种做法暂时能起到一些作用，但从长远来看，可能会带来更多的问题。这是一种孤立、片面、静止的问题处理方法，不符合客观事物的发展规律，将导致更多、更大的错误和失败，而且这种做法越坚持，代价越大。因此，防范鸟撞必须讲究科学驱鸟，只有科学驱鸟、避鸟才能够减少或避免飞机与鸟类的空间竞争，减少、避免鸟撞事故的发生。

11.1.2　怎样科学驱鸟

　　驱鸟的目的是防范鸟撞。科学驱鸟不仅要研究掌握鸟情，根据鸟情采取驱赶措施，而且要在掌握鸟撞规律、鸟类飞翔行为与鸟撞发生关系的基础上，根据飞行阶段特别是飞行状态鸟情相关（7.1.2 节）进行的驱鸟。"鸟为食亡"的行为心理会驱使鸟类随时进入食物丰富的机场，从而造成飞行安全威胁。科学驱鸟能很好地掌握最佳驱鸟时机，利用最适用的方法用最低的驱鸟成本获得最大驱鸟效果，保证飞行航线形成净空条件。科学的驱鸟方法使鸟类形成条件反射，能对飞行和驱信号做出正确反应，知道何时禁止或可以进入机场，即得到驱鸟信号离开机场，得到"飞行退场或不飞行"的允许信号后才进入机场觅食活动，自觉躲避飞行环境（1.2.2节）。

科学驱鸟是保证飞行航线形成净空后飞行，被驱赶的鸟类在飞行时没有返回飞行航线的时间，并防止其他鸟类侵入航线。采用针对性"飞行危险信号"的措施告知鸟类"飞行危险"何时存在，使鸟类"认识"飞机动态危险期，通过行为心理对危险存在进行判断，决定飞翔的时间和方向，实行有准备地飞翔离开危及其生命安全的环境，知道危险的鸟在飞行期间减少或者不进入机场环境，进入机场的鸟能主动离开机场、航线。驱鸟时需要在飞行航线与鸟二者之间，或者在航线、鸟侧实施驱鸟使鸟类远离航线，阻止、防止飞向机场的鸟靠近航线，使飞离航线的鸟尽快离开机场，避免造成鸟类的惊慌产生无方向性的惊飞、失去对飞翔路线前方情况的判断。特别是当机鸟即将处于平行位置时，切不可在鸟、航线的同侧实施驱鸟，这种做法可能甚至势必将鸟驱向航线，增加飞鸟与飞机在航线上相遇的机会造成驱鸟性鸟撞。对"不愿离开"的鸟则采取与飞行相关的伤害性措施，如用配合声响信号的枪击法驱赶，使鸟类形成条件反射，主动采取与人类和平利用机场环境的行为策略，避免鸟撞事故的发生。

总之，根据对鸟情与鸟撞规律的研究，驱鸟人员知道为什么驱鸟，怎样驱鸟，为什么这样驱鸟而不能那样驱鸟；能根据科学驱鸟原理和鸟情主动安排、布控驱鸟人员。驱鸟人员清楚自己处在什么位置上，何时怎样具体实施驱鸟；明白为什么这样驱鸟的道理，才能会用、用好手中的好用的各种设备，根据飞行状态，全场或局部按一定次序、方位操作程序，控制各种声觉、视觉驱鸟设备实现驱鸟目的。

鸟撞防范是一项科学的综合性飞行安全保障工作，不是随便一个人就可以做好的，即使是放鞭炮也是有讲究的，必须根据平日和飞行期间的鸟情观察记录、统计分析出机场鸟类的分布活动规律及其与飞行的相关关系，才能在适当的位置上选择最佳的驱鸟时间达到明显的驱鸟效果。

11.2　科学驱鸟需要解决的主要问题

鸟类也会对农业、电业、高铁、航空业、卫生防疫等各行业都造成严重危害，这些行业都需要驱鸟。在驱鸟已经成为一种社会职业的今天，防范鸟类对各行各业造成的危害已经得到广泛的共识。但与其他行业的驱鸟不同，机场驱鸟是需要不断创新的综合性、研究型日常飞行安全保障的专业工作。目前，机场驱鸟存在着一些严重影响科学开展驱鸟工作的问题，如防范安全管理理念、机制、模式、体系，在鸟情预警防范技术和应急鸟撞救援系统等方面仍有许多实际问题亟待解决。

11.2.1 思想认识

有人错误地认为"驱鸟工作就是谁都会的放稻草人、架鸟网、放鞭炮，这是任何一个人都可以做的工作"，正是这种不正确思想和做法影响机场鸟撞防范工作的科学发展。由于安全观念薄弱，思想、心理和业务素质低，纪律松懈，缺乏鸟撞防范专业所需的相关知识和特殊能力，遇到情况无法正确分析问题并采取有力措施，却因心理承受能力差而惊慌失措，使工作陷入被动与混乱，影响了鸟撞防范工作的科学发展，也使驱鸟成为工作型、被动式地"驱赶"，而不是防范。在工作安排上，不考虑"人的能力"和"作业要求与负荷"，如人的睡眠、生物钟、疲劳等生理现象，以及人的信息处理模式包括认知、记忆、压力管理和状况警觉能力等，不进行设备和驱鸟任务对操作人员的作业需求和工作量分析，全天"重视"使人的能力和负荷不能适配。结果是，驱鸟技术越来越"先进"、投资越来越高，不考虑使用者的特性（能力、极限和需求等），没有让使用者方便容易地运用设计的产品，"好用"的驱鸟技术没有用好，驱鸟始终达不到令人满意的效果。

于是，就希望有种一劳永逸、拿来就用并保证不再发生鸟撞的驱鸟方法。把驱鸟与机场鸟情、鸟撞的观察记录割裂开来对待，不研究科学的驱鸟方法，只管被动进行所谓"驱鸟"，不计驱鸟成本和效果地只管"放炮、放枪"，强调先进设备的作用和使用过程中的无效性。自己面前没有发生鸟撞，就忽视鸟撞防范形势的严峻性，忽视对鸟撞防范专业理论知识的学习、研讨，忽视对飞行安全保障科学水平的提高。

安全问题出于一念之差，结果就在"没有鸟撞"发生的情况下，突发鸟撞事故，一旦出现问题就会束手无策，不进行科学的调查与分析研究，许多机场对鸟撞防范工作因基础薄弱而忙于"亡羊补牢"。因为没有收集可用于科学分析的鸟情数据，缺乏科学的分析处理，就不能吸取经验教训，就会让一次次事件处于"无解之谜"的状态，使机场鸟撞防范工作始终处在"从头开始"的低水平上徘徊阶段。

机场驱鸟不是打鸟，但有报道说：某机场"组成了一支……'打鸟小分队'…'打鸟也是工作'……燕子飞过，就停车打鸟…xx带领的打鸟队每个月都能打下 200 多只鹭鸟……一个队员一天就打出子弹上百发。'可怎么打，鸟就是不见少。'…每年还雇农民工到机场附近的树林赶鸟"。这种不考虑成本、方法的到处打鸟的所谓"驱鸟"方法，只能满足持枪人的个人痛快；显然，这种做法有违国家野生动物保护法，并且不符合机场驱鸟保障飞行安全的原则和目的，将熟悉环境的鸟类捕杀，使陌生鸟类侵入机场，必然会增加鸟撞风险。

要做好鸟撞防范工作，必须研究和了解鸟撞、鸟情规律，改变航空安全管理理念、模式和体系，研究掌握"飞行相关"驱鸟的技术和方法，提升鸟撞防范、保障飞行安全的科学水平。

11.2.2　分析鉴定的依据

　　培养人才需要历史鸟撞防范资料的积累,更需要研究分析鸟情与鸟撞发生发展的规律。鸟撞防范作为机场一项长期的安全保障工作需要更多的新人,而对新人的培养教育需要构建有机场特色的拥有丰富标本、影视、文字等各种资料的鸟情室(8.2.1节),拥有充足实物依据的鸟情室将有助于对野外鸟类的快速鉴定和鸟撞后的物种鉴定。

11.2.3　资料收集和数据库建设

　　机场拥有丰富而完整的数据、标本等各种资料,才能建立机场、区域性相关鸟撞防范数据库,进而对鸟撞、鸟情规律进行系统的科学分析。

　　通过鸟撞系统相关性分析,掌握规律、改进鸟撞防范的相关科学技术问题,实现计算机联网智能信息化管理,进行数据的快速处理和科学测报。机场真实的鸟情数据的科学信息化处理,不仅有助于进行中长期鸟情预测预报,而且能做到并实现实时预报,指导进行应急驱鸟,做好科学的鸟撞防范工作,保障飞行安全。

11.2.4　高能力素质的专业人才

　　对机场鸟情驱鸟人员加强鸟撞防范理论的学习和培训,才能使他们掌握专业基本知识与技能,迅速提高专业素质和能力,学会鸟情应急分析与高效处理、预报。

　　飞行执勤期间,鸟情驱鸟人员应根据预报进行认真地观察、记录和分析鸟情,能在第一时间内及时发现有危及飞行安全的鸟情,并根据其飞翔轨迹和航线飞机的飞行状态预测预判鸟撞发生的概率,迅速决定应采取的驱鸟措施。特别是发现危害严重的大型鸟飞向机场、航线,而飞机正在飞行时,驱鸟员除迅速判明情况、以科学的态度果断采取驱鸟应急措施外,还应及时向指挥调度员报告鸟的大小、数量及飞翔轨迹方向,以及建议应该采取的措施,与飞行指挥调度、飞行员共同采取飞行应急处理措施,避免重大鸟撞事故发生。驱鸟员应在第一驱鸟时间内,果断决定应该采取的科学而有效的驱鸟措施,实施应急驱鸟方案,事后,还必须认真分析总结经验、报告真实的实际情况,为机场驱鸟保障飞行安全做出自己应有贡献。

11.2.5　人员和设备的最大作用

　　被动驱鸟过分强调技术方法的先进性,有的人甚至提出"没有某先进设备无法进行驱鸟工作"的说法；而厂家也从自身的商业经济利益观点出发，将驱鸟设备的设计制造向"全而先进"的方向发展。结果是，设备技术看似越来越先进，却仍然达不到理想的驱鸟效果。

要实现最佳驱鸟效果，驱鸟人员实施驱鸟方法时，不仅需要明确地知道该在何时、在何处、怎样去放，而且需要重视机场鸟情和飞机飞行关系的研究，重视对所采用驱鸟措施效果的研究、评估与方法的改进，提高技术和设备的驱鸟效果。驱鸟技术设备的设计制造需要解决是否好用、实用等实际问题，驱鸟人员需要解决是否会用和怎样用好先进的技术设备以达到最佳效果的问题。只有明确相关人员的目标、任务和具体要求，培养专业兴趣和自觉性，实施奖罚制度，才能充分调动人的积极性，发挥理论联系实际的科学精神；根据飞行鸟情相关进行驱鸟效果的评估和技术方法改进，才能发挥设备的最大作用等实际应用性的问题。

11.2.6　建立、发挥专家系统的作用

鸟撞防范需要真实可靠而有科学价值的原始鸟撞、鸟情及驱鸟的调查研究资料。要获得这些资料，就需要构建一支稳定而技术过硬的专业队伍，这不是仅一个人就能完成的工作，因为鸟撞防范涉及空勤、地勤、鸟情与驱鸟等多方面的人员，还涉及乘客和其他相关安全保障人员，有时飞行员、鸟情驱鸟员的一句话，就为飞行安全保障做出了重要贡献。

我国鸟撞防范工作起步晚，急需培养大量研究型专业人才，包括技术人员和鸟撞鉴定专家、鸟情研究专家、驱鸟技术设备研发操控专家和智能管控专家等，从机场到区域和全国性不同层次的管理和技术综合性专家型人才。现有机场鸟撞防范人员需要快速地学习、掌握相关专业基本知识和基本技能，以便能够胜任系统性强的鸟撞防范工作，为高层次人才队伍建设奠定基础！

11.2.6.1　鸟撞防范人员的条件

鸟撞防范人员必须具有对机场安全工作即国家财产和人民生命安全的高度责任感，具有对此项工作认真负责的科学精神。

能按照技术规范要求使用、维护、检修观测仪器设备，发生故障时能及时检修或更换，保证设备合格、性能良好，会用、用好相关仪器设备。

能严守岗位，密切监视鸟情变化；能严格执行规定和岗位责任制；能实事求是，每项观察数据真实可靠，严肃认真对待每项观测任务、每次记录、每个数据、每张照片和每份报表。

具有一定的专业素质和科研水平，能确保各种观察报表出门合格、传送及时；能建立健全机场综合性预测、预报工作的技术档案，做好预测预报工作，准确向各有关部门提供鸟撞防范的各项安全报告和各项基础资料。

11.2.6.2　鸟撞防范队伍及分工

　　鸟撞防范队伍主要由全职专业和兼职人员组成，专业人员主导机场鸟撞、鸟情的研究和执行日常的驱鸟工作。

　　主管负责全面工作，进行驱鸟工作的系统规划和日常工作的设计；负责人员及任务的合理安排和分工，明确个人的具体职责；参考工作规程，明确并制定本机场的操作细则，制订详细且结合实际的日、月、年工作计划。所以，一个好主管的工作设计和安排会对机场驱鸟工作产生多年的良好影响，促进鸟撞防范安全保障工作的深入开展。

　　首席鸟情统计分析员2人或3人。作为专业技术人员需要对机场鸟撞的基本规律进行研究，负责全队鸟情调查记录的汇总统计，并对结果进行分析、得出鸟撞指数、危险等级指数等相关结论，做出鸟情动态测报及分析结果预报，逐步实现至少每飞行日做一次鸟情分析预报，需要时能即时测报，并提出应采取的驱鸟措施及应急预案和解决方案；事后，检查预案执行情况，并对结果进行相关分析。

　　驱鸟员是机场驱鸟工作的基础和具体执行者。作为高层次的后备人才，每个人需要做好日常与飞行执勤期间的鸟情观察记录及驱鸟工作的记录，进行个人记录情况的汇总统计、分析，参与机场鸟情规律的探讨，积极培养个人的科学素质，努力为提升机场鸟撞防范工作的科学水平做出自己应有的贡献。

　　所有鸟撞防范人员都应该认真带、教新成员，互教互学，保证新成员尽快熟悉鸟撞防范的任务及工作规程，掌握一定的相关知识和技能；将计算机技术与鸟类学知识相结合，建立机场鸟情信息系统，开发该信息系统的相关工具软件，应用到机场鸟撞防范和驱鸟实际工作中去，适应全球化航空业发展的需要，保证机场鸟撞防范工作的规范化、制度化、数字科学化（11.7.1节）。

11.2.6.3　鸟撞防范的日常工作

　　想要防范鸟撞，首先要掌握鸟撞的基本规律。要研究掌握鸟撞的规律就需要注意保护鸟撞现场，收集、记录有关实物、照片等原始资料。这些真实的第一手资料能保证鸟撞相关的技术鉴定、评估工作的顺利开展，有助于进行鸟撞的发生和损失规律的科学研究（2.3节）。

　　日常工作除了根据飞行实际情况驱鸟外，还需要学习相关理论知识和技术，并做好各种鸟类标本的收集与制作工作；需要进行机场鸟情规律的研究，探讨鸟撞与鸟情规律间的相关关系，为机场驱鸟提供科学依据。连续认真观察、详细记录鸟情（4.3节）与当天的气象条件、人为活动，以及在不同气象条件和驱鸟条件下鸟类的活动情况，做好各种驱鸟设施使用情况及鸟类反应情况等的真实记录，做好驱鸟与飞机飞行的时间差及鸟类反应等的详细记录。认真填写各种观察记录和表格，字迹工整清楚、整洁，调查、记录可靠，数据统计正确（4.4节），分析找出并了解掌握机场及周边环境中鸟类的分布活动规律和生境分布特点，及其与鸟撞发生的相关性（7.1 节）。

根据研究、掌握的鸟情、鸟撞规律，设计、制造不适宜于鸟类生存的机场环境和条件，并注意监测和保护场地及周围环境，使之符合规范要求，减少机场鸟类的种类和数量。

驱鸟使用的各种观测仪器设备要符合技术规范的要求，在驱鸟过程中要经常检查、清洁和维护使用的仪器设备，及时排除故障，保证安装合格准确、性能良好，用好各种好用的仪器设备，发挥明显的驱鸟效果。

鸟情员能实时做出、做好鸟情的科学预测、预报（9.9 节），向有关部门提供准确的鸟撞防范信息，为飞行安全及驱鸟措施的制定提供科学依据。确保各种真实信息传送及时、准确，以便实现智能鸟撞防范工作联网和信息共享。

总之，需要有关人员树立正确的思想观念，开展鸟撞防范科学研究，进行鸟撞、鸟情、驱鸟及其相关程度的研究，改进驱鸟技术、方法，建立、健全综合性鸟撞防范资料档案和预测、预报工作，采用高科技智能化手段实现鸟撞防范工作的科学化、规范化管理，全面提升飞行安全保障工作的科学水平。

11.2.6.4 鸟撞防范专业委员会

为了组织有关单位和科技人员与国际鸟撞有关组织接轨，参与国际鸟撞组织的正常运行，需要成立由军航、民航、航空部门、鸟类学专家等有关专业人员组成的研究鸟撞防范的国家级专业机构——全国性的鸟撞防范专业委员会。明确宗旨、组织原则、机构设置、工作范围、经费来源等问题，便于宏观、微观工作的深入开展。有利于处理国际、国内有关鸟撞研究、学术讨论、事故处理等事务。

不同级别的鸟撞防范委员会负责全国、区域和机场的鸟撞防范研究。根据鸟撞发展规律、趋势和科学研究的需要，组织专业队伍和专家研究评估安全防范工作，负责规范、督促实施对机场鸟撞防范工作资料的收集、分析与评估，确定重点防范任务，加强区域和机场鸟情、鸟撞研究与威胁鸟种的评估确定，加强军航、民航、鸟类专家之间的协作和国际交流。

总之，我国目前缺乏完整的针对鸟撞灾害的快速应急处理体系，对鸟撞灾害处理表现在指挥体系反应不灵敏，反应时间较长，应急施救组织协调性差，装备配置不合理，专业人员及专业知识缺乏，防范工作尚处于"条块分割、各自为政、多头投入、低效益"的现状，缺乏职能分明、责任清晰的专业性管理指导机构，缺乏强有力的协调运作机制。因此，需要在航空安全中心的统一领导下，鸟撞防范专业委员会负责全国和机场的鸟撞防范工作，统筹、领导空勤、地勤、鸟情员协调合作、齐心协力，做好宏观的鸟情测报与具体的驱、避鸟类工作，保障飞行安全。

11.2.7　有关法律问题

为保护、拯救珍贵、濒危野生动物,保护、发展和合理利用野生动物资源,维护生态平衡,第 7 届全国人民代表大会常务委员会 1988 年通过了《中华人民共和国野生动物保护法》,并公布了《国家重点保护野生动物名录》,2004 年,第 10 届常委会又对该法进行了修订;各省(自治区、直辖市)还制定了具体的实施办法。许多机场鸟类属国家一、二级珍贵、濒危保护动物,或者是《国家保护的有益的或者有重要经济、科学研究价值的陆生野生动物名录》的动物,如果捕获、杀死这些受法律法规保护的濒危灭绝或受威胁的鸟类将是违法行为。

长期以来,机场缺乏对鸟撞防范的研究,曾把鸟撞视作天灾,认为没有办法控制,更缺少法律上的要求,致使鸟撞成为难以解决的"世界性难题",成为航空业的一块阴影。而要切实做好鸟撞防范工作,必须在机场范围内外进行综合治理、进行驱鸟,因此,要解决鸟撞问题,迫切需要一个专业防治机构,还需要有法律依据,保证机场驱鸟在伤害性措施采取之前,先解决机场鸟类的法律地位问题。

在珍贵、濒危保护野生动物和机场飞行空间重叠时,如何调整或让步实现共同生存?应该从国家利益和法律的角度出发,规划鸟撞防范工作,规划机场周围环境降低机场对鸟类的吸引力,以减少机场内鸟类的活动,尽量撤销有损动物与环境保护的人类行为,使驱鸟工作在科学理论指导下开展,驱鸟时对不同鸟类采取相应的驱赶方法,而不是随意采取致死性的方法。

通过立法,建立、完善机场周边土地使用和环境治理方面的法律法规体系,军地合作,制定、修订机场鸟撞防范相关规章、管理程序,明确机场各部门和政府相关机构的责任和义务,明确各防范主体的权利与义务和鸟撞防范工作的运行机制,明确规定机场及其周边土地的用途,较好解决机场及其周边土地的使用可能与飞行安全冲突的问题,以最大限度地降低其对鸟类及其他危险野生动物的吸引力,降低鸟撞的风险。也需要各级政府制定必要的机场地区管理的法律法规予以支持,更好地防范鸟撞。例如,鸽子是主要危害机场飞行安全的一种鸟类,为禁止机场附近养殖鸽子、商业性放飞鸽群等飞翔鸟类,1999 年大连市人民政府发布了《关于禁止在周水子国际机场净空控制区内放养和放飞鸽子的规定》的通告,为机场控制鸽群提供了法律依据,并保证严格执行机场净空控制区的相关规定和条例。

根据国家安全生产监督管理总局《安全生产监管监察职责和行政执法责任追究的暂行规定》制定贯彻落实的具体方案,使部门的鸟撞防范决策、执行、监督机制建立在法律和制度基础上,强化监管权威性。根据《民航安全监督管理局安全监管绩效考核办法》等有关规定,加强安全责任机制、体系的建设与完善,健全有效落实安全责任的体制机制,对鸟撞防范相关人员的履职情况实施考核,并将考核结果纳入落实持续鸟撞安全理念的政绩、业绩的考核内容;认真总结国内鸟击防治经验，引进国外先进的鸟击防治经验和技术措施，进一步提高安全监管效能，促使全国鸟撞防范工作走上科学、规范化的管理轨道。

11.3 驱鸟的技术设备

设备是死的，人与鸟是活动的。只有设备在机场内安放布局合理，驱鸟人员采用正确的控制、使用方法，才能充分发挥其驱鸟作用；否则，设备布局不合理，或使用方法不当都不能发挥设备应有的功能，甚至会成为造成鸟撞的潜在因素。

11.3.1 视觉驱鸟设备

由于各种鸟类对不同结构的图案产生的定向、恐惧感不同，使用视觉驱鸟设备持续的时间一长，因风雨等各种原因，不仅设备会损坏，而且机场鸟类对这些无危害的信号会出现习惯化，从而失去驱鸟作用。另外，反光视觉驱鸟设备有时会干扰飞行员和机场工作人员的视线，从而可能影响正常工作。因此，视觉驱鸟的时间选用要恰当，布局要合理；此法使用的范围、时间受限，需要不断翻新花样，不断更换地点和装置形状，才能始终发挥恐惧感的视觉驱鸟效果。

11.3.1.1 静态装置

在明显位置（即机场鸟撞事件多发区域）或醒目的设置上涂颜色鲜艳的标志或仿生模型，如在固定的杆塔顶部刷红漆图案、挂惊鸟牌、挂风铃、安装鸟类天敌模型等，使鸟类因危害因素的存在而不敢轻易靠近，自动躲避或离开机场区域。

风动（反光）驱鸟装置的基本原理是以自然风能为动力，在不用人力控制的情况下，由风力的作用不停地快速转动，利用光线的反射作用使图案产生动态的反光恐怖效果，对栖息、盘旋在机场内的鸟视觉系统产生恐怖刺激，使飞鸟"望而生畏"而被吓走。风动（反光）驱鸟装置有多种类型。

1）风轮

由多种不同颜色叶片用绳或铁丝串联起来组成，各种彩色风轮制作简单，易于安装（图 11-5）。例如，转动风车、防鸟滚轮、彩带等，固定在塔杆上的惊鸟器、恐怖鸟等。风吹叶片等的转动产生交替反光效果，刺激鸟类视觉，也可产生特殊声响，对鸟有一定恐吓作用。

2）恐怖眼

在颜色鲜艳的氢气球上绘有使小鸟害怕而非常明显的猛禽花脸，放置在鸟容易来的地方，可用绳子控制升降，结合飞行状态固定或移动随机使用；或者在具有反光作用的材料板上，制作外形与猫头鹰面部相仿的风动仪。恐怖眼大而鲜艳

（图 11-1），自然风吹动恐怖的"鹰眼球"随风晃动，就像老鹰瞪着狰狞的眼睛在空中俯冲捕食，形象逼真，可对闯入机场的鸟类产生视觉威慑作用。

图 11-1　不同类型的恐怖眼

11.3.1.2　动态装置

自然选择进化的结果，使鸟类对生物信号反应灵敏，而对非生物信号反应敏感性差。将恐怖的生物信号与快速活动的设备结合，有助于鸟类对飞行器产生条件反射，从而产生明显的驱鸟效应。

1）飞机图案

将着色鲜艳明显而对鸟类具有惊吓作用的生物图案涂画在飞机上，如在飞机上涂画眼睛或凶狠的天敌老鹰图案等醒目的恐怖标志，除了对鸟类有惊吓作用外，重要的是，具有反光效果的装置会对远处飞翔的鸟有明显的预警作用，不断升降的"猛禽群"形似展翅翱翔的捕食雄鹰使鸟害怕而飞逃。

但军机常需要避开敌人雷达，采用"隐身"技术，不能采用这种方法避免鸟撞，需要研究高清晰度的飞行自动监测规避鸟撞系统，随时测控、防范危害鸟情。

2）遥控航模

制作具有猛禽、恐怖眼等外形特点的航模，配有飞机飞行的轰鸣声，可随时用无线电操纵"航模追击"在机场内活动的鸟，驱使它们离开机场。驱鸟的同时，使鸟感受到"飞机"对它们的危害并与真正的飞机飞行联系起来，从而对飞机飞行的声音信号形成条件反射，提前产生害怕、躲避飞机的逃避行为。

11.3.1.3　激光驱鸟器

将激光发射机设计制成步枪状，发射一定距离的连续激光，刺激鸟类视觉神经使其受惊而飞跑。但使用激光枪时，应考虑对人和其他珍稀动物的危害程度，在尚未进行研究确定危害前，慎用！避免操作不当，对其他人员造成伤害。

11.3.2　听觉驱鸟设备

声音是动物持续而能随时发现周围环境危险的最好信号。听觉驱鸟设备是通过各种震耳欲聋的杂音，如用高音喇叭播放录制的鸟类惨叫声、惊叫声或其他刺耳声音，机场鸟类因惊吓而飞离机场。但固定程序式播放刺耳杂音，没有"飞行危险信号"的不断强化作用，鸟类容易产生习惯化，而失去驱鸟作用。因此，应该结合飞机的飞行或模拟飞行状态使用，经常配合真假枪击法强化此类"音响"的驱鸟效果，以提高并保证其持久的驱鸟效果。此类设备可通过遥控器或红外感应器灵活及时启动"放炮"，抓住最佳有效时机惊走机场鸟类，而驱鸟活动不会对飞机的起降造成直接影响。

11.3.2.1　煤气炮

煤气炮是现在普遍采用的一种驱鸟方法。其基本原理是将液化气等可燃气体和空气混合充入燃烧舱，高压点火，通过炮管放大气体燃烧膨胀发出巨大的爆鸣声，使鸟"闻声而逃"，达到惊吓驱逐鸟类的目的。

目前，机场使用的煤气炮有机场自己开发制造的，也有厂家设计生产的，从人工炮到自动控制各种类型都有，包括双管驱鸟煤气炮、遥控/程控太阳能驱鸟煤气炮等（图 11-2）。适合中国航空、军民两用的无线遥控/程控太阳能驱鸟煤气炮，采用计算机芯片控制，输入参数后可自行工作；遥控设备可辐射整个飞行区，其发射频率对机场航班通讯无影响；采用不锈钢结构，防护等级达到 IP65，具有体积小、重量轻、威力大、控制距离远和不需人看管，稳定可靠，故障率低等特点，适

图 11-2　煤气炮（AB）、遥控二踢脚（C）和激光驱鸟枪（D）

合在各种条件下长期使用；太阳能电池板充电，供电电源采用 12V 免维护蓄电池储电，安装和维护方便。安装后，合理使用才会对各种鸟类和小动物产生有效的惊吓和驱赶作用。使用"自制煤气炮"时，要按要求操作，保证人身安全。

此法可利用太阳能作为能源，驱鸟无污染、不破坏生态平衡；不伤害鸟类，使用管理成本低廉，符合环境保护要求，驱鸟效果也好。

此类设备如果使用不合时机，会与飞机的轰鸣声、炮声重叠而被掩盖。飞机的轰鸣声和机场周围隆隆的开山炮声有抵消驱鸟车、煤气炮等各种"炮声"的作用，持续的开山炮声常将周围地区的鸟"驱向"机场，结果，机场"程序化定时驱鸟"后，许多鸟常"偷偷"返回食物丰富的机场，鸟类的飞翔将与飞行相吻合、增加鸟撞概率而影响飞行。因此，加强机场鸟情规律与飞行相关性的研究，加强飞行时段、分区的驱鸟工作有效性是十分重要的。这需要根据机场鸟情和飞行实际设定"自动放炮"参数，而不是没有考虑飞行状态的程序化放炮时间。调整驱鸟时间至恰在飞行前完成驱鸟任务，保证机、鸟活动的时间差，避免被驱赶的鸟在飞行前有返回机场的充足时间和机会。

11.3.2.2 音响驱鸟器

事先录制各种鸟的悲鸣、惊叫声、受天敌攻击的鸣叫声、天敌的鸣叫声等，甚至是其他刺激性声音等的录音，然后，根据机场鸟情，利用装在驱鸟车上的扩音器或合理设置安放在机场上的语音驱鸟系统播放各种声音信号（图 11-3）。

图 11-3 声波驱鸟器
A. 超声波；B. 车载；C. 其他

当鸟类靠近时，储存有各种刺耳声音的太阳能声响惊鸟装置播放驱鸟声响，使鸟产生逃避行为反应，在不同季节、针对不同鸟类达到有的放矢的驱鸟效果。在鸟类熟悉的环境中增加任何新的陌生声音都具有明显的驱鸟作用，与真正飞行危险信号配合使用能使鸟类形成正确的条件反射，而具有长效驱鸟作用。但长时间定时程序化播放，因鸟类具有迅速的适应能力，鸟类就会对声音产生习惯化，当鸟类了解"假天敌"所具有的本事，或者因鸟类之间存在"方言"差异的缘故，而不再出现逃避反应。例如，已经报道的某机场，整天采用先进的驱鸟王（Weitecl）设备循环播放储存在硬件中录制的声音，结果，"驱鸟王"成为机场为鸟架设的栖位。

11.3.2.3　超声波驱鸟器

超声波驱鸟器（TLKS-PUW）是利用超声波驱鸟系统发出各种超声波驱使鸟逃离。此设备包括太阳能电池板和蓄电池双重供电的电源部分，以及定时复位电路、主控单元部分、驱动和发声单元部分，主要是利用单片机技术，随机发出一定频率的超声波，使鸟类受到刺激而离开驱鸟器所在的场所。

超声波驱鸟器比声音驱鸟器安静，但实用效果有待驱鸟实践检验，并且此设备对其他野生动物的影响不明确，若超声设备对其他动物（包括人）有一定的不良影响，采用此设备特别是大规模使用将可能导致极为严重的后果。需慎用！

11.3.3　声视觉驱鸟设备

11.3.3.1　电子驱鸟器

电子驱鸟器是以恐怖声音结合光、色等手段达到驱鸟目的的。其原理是将不同鸟类的各种敏感恐怖声音录制、组合在一起，利用 CPU 和 MP3 技术进行周期性的循环播放；同时，利用电子直接激发空气爆炸，产生高功率爆炸声响并激发闪光，爆炸声的频率设计在鸟类最敏感的频段，利用计算机控制随机性爆炸产生闪光，刺痛鸟的听觉器官和眼睛，而驱使其迅速逃离现场。随机性爆炸结合伤害性生物信号和飞机飞行状态信号使用，鸟类经过反复长时间聆听，由于危害信号的不断强化作用，使鸟类无法产生适应性。驱鸟电子炮可能是有效解决驱鸟习惯化难题有效设备中的一种。

此类设备能对环境产生的噪声污染，同时各种鸟对同一种声音的反应不一样，一种鸟的"惨叫"声对某种鸟有驱赶作用，而对另一种鸟类则可能有吸引作用，这是必须考虑的因素。对野生动物保护有特殊要求地区的机场，采用此类设备也应慎重。

11.3.3.2　爆竹声光弹

采用人工控制或自动遥控方式（图 11-2）燃放爆竹和声光驱鸟弹是实用而有效的一种驱鸟方法。

爆竹和声光弹能在升空后甚至是 100m 左右的高空爆炸，升空时爆炸发出巨响和闪光，巨响在听觉上给鸟类一种恐吓，散发的白烟给鸟类在视觉上一种威慑力。这种方法可由真人、假人直接"操控"，随时、随地根据鸟情和飞行状态燃放，对各种森林鸟、水鸟等鸟类是一种有效的驱鸟方法；但对家鸽、麻雀、喜鹊等与人类生活密切相关鸟类的驱鸟效果较差，因为它们已经习惯于人类节日庆典活动中的这类声光效应。

11.3.3.3　惊鸟器

根据鸟类怕光、惧色的特性制作惊鸟器，惊鸟器是利用鸟类听觉、视觉对音响声波或颜色、运动物体的敏感性，使鸟产生恐怖感，达到驱赶鸟类、防治鸟害目的的器械。其设计合理、结构简单，便于安装或拆卸，使用方便安全，工作效率高。目前，普遍使用的惊鸟器按工作原理、结构特点可分为多种类型。

风动惊鸟器有多种。绝缘风动惊鸟器是选用聚甲醛（POM）塑料制作的，由叶轮座、轴承、壳体与反光镜座等部分组成。不锈钢风动惊鸟器是用优质不锈钢材料制作的，旋转风斗重量轻。碗形反光镜、风车状风斗借用风动能源，便于微风启动旋转加大驱鸟器旋转的动力和速度。风叶与反光镜能快速不同方向的旋转，从而能够产生更大面积对鸟类视觉的干扰和惊吓作用，使鸟类不敢在机场内快速"活动"的杆、架等设备上落脚。

太阳能惊鸟器是以太阳能电池为电源的惊鸟器。音响发生装置是通过线路与雷达波移动物体探测器相接的，音响装置与物体探测器之间的连接线路上串接有单向导电二极管，还有与单向导电二极管并联的转换控制电路。雷达波移动物体探测器作为信号触发源，可全方位探测移动的物体，其触发信号准确、灵敏度高，能及时对进入机场的鸟类进行驱赶。

11.3.4　古老的驱鸟设备

11.3.4.1　稻草人的改造与使用

稻草人是古老、简单而有效的一种驱方法。但机场用长期固定方式使用，即使是假人模特（图11-4）也会使鸟类产生习惯化，结果，稻草人成为机场鸟类的栖架结构，失去驱鸟作用。

将稻草人改装为可灵活移动的"拟真"装置，如其上配备有诱笼、"钩镰枪"等秘密武器，可随时将敢于栖于其上的鸟类"诱捕"，经过挣扎而逃生的鸟类知道稻草人、假人的"危险"而不敢再来；或安装用钢丝制成的"刺猬"式防鸟器，使鸟站立其上时因刺扎而不能栖于其上；或在稻草人体内安装自动"感应鸣声器"，鸟落于其上就启动噪声设备发出高频率噪声（而不是自动定时循环发声装置），驱使鸟逃离；这种驱鸟方法因假人能随时活起来，鸟类无法形成习惯化而具有长效性。

图 11-4 模拟驱鸟设备与木枪

设计制作各种可活动假人并装备"声光武器",假人队形可根据驱鸟实际情况随时变换,甚至让真人站在"岗位"上,真人、假人混合编队让鸟类感觉到任何时候的"稻草人"都是真人在驱鸟。安装使用时要注意让假人背向跑道,始终"注视着"敢于侵入机场的鸟类,能随时灵活展开使用或收起来保存,使鸟类明白危险随时存在而不敢擅闯"飞行禁区"。

此法制作安装简单、成本低、寿命长,操作适当时有较好的驱鸟效果,即在鸟类产生习惯化之前就不断进行姿势、位置的更换,因而易于推广应用。

11.3.4.2 防鸟网的改进与使用

目前,许多机场采用长时间固定位置牢固支放"黏网"的方式"驱鸟"(图 11-5),架网后不再采取任何措施。结果使"一劳永逸"的架网方式不能随时对网进行调整,鸟类形成习惯化,使网杆、网绳成为鸟类的休息栖位,网上捕到而难以取下的鸟形成干尸后破坏鸟网而无法修补,也给飞翔鸟以视觉信号让鸟绕网飞翔,防撞鸟网起不到应有的防鸟作用。

防鸟网不是捕鸟网,也不应长期采用将"黏鸟兜网"用埋土固定支放的方式。驱鸟人员需要学习、改进架网技术,将直线固定支放的黏网改造为可控升降活动的防鸟网,如"迷宫式阵网"防鸟网用固定木桩和网杆以管、棒插入的方式,或采用架单杠的方式架设鸟网,可根据情况随时变更鸟网位置,形成"一"字形、"T"字形、"Z"字形交错排列方式布成迷宫网阵;也可在跑道两侧倾斜呈"V"字形方式架设成可控升降活动的防鸟网,这样既符合机场净空梯形高度的要求,又增加了

图 11-5　恐怖眼与防鸟网及网捕的昆虫

鸟网的高度和控制面积，加大了航线防鸟安全距离。多层迷宫网将增加阻鸟、防鸟效果，使鸟类难以飞进机场航线，多变的"迷网阵"使鸟类的学习行为不能形成习惯化，充分发挥网的防鸟功能，使之成为坚固的安全防线。

　　将黏网上捕捉的鸟按机场飞行相关区进行统计，并与鸟类的观察统计数据相结合分析机场不同场区鸟情变化，是开展飞行鸟情科学布控的重要依据。

　　只有明确机场架网的目的是捕鸟还是防鸟，才能确定网的类型与科学的架网方式方法。多种鸟网使用方式的结合将形成"天罗地网"，使鸟类失去识别鸟网的能力，形成一道防止飞鸟侵入航线的坚固安全防护屏障。设计架设的鸟网要架设方便，移动灵活，既便于随时维修破损鸟网，又能及时摘取网到的鸟，保护防鸟网，增加、延长防鸟网的使用效果。取下的鸟可以进行环志放飞（11.5.3.4），研究机场鸟类的迁飞规律，提供鸟情测报信息，又可制作整体剥制、浸制标本和残体、羽毛标本等机场鸟撞防范研究标本，拥有丰富标本的机场特色鸟情室便于进行对鸟撞物种鉴定和研究鸟类的活动规律。

11.4　合理选择驱鸟时机

　　由于驱鸟干扰造成鸟类的不安全感，可通过驱鸟使鸟类离开航线、机场或者藏匿起来，不侵占、争夺飞机的飞行空间，减少机场鸟类的种类和数量实现飞行安全保障。

　　因此，驱鸟时机的选择对驱鸟效果有重要的影响。时机选择合理能防止鸟撞发生，不合理可能增加鸟撞的机会。当鸟类从场外生境侵入机场时，在航线与鸟类之间进行驱鸟可防止鸟类进入机场，否则，会使穿过航线的鸟类再次穿越航线，驱鸟增加了鸟类在航线上活动的频率，如果与飞行状态吻合就会增加鸟撞的概率。当鸟类离开机场时，驱鸟位置适当，驱使鸟类快速逃离机场，反之，延迟鸟类离开机场的时间，也会增加鸟撞的机会。

实施驱鸟防范鸟撞需要根据飞行状态、鸟情及其与驱鸟人员和设备之间的动态、位置变化关系等具体情况实施，不是按所谓自动设置的间隔时间定时操作驱鸟器，而是选择恰当的时机进行科学地驱赶，需要视鸟情和飞行状态变化增加某一飞行阶段或区域的驱鸟强度，保障飞行安全。

11.4.1　重要季节的选择

鸟撞季节规律研究表明（2.3.1 节），春、秋季节尤其是秋季是全年鸟撞事件发生的高峰期，这一特点与我国的地理位置、气候状况以及鸟类迁徙、繁殖栖息的活动规律相关。春秋季节是候鸟迁徙的季节（4.2.2 节），环境发生明显的季节性变化，不仅需要机场结合鸟撞防范工作的特点，加强驱鸟工作的力度，而且需要空航、民航、空管部门和地方政府共同协作开展鸟撞防范安全保障工作。春季，南面机场及时将鸟情通报北面的机场；秋季，北面机场及时将鸟情通报南面的机场，联网进行宏观鸟情预报，以便准确掌握候鸟来去的时间，联网互动提前做好防范准备。

繁殖季节后期，6 月、7 月是雏鸟出飞、成鸟换羽的时间，鸟的飞翔能力较差，幼鸟飞翔经验不足，家族喜欢集群迁移、觅食活动，如果机场鸟撞事件保持较高水平，就要结合这一时期的鸟情特点，加强灭虫，清除适宜的鸟类觅食小生境，生态环境变化将减少鸟类向机场迁移的机会和数量。

11.4.2　重要时段的选择

鸟类的日活动规律（4.2.2 节）表明，黎明和黄昏前后是鸟类离开栖息地、离巢和返回夜栖地、返巢的主要活动时段，而鸟类在一天中比较活跃的时段（如觅食活动阶段）也是鸟类侵入机场影响飞行安全的重要时段。

在这些时段，根据鸟类进出机场的活动规律，注意加强对鸟类飞翔轨迹的观察，提前在适当的位置（4.2.1 节）采取驱鸟措施，将减少进入或滞留机场鸟类的数量。

11.4.3　飞行、飞翔时间差的选择

驱鸟的目的首先是使鸟类在飞机飞行时离开航线，关键是避免二者在航线上相遇而发生鸟撞。驱鸟是采用有效措施驱赶在机场活动的鸟类，使它们离开机场、远离航线以增加航线的安全距离，或者在飞机飞行时"藏匿不动"、防止"外来鸟"靠近以保持航线的安全距离。过早驱鸟，离开机场的鸟类因食物的吸引可能重新返

回机场；过晚驱鸟，鸟类本来隐藏草丛中，"不知情"的鸟类会因突然到来的危害而出现惊飞现象，丧失警惕的鸟类来不及选择、决定逃离方向，恰与飞临的飞机可能发生鸟撞（7.1.2 节）。飞行过程中的驱鸟必须考虑飞行与鸟类飞翔的动态相对关系，驱鸟人员要根据二者时空关系动态变化的实际情况灵活机动地确定最佳驱鸟时机。

飞行期间的驱鸟要把握最佳驱鸟时机。应该在飞行前特别是起飞、降落前，采取真正"告知鸟撞危险"的方式驱鸟，用声音结合飞机起降声音的信号，告诉鸟类伤害性"飞行危险"或"枪击法"驱鸟的来临，信号强化作用使鸟类在飞机到来之前采取主动的避让行为。而与飞行异步进行驱鸟，"骗"鸟信号是与飞行无关的"假驱鸟"信号（包括天敌鸣叫等），没有预告飞机飞行时的鸟撞危险，结果，鸟类形成习惯化并产生"这是假驱鸟"的错觉，与人类玩起了"捉迷藏"的游戏，驱鸟后，鸟类形成潜回机场的坏习惯，对具有鸟撞风险正在飞行的飞机丧失警惕。各种假驱鸟方式给飞行带来潜在的鸟撞风险。

因此，驱鸟要使鸟类活动能与飞机飞行合理利用机场的时间和空间和谐相处。具体做法是在飞机起、降前数分钟，在飞行航线的前方遥控驱鸟器，特别要注意对飞机发动机声响录音的利用，用"时间差"真正警告鸟类鸟撞危险，按操作性条件反射原理实施的方法驱鸟使鸟类形成主动躲避飞机飞行的"良好习惯"，增加飞行安全性。

11.4.4 飞行阶段的选择

对飞行阶段鸟撞规律的研究表明，必须重视鸟撞发生的飞行阶段和机场某区域的驱鸟。起飞爬升和进近着陆阶段一旦发生鸟撞，处理难度大，显然，其对应的机场分区是防范的重点；但起降是不同的飞行阶段，同时驱鸟，对起飞阶段有效，对降落阶段则是驱鸟"失败"。

根据飞行阶段在机场的不同区域实施异步驱鸟，加强飞行阶段机场区域的驱鸟强度，尽最大可能使这些区域在飞行时没有飞翔鸟类，保证飞行阶段提前处于净空状态，是驱鸟保证使航线形成净空有效性的重要举措，将有助于防范、杜绝这些阶段鸟撞事故的发生。

要实施飞行阶段的异步驱鸟，需要铺设的地表高音喇叭与视觉、听觉驱鸟设备具有合理的组成与布局（10.3.3 节），克服驱鸟车和人员难以顾及全场的被动局面，才能遥控设备根据飞行阶段按不同的区域和方式组合（11.3 节）起来配合使用，掌控驱鸟最佳时机，充分发挥设备的局部和全场的"灵活驱鸟"功能。

11.4.5 鸟撞高发期的选择

鸟撞发生是随鸟情而变化的。季节性鸟情变化（4.4.5 节）在地域分布上，随时间推移呈现由南向北或由北向南发展的趋势，机场的鸟撞发生则伴有明显的高发期（2.3 节）。应根据机场鸟情变化规律，提前做出鸟情与鸟撞高发期预警，制定有效的应对驱鸟措施，以便在鸟撞高发期加强防范工作。

总之，科学驱鸟要求驱鸟人员了解自己的岗位或驱鸟设备与飞机、飞鸟运动的时空位置关系，在掌握飞行与飞翔路线的相对空间位置关系变化规律的前提下，主动选择最佳驱鸟时机，采取有效方法实施驱鸟、保障飞行安全。

11.4.6　鸟种行为规律的选择

目前，各种稻草人、鸟网、鞭炮，甚至是高科技的声光、仿生技术等都被用于机场驱鸟，但"固定模式"程序化驱鸟没有考虑飞行与鸟情间的动态变化关系，方法不科学，只管"驱鸟"的结果是，固定驱鸟模式已被许多鸟类所习惯，高科技驱鸟的效果也不理想。

科学驱鸟必须考虑鸟情、飞行和驱鸟"三种"行为间动态变化的相对关系，掌握鸟类的行为规律，及时发现飞行期间高危险等级的鸟类，预测驱鸟对象行为的轨迹和方向，选择最佳的位置、时机，采用最有效的驱鸟技术和方法，将防止鸟类靠近航线，或驱使它们尽快离开航线，取得最佳的驱鸟效果。

因此，要根据鸟情与鸟撞风险随时间推移而变化的实际情况，观察研究并掌握机场鸟类的行为规律，对其行为轨迹做出正确的预判，同时，结合计算机技术使鸟情与飞行安全评估软件系统信息数字化，操作更方便、快捷，具有较强的灵活性，随时自动监测机场不同时期的鸟撞风险等级，确定重点防范鸟类，利用鸟类种群的"风险等级"客观地确定鸟撞防范工作的优先权排序，避免草木皆兵、盲目驱鸟，从而保证鸟撞防范所必需的人力、物力发挥最佳驱鸟效率，在机场责任区范围内进行科学防范，降低鸟撞发生率，减少鸟撞造成的损失。

11.5　驱鸟技术方法的选择

如何选择和实施驱鸟技术方法，不仅直接影响、决定机场驱鸟工作的效果，对防范鸟撞也将发挥至关重要的作用，而且还会对机场环境功能的发挥，以及环境保护、改造等发挥重要的作用。选择符合国家相关法律、有益于环境保护、珍稀动物保护和社会经济发展的技术方法是驱鸟工作最基本的要求。

11.5.1　生物驱鸟

生物驱鸟就是利用动物自身的生物学特点，发挥其对鸟类具有的威慑性或捕食攻击的特性，将机场的其他鸟类驱赶离开机场，达到减少机场鸟类、防范鸟撞的目的。

11.5.1.1 驱鸟犬

猎犬（图 11-6）是一种活泼好动的动物，嗅觉能力比人高约 100 万倍，能在复合气味中区别出某种特殊气味；能区分不同的声音，甚至是极其微弱的声音。视野开阔、惯于夜行，能感受到 825m 距离内运动的物体，能在漆黑夜间自由行动并敏锐地发现活动的物体。能快速奔跑，耐力持久，每天奔跑 120～160km，可连续运动 6 周。具有忠于主人，听从命令的特性，可被训练成良好的驱鸟犬，能对驱鸟工作带来很大帮助。

图 11-6　驱鸟犬与鹰

1. 驱鸟犬的训练与使用管理

训练科目的建立是在犬大脑皮层中形成的一种暂时性神经联系，然后，不断训练强化以得到巩固和提高。因为服从性科目是搜索及驱赶机场鸟类使用科目的前提，要加强配备前后训练中的服从性科目的训练，使犬具有极高的服从性，以便高效率地完成搜索驱鸟任务。训导员可根据任务的要求，合理安排训练时间和强度；配备使用后，每天至少要避开不良天气坚持训练 1～3 次，每次训练不少于 30min；每年必须至少进行一次驱鸟任务复训强化。

经培训合格的驱鸟犬配备后，使用单位的训导员也要坚持带犬运动训练。用带跑、行走、抛物衔取、跨越障碍等各种方式锻炼犬的体质、沟通犬对人的依存感情。在训练过程中，要随时注意犬的行为，及时制止不良行为。剧烈运动后，不能让犬立即卧下休息，或关入犬舍，或给犬喝水；要加强散放和梳洗，做好犬舍、犬体卫生，严格防止母犬发情期间私配。

2. 驱鸟犬的任务

在驱鸟员的指挥下，让犬驱赶、捕捉影响飞行安全的鸟；巡逻飞行区、草坪和围栏内场区，发现并清理地面营巢的鸟类，驱赶地栖、低空和夜间鸟类及其他小动物。

3. 驱鸟犬的选择与应用

牧羊犬、史宾格犬、金毛犬等，甚至是普通猎犬，经过训练后，都能按照指令驱赶、追逐栖息在机场的鸟类，迫使鸟类飞离机场。

根据机场驱鸟任务的特点，选择的驱鸟犬还要适应各地的寒热、燥湿等不同气候条件，如北方机场应加上耐寒性的特点，南方机场则是耐热性强。选择的驱鸟犬要具备反射欲望强而搜索兴奋、体型适中、体力充沛而奔跑敏捷、速度快、服从良好、执行命令准确，注意力集中而视觉敏锐、嗅觉灵敏，能及时准确发现搜索目标，适应机场驱鸟工作的需要，经过训练的犬能与驱鸟装备密切配合，将对鸟撞防治工作发挥长期的效果。

11.5.1.2　猎鹰

鹰隼类是许多鸟类的天敌，可参考有关鹰隼驯养方法，并按照飞行驱鸟要求饲养、训练鹰隼等猛禽（图 11-6）。利用训练有素的猛禽袭击、驱赶机场的其他鸟类有一定效果，其在晨昏夜间和恶劣天气的驱鸟效果尤其重要。

在飞机起飞前特别是飞行间期，根据指令放飞鹰、隼等猛禽可将其他鸟类驱赶，使之离开机场。但受猛禽驯养技术要求高、训练成本大等因素的影响，大规模推广使用猎鹰受到限制；此外，鹰隼类鸟是容易发生鸟撞的鸟类，利用鹰隼驱鸟一定要把握好时机、场合，避免发生意外。

11.5.1.3　繁殖力控制法

采用去除机场附近乔木的树冠或剪掉巢位树杈等方法减少具有鸟撞威胁鸟类的营巢巢位；在春季，选择适当时机，用捣毁鸟巢的方法防止鸟类成功繁殖。采用媒鸟或用鸟类雌性激素吸引雄鸟的方法，将其捕捉、控制，使之不能参与繁殖活动。

通过以上方法，达到降低鸟类繁殖力、实现减少机场鸟类的种类数量和防范鸟撞的目的。

11.5.2　仿生驱鸟

11.5.2.1　遥控鹰形航模

根据鹰隼类的外形特征，仿制外观酷似自然飞翔的鹰形航模（图 11-4），其上携带模仿天敌或同类发出的警告、悲鸣声等声效。驱鸟人员用无线电操纵可鸣叫的遥控鹰形航模，进行"编队追击"草坪、跑道上活动的鸟类，与飞机起降的轰鸣声结合使用，对飞鸟产生视觉和听觉威慑作用。

　　用这种方法驱鸟不仅可在日常工作中有效使用，而且可在不同高度、宽度上利用航模进行驱鸟，拓宽航线安全距离，甚至可在飞行期间进行不间断驱鸟，配合其他措施防止机场两侧的鸟趁驱鸟间隔溜进机场。

　　遥控航模具有明显视觉、听觉的惊吓和驱赶效果。这种追击式驱鸟可受人的随时精确"指挥调度"，可控制航模活动的方式和频率增强动态驱鸟效果，这是其他驱鸟方法无法做到的。

11.5.2.2　"克隆"鸟鸣

　　录制不同种鸟的悲鸣声或惊叫声，或者天敌捕猎时的鸣叫声。由于声音是鸟处在危险中或发现潜在威胁时发出的，针对驱鸟对象在机场用高音喇叭播放对应的鸟鸣录音，可促使鸟从机场离开。

　　此法在英国、美国、法国、日本等国已采用，收到了一定实效；但悲鸣声对天敌鸟具有一定的吸引作用，天敌鸟常是一些容易引发鸟撞的鹰隼类鸟。使用此法时，要注意时机及驱鸟对象，选择应该播放的鸟鸣录音。

11.5.2.3　绿色激光驱鸟器

　　根据鸟类惧怕绿色光的仿生学原理，利用绿色激光发射管发射绿色激光光斑，照射到鸟的身上或周边的绿色光能起到惊吓驱鸟的作用（11.3.1 第 3 节）。

11.5.3　行为驱鸟

　　驱鸟实践证明，机场驱鸟必须考虑鸟类的动物行为心理学问题。

　　任何新的东西，从稻草人到高科技的任何"异常变化"，鸟类初次看到、听到都会因惧怕而飞逃躲避。如果没有真正的危险因素进行条件强化，条件反射的原理是超过一定时限，该行为反应就会消失，因此，长期固定姿势、位置安放的各种驱鸟装置，程序化重复播放的"天敌"声音，都会使鸟类习惯化而失去驱鸟作用。目前，对各种驱鸟方法应用的比较分析说明，"假驱鸟"由于没有解决好为什么这样做才是科学驱鸟的问题，鸟类习惯化的结果使一件件"驱鸟法宝"失去了驱鸟作用，所以，驱鸟必须考虑鸟类行为心理学问题。

11.5.3.1　鸟类对飞机的心理行为反应

　　自然进化的结果，使鸟类能随时发现生物危险信号，发现危险时许多鸟类不是马上逃避，而是评估危险程度、警告同类，如行走的人突然站立观望，鸟类常常是先向同类报警并抬头观察人类的活动是靠近还是远离，是正常行走还是停留，是否有非正常的举动；人一旦举枪即使是木棍，鸟类马上向安全方向逃飞，即感受到危险即将降临时才飞逃；鹰隼等猛禽则常采取"准备攻击"的行为方式监测危险信号，以便根据信号含有的信息决定需要采取的是攻击或是逃飞行为。

　　与生物危险信号不同，对于行驶的汽车，鸟类没有明显的行为反应，一旦汽车停下来并有人从车子里出来，鸟即会惊觉地逃飞，而驱鸟车（图 11-7）一出现鸟就会逃飞或保持一定的距离。驱鸟车的行进位置影响鸟类的飞翔行为是否趋向航线。滑行的飞机如同行驶的汽车无益害信号之分，鸟类难以区分飞机飞行对自身造成的危害，也就难以产生主动的逃避行为。飞行员发现危险时，需要经过反应决策、然后操控飞机进行危险处理。同样，鸟类对各种危险对象及其信号也具有一定的识别和快速逃避反应能力，感到没有危险时就会继续正常活动，一旦发现危及自身安全的危险因素来临就会自动飞逃躲避。然而，对于高速飞行的飞机来说，鸟类的识别、判断常常有误，"认为"是危险信号的安全距离，却导致"飞来横祸"的不断发生，给航空安全带来严重隐患。高空翱翔的隼鹰集中精力搜寻猎物，突然快速俯冲攻击猎物时，失去对飞机飞行状态的正确判断，容易与飞来的飞机发生鸟撞。

图 11-7　不同类型的驱鸟车

　　与迁徙鸟、亚成鸟不同，熟悉机场环境的鸟已经对机场飞行环境形成条件反射，对飞行驱鸟的准备动作（如驱鸟员、驱鸟车进入机场），鸟类都会提前产生逃离行为反应。例如，喜鹊会在飞行期间躲在机场附近的隐蔽处，饥饿时伺机返回机场觅食，当驱鸟员从机场 A 端向 B 端移动时，在 B 端的喜鹊就会相互"招呼"着离开机场。当在飞机飞行时进行这种驱鸟转移会增加鸟撞的机会；鸟类也会"传帮带"，使幼鸟在成长过程中逐步形成躲避飞行危险的良好习惯。

　　因此，根据飞行状况，改变"假驱鸟"的不科学做法，即改变驱鸟时机与飞行无关的方法，驱鸟人员在飞行前给机场鸟类一个明确的驱鸟预警信号，并使鸟形成了条件反射，可以"请鸟让路"保障飞行安全。例如，飞机从机场 A 端起飞线上准备滑跑起飞的同时，在机场 B 端起飞爬升阶段等场区（图 4-1）发出真的"飞行危险"作为强化预警信号，"真驱鸟"使鸟类形成躲避鸟撞风险的良好习惯。只有在得到解除"飞行危险预警信号"后，才进入食物丰富的机场进行觅食活动；鸟类主动避开飞行或在飞行间期进出机场，鸟类主动与飞机和谐利用机场的空间资源，从而避免"连续假驱鸟"造成激烈的空间竞争。

11.5.3.2　鸟类的行为规律

通过机场鸟情研究，掌握鸟类的活动和迁徙规律及其飞行相关性关系，在多数鸟类进入机场的必经之路上提前布控设岗，驱鸟人员一旦发现飞鸟正在靠近机场，用手中的信号枪驱鸟并在鸟飞向跑道前发射专用驱鸟弹，警报声警告鸟类"越位"使鸟类离开机场；或操作发射器发射驱鸟弹防止鸟类进入机场、靠近航线。对已经进入机场的鸟，通过合理布局的设备，利用声波和爆闪灯驱鸟系统刺激鸟类的听觉和视觉系统，采用局部或全场惊起、由内向外、持续警戒的驱赶方法，驱使鸟逃飞或产生厌恶感而不愿在机场停留，同时，有效防范逃离之鸟重返机场，从而保持飞行航线的持续净空条件。

11.5.3.3　危险信号警告

在机场内安放的各种"自动感应"驱鸟设备，如果鸟类靠近甚至是站到设备上都会有风险信号的出现。根据鸟情进行驱鸟的设备会在鸟类接近时"自动感应"发出声响或动作，或在鸟类"享受"后，准备飞离时将其绊住（11.4.4.1）。或者，在从巢区到觅食地的往返必经之路上，提前在明显位置发出飞行警告性驱鸟信号，请鸟绕过飞行机场飞翔，驱使鸟类避开飞行危险飞翔。

这些带有不同危险信号而能使鸟类产生逃避反应的驱鸟设备会使鸟类不敢再来，从而使设备达到并保持长久的驱鸟效果；驱鸟信号与"危险信号"、飞机的飞行及轰鸣声结合使用，将使熟悉机场环境的鸟类产生飞行阶段"危险"的条件反射，从而提前产生逃避反应。某机场对鹭类的驱鸟实践证明，它们对危险警告信号能"记忆犹新"，见到信号或驱鸟人员执勤时，大部分个体就会沿跑道平行飞翔到场区外一定距离，然后绕弯飞越机场归巢或到觅食地去活动，甚至飞机不飞行时也习惯性地绕弯飞翔，而不会直线穿越机场飞翔。鸟类的主动飞翔避让是避免鸟撞事故发生的重要因素。

11.5.3.4　环志放飞

将侵入机场的鸟用网捕捉，给予饥饿、恐吓并进行环志，然后，到离机场较远而该鸟种食物丰富地方放飞，重获自由而急需满足的采食行为使鸟类对新生境产生明显好感，操作性条件反射原理会使这些鸟减少返回机场的机会。实验证明，将捕捉到的鸟做标记放飞后，吃了一次大亏、感到有致命威胁鸟，就很难再捉到它了。环志放飞的这些鸟长时间不会再来机场对飞行安全构成威胁。

环志放飞的驱鸟方法也可研究鸟的迁徙路线和速度，结合机场鸟情监测，可以确定各种鸟到达各机场的具体时间和鸟情变化，将为鸟情物候日历的编制（9.5节），为全国机场鸟情数据库和鸟情测报数学模型的建立提供基础而科学的数据（8.2节），有助于进行不同机场的鸟情测报，为机场鸟撞防范提供科学依据。

11.5.4　化学驱鸟法

物理驱鸟是利用声、视和触觉信号使鸟类产生恐怖感而逃离机场的驱鸟方法；而多种化学驱鸟方法是通过药物实现驱鸟目的的方法。但在阴雨天，使用药物，因雨水的冲刷作用容易丧失药效，要选择晴朗天气用药；另外，药物的使用会对机场环境造成一定的污染，甚至对人员产生不良影响，需慎用。

11.5.4.1　黏鸟剂

在鸟经常停歇栖息的地点喷洒黏鸟剂，被粘住且经过剧烈挣扎而逃脱的鸟，因感觉到潜在危险，或感到不适而飞离机场，而不再来此处栖息。

11.5.4.2　驱鸟剂

驱鸟剂是一种颗粒型能散发出令鸟类恶心、厌恶气味的香精制剂，是一种影响禽鸟中枢神经系统的气味。使用时，用水稀释喷雾并黏附于物体表面，或挂瓶使用可缓慢持久地释放，鸟闻到这些令人厌恶的气味后即会飞走，在长时间内不会再来。

11.5.4.3　氨水

在机场鸟类活动集中区域喷洒氨水，因刺激作用驱使鸟类离开机场。但氨水对人也有强烈的刺激作用，使用时，应避免对相关人员造成不利影响。

11.5.4.4　除草剂

通过防除杂草降低鸟类的环境适合度，即减少鸟类的隐蔽、活动和觅食、营巢场所，达到减少鸟类的目的。

常用的除草剂有：防除莎草类的草甘鳞（glyphosate），防除狗尾草、莎草类的盖草能（halapon），防除禾本科及阔叶杂草的敌稗（propanil），防除阔叶杂草的百草敌（dicamba）和 2,4-滴丁酯（2,4-D）。使用方法详见药物使用说明书。

11.5.4.5　灭虫剂

在草坪植物上施用高效低毒灭虫药剂，通过灭虫，消灭机场鸟类的食物资源，减少机场对鸟类的吸引因素，阻止鸟类来机场的觅食活动。

11.5.4.6　药饵法

在鸟类喜欢取食的饵料中拌上对消化道有强烈刺激作用的药物，然后将混合饵料撒播到机场草坪上。鸟类食后，药物使鸟食后难受并发出悲鸣声，将其他鸟吓走，接受取食教训而飞逃的鸟将不再返回场区活动觅食。需要注意的是药饵不是毒饵，毒饵能将鸟毒死并对机场造成环境污染。

11.5.4.7　激素法

在鸟类的繁殖季节投放含有甾醇类药物的诱饵，鸟类取食后能防止成功求偶繁殖，通过降低鸟的繁殖力来减少鸟的数量。

此法与使用农药一样，将会对环境造成严重污染，不提倡使用。

11.5.5　致死性伤害驱鸟法

致死性伤害驱鸟是指用不同方法将侵入机场并构成严重鸟撞威胁的鸟清除，这是为确保飞行安全而采取的不得已措施。

如果将此法用于机场所有鸟类是不科学的，也是不可取的，特别是对国家级保护动物一般不应采取这种极端措施。因为这种方法不仅有违国家野生动物保护法，也有违环境伦理学和机场驱鸟的目的要求，并可能造成一定的环境污染。必须防止机场是能"随意打鸟"错误观念的漫延和把机场当做特殊的乱捕乱猎场的做法。

11.5.5.1　黏网法

"黏网"可以将误撞鸟网的鸟缠绕，而使鸟无法挣脱飞逃（11.6.4第2节）。网住之鸟应该及时取下制作成标本，或进行环志、研究鸟类的迁徙路线，或重返机场的频率，为不同机场的鸟情预报提供第一手资料。网住之鸟如不及时取下，将被致死风干于网上。

11.5.5.2　霰弹枪击法

对经常造成险情而屡驱不离的鸟种或造成严重鸟撞危害的鸟，可用霰弹枪射击之，以达到"杀一儆百"的目的。实践证明，这是公认的最实际、最易收效的措施，是被各国所普遍采用、具有代表性的一种驱鸟方法。

但是，有的机场一味追求枪击法，甚至雇用专门枪手高精准度地射杀鸟类，这种任意猎杀有违机场驱鸟的宗旨，对国家级保护动物也会造成严重危害，重要的是，这种作法为陌生鸟类腾出、提供了机场空间，陌生鸟无规律的随机侵入机场势必增加鸟撞的机会。

枪击法这种最严厉的方法并不是最有效的驱鸟方法，更不是最好的方法。在偌大的机场妄想靠几支枪解决鸟撞防范问题是不现实的，需要结合其他方法，如利用遥控假人举枪瞄准入侵鸟结合用煤气炮射击驱鸟，驱鸟人员用装备鞭炮的木枪朝鸟射击，真、假结合实现长期有效驱鸟的目标。总之，应该提倡驱鸟式枪击法，禁止枪手式猎杀法，尽量避免使用射杀法。

11.5.5.3　毒饵法

喷洒农药灭虫，或将有毒药物拌混在鸟类喜欢取食的饵料里，即成为毒饵。毒饵不仅能将取食的鸟和捕食鸟的动物毒死，而且可能对机场造成严重环境污染。此法应该慎用。

11.5.6　高科技驱鸟法

信息网络是机场的"中枢神经系统"，信息技术管理对保障航空安全至关重要，对鸟撞防范有重要的影响。机场应强调信息技术管理的有关规定，必须受到每位工作人员的高度重视，各单位要进一步细化信息管理措施，各级领导应加强监督检查，以便确保计算机系统的正常、安全运行，能及时对机场鸟情进行准确的分析、判断。

11.5.6.1　机载鸟情测控驱鸟系统

如同在飞机上安装"黑匣子"记录飞行参数一样，研究、加载特殊的鸟情测控和驱鸟设备，使飞机在飞行过程中能及时监测到危险鸟情，并能自动报警、有效地驱散飞行前方的鸟类，是鸟撞防范的一个重要方向。

在已有的尝试性研究中，科研人员发现机载灯光、激光和微波等设备在实际运用中的效果是有限的，如何利用高科技手段实现驱鸟自动化，利用远距离热红外器等，及时发现危险飞鸟并自动快速生成驱鸟效应和飞行反应，这将成为解决中、高空驱鸟的一项重要工作。

11.5.6.2　雷达、监视器与智能化预警防范技术

研制、安装高清监视驱鸟装置，能有效把握飞机起降，甚至是巡航空间鸟类的存在和运动情况，增强实时防范鸟撞之规避措施的效果；监测鸟类活动是积累鸟情信息、研究防范措施减少鸟撞的关键措施。

利用先进的科学技术进行鸟类活动的探测，如利用雷达配合机场按不同飞行阶段安装的遥控监视器，加强飞行时段、空域和机场区域的鸟情监测。监测能及时发现机场附近的鸟类，进行即时鸟情预报，向机场营运人、空管人员和飞行机组提供鸟情预警信息，便于针对具体鸟情采取有效驱鸟措施，或者调整飞行剖面避让鸟类，从而降低鸟撞概率，保障航空安全。

与鸟情观察员目视监测相比，雷达探测鸟情时，需要观测人员能在更广大的空域里识别鸟类，能快速计算出鸟类特别是鸟群的飞行方向和速度，及早发现飞行危险鸟情，有助于采取措施避免鸟撞事件的发生，同时，可收集与飞行相关的大量有效数据，进行鸟撞防范研究。

在我国，由北京航空航天大学与民航总局航空安全技术中心合作研制的"鸟击雷达探测系统"，主要针对机场附近的鸟情探测。例如，将机场遥控监视器和鸟情雷达探测系统结合起来，高精度的鸟情探测与宏观鸟情探测预报相结合，有助于利用信息网络技术构建一个强大的全国性鸟情监控数据库，实时共享鸟情信息，及时将鸟情信息迅速传递给飞行员，提醒采取规避措施降低鸟击风险，同时把鸟情信息传递给驱鸟人员或通过网络直接与各种驱鸟设备相连，采用智能化自动预警防范技术，适时驱鸟将有效防范鸟撞。

扫描精度越高的雷达越能发现更多的鸟情信息。但雷达精度越高，其购置成本越高，仅有少数机场部署了雷达探测设备，就目前国情看，在所有机场部署雷达探测鸟类的时机并不成熟。目前，如何普及对雷达探测到的鸟情进行综合利用，仍是某些团队的主攻研究方向。

11.6　驱鸟方法的实施

如何实施驱鸟技术方法将直接决定其驱鸟的效果。同是一张鸟网，如果按黏网方式支起，是为了捕鸟，环志鸟类时常采用这种支网方式。机场架网的目的是为了防范鸟撞，需要扩大鸟网的防范面积；各种驱鸟器合理布局、综合使用将解决单独使用驱鸟的某些局限性，增加航线的宽度和安全距离。可见，驱鸟方法怎样实施不仅影响其驱鸟效果，而且关系到其目的是否得以实现，驱鸟技术路线与方法的深入研究必将大大提高设备的驱鸟效果。

考虑机、鸟运动的时空关系，利用自动遥控程序和合理安放的驱鸟设备，首先先于飞行阶段，实施全场或局部的同时驱鸟，将藏匿的鸟惊起后，接着，以航线为中轴由内向外驱赶，有助于将惊飞之鸟驱离机场，扩展安全飞行空间，然后，主要是内侧驱鸟防止离开之鸟重新返回航线附近，保持航线在飞行期间始终处于净空状态。驱鸟执勤的重要任务是组合各种驱鸟技术方法，结合飞行状态、准确掌握时间差提前施行驱鸟，以达到最佳效果，做好科学的鸟撞防范工作。

因此，优秀的鸟情驱鸟员要做好真正的驱鸟工作，必须能进行鸟撞、鸟情相关性分析，能掌握鸟情规律及其与飞行间的关系，也能根据鸟情变化及其与鸟撞相关性，制定出有针对性的驱鸟措施和高效的技术路线，能结合机场驱鸟实际研究有效而实用的驱鸟技术方法，并创造性地用好新的高科技鸟撞防范技术。这样，驱鸟人员就像一个好猎手一样，知道什么时间、怎样到哪里去如何进行驱鸟，更知道在驱鸟过程中，保证驱鸟仪器设备好用，把驱鸟的技术、方法用得恰到好处，掌握好驱鸟时机，保证驱鸟的有效性。同时，能及时告诫相关人员鸟类危害信息，如发现大雁等严重威胁安全鸟类的飞行轨迹是靠近航线的，请求暂停起飞调度，或者要求飞行员高度注意观察躲让，通过驱、避鸟类，防范鸟撞的发生。

11.6.1　根据鸟情与鸟撞规律实施驱鸟

根据机场鸟情变化的实时观察，如鸟是单独活动还是集群活动？何时成百集群栖息活动并向草坪集中？何时盘旋于机场上空？何时从湿地集群飞越机场等，根据鸟情变化及时采取不同的有效驱鸟措施。

在迁徙季节雨天后，鸻鹬类鸟喜欢藏匿在积水洼地和草坪中，巡逻驱鸟容易惊动藏匿草坪中的鸻鹬鸟类，突然惊飞栖息的鸟群，将致使鸟与飞行邻近的飞机相撞的机会增加，应禁止不顾鸟情和飞行状态而采取的盲目驱鸟行为。要特别关注天气条件、积水区域的变化引起的鸟情变化，及时清除积水，防止各种水鸟向机场集中。

11.6.2　根据飞行状态实施动态驱鸟

不论是驱鸟车、遥控驱鸟炮，还是人工巡逻驱鸟，都要考虑并根据飞行阶段进行驱鸟，加强起飞和降落前的动态驱鸟。时间提前的最基本要求是，必须保证惊吓的栖息鸟飞逃、离开飞行航线后飞机才抵达驱鸟处；切忌将鸟惊起的同时飞机也到达的任何驱鸟行为，或者将机场藏匿鸟驱向飞行航线而不是驱离航线的行为。

11.6.3　调整驱鸟时间和程序

根据飞行状态调整驱鸟时间、不断重组设备提高驱鸟效果是十分必要的。飞机轰鸣声，机场周围隆隆的开山炮声，不仅声音大，而且持续时间长，其强度也远远超过任何"炮声"，有抵消各种声响驱鸟设备的作用。只有在与飞机的轰鸣声、开山炮声不重叠时，驱鸟炮声、特殊音效和驱鸟车、航模、飞机和人员等动态物体配合的情况下，才对鸟类持续产生明显的驱鸟作用，要根据操作性条件反射原理，按飞行状态让视听设备保持航线驱鸟状态，保证因饥饿驱使和食物吸引的许多鸟在飞行前没有任何"偷偷"重返机场、航线的机会。这是实现鸟撞防范的目的、保证航线持续净空效应的科学方法。

11.7　制度性驱鸟

鸟撞防范是因机场鸟情、因飞机类型及飞行状态而异的一项综合性日常安全保障工作，没有统一的、切实可行的固定方法。由于驱鸟工作的重点是防范鸟撞，防范不像事故处理那样"效果明显、显而易见"，容易被人们忽视，但只有安全保障工作做细做好才能防范鸟撞事故的发生。

忘记鸟情威胁就容易出现空难事故，需要用科学的方法常备不懈地真抓实干，需要与气象预报和机械检修等部门密切配合保障飞行长久安全。任何时候都应高度重视鸟撞防范，逐步使驱鸟安全防范工作系统化、制度化。驱鸟工作制度的建立，不仅有助于鸟情驱鸟员总结经验方法，发挥创新精神，创造性构建适合本机场的一套成功驱鸟方法，而且能实行有依据的监督、奖励，激励创新性鸟撞防范工作的深入开展，保证日常防范工作的开展，不断提高驱鸟效率和科学水平，适应机场飞行情况的不断变化，保障飞行安全。

11.7.1　人力资源的配置管理制度

受种种原因的影响，我国的鸟撞防范职业的专业人员严重缺乏，且人才比例严重失衡，人才布局不合理，存在严重的人数与工作失调现象，人员工作范围和技术、技能单一，没有实行现代化的管理与调配，导致效率低下，结果是"忙的忙死，闲的闲死"现象普遍存在；由于激励机制问题，管理人才与技术人才急缺而且岗位职责不明，导致不少人认为鸟撞防范工作只有苦劳，没有功劳，看不到前途而不求上进，"做一天和尚，撞一天钟"。

制定、创新人才资源管理与工作制度有助于激发人才创造活力，有助于对各部门进行职能分析、评估；有助于对工作岗位进行分析；有助于根据各部门的职能、任务指标、岗位标准进行定期和不定期的动态监督和评估，提高工作质量、改善工作作风，落实目标管理责任制；有助于发现存在的问题，及时调整宏观策略；有助于发挥管理对各类鸟撞防范人才的考核和制约、激励作用。

11.7.2　检查评比与奖励制度

建立操作性强而完善的鸟撞防范工作奖惩制度，制定详细的奖惩办法和标准——能鼓励相关人员特别是鸟情驱鸟员对鸟情和驱鸟、鸟撞研究的工作热情，摒弃被动工作型的驱鸟做法，将主管支配的被动"要我干"的思想和工作方式转变成制度激励"我要干"的自觉态度和工作方式，保证绝大部分成员能主动地开展科学研究型驱鸟的工作局面，有能力结合飞行实际情况设计、改进驱鸟措施方法，保护、提高设备的使用效率。

奖惩制度是建立在检查评比的基础上的。通过鸟撞防范工作制度落实情况的检查、评比，考核鸟情记录、统计分析、预测预报、驱鸟研究等工作是否完成、质量高低、成效如何。通过检查评比，推动各项制度的完善和顺利实施，避免规章制度不健全、不够合理、落实不到位等现象的产生。

当然，落实奖惩制度无法杜绝鸟撞事件的发生，只能遏制一些非科学的驱鸟行为。但检查评比与奖惩有助于激励相关人员的积极性，促进机场鸟撞防范的深入开展，以及鸟撞防范工作的"自动报告"、"主动报告"和鸟撞防范研究及其概念的发展。

11.7.3 设备的配置和使用养护制度

建立科学而完善的设备配置和养护使用制度，根据机场鸟撞鸟情实际情况的需要配备驱鸟设备，激励机场创造适应自己特点的设备、方法，将促进鸟情驱鸟员经常自觉检查、评估自己使用的仪器设备，进行使用情况和驱鸟效率的评价，不断改进驱鸟工具及其使用方法，使设备保持最佳驱鸟状态。

11.7.4 沟通学习制度

鸟撞、鸟情规律的研究和设备的设计制造、使用是鸟撞防范工作取得成效的重要而相互关联的环节，需要实现纵向、横向的沟通，即使是一线驱鸟人员也应学习、掌握鸟撞防范的相关知识和技能，将计算机技术与鸟类学知识相结合，熟悉机场鸟情信息系统及其可视化工具和软件的开发，"土洋结合"用高科技指导，相互促进，使机场鸟类的控制和鸟撞防范更具有科学性和可预防性，提高机场鸟撞防范和安全保障的科学水平。

学习制度通过教育培训（进行定期的教育培训，或在鸟情危险期前后，或在鸟撞后进行教育培训，定期与不定期教育培训相结合）、知识和技能比赛，使工作更具有针对性，激励大家通过互相帮助、学习，共同提升鸟撞防范科学水平，有助于展示相关人员的才华，激励每个驱鸟员经过努力成为更高级的鸟撞防范技术人才，保持机场发展的后劲，避免一些"翅膀长硬了"的人产生"离不开他"的思想，防止此类思想的漫延，而影响和制约机场鸟撞防范工作发展的后劲。

11.7.5 研究制度

驱鸟不仅需要研究好用的实效性强的仪器设备和各种驱鸟技术，而且需要根据鸟情与鸟撞规律研究科学的驱鸟方法，特别是驱鸟与飞行鸟撞发生的相关性，掌握好驱鸟时机，用好已有设备并充分发挥设备的功能完成驱鸟任务。

几十年来，国内外曾试用过多种驱鸟方法，其效果各有长短。某项技术使用后，或技术改造、方法改变后，是否造成鸟情发生变化是通过驱鸟效果反映出来的，如果鸟类比驱鸟前减少、避免了鸟撞，表明驱鸟方法科学有效；否则，需要改变驱鸟方法、改进驱鸟技术。怎样证实驱鸟技术方法是否有效？需要有鸟情和驱鸟使用方法的记录，并进行数据的分析比较，这是评价设备是否好用、驱鸟员是否会用并用好设备的基本方法，驱鸟效果分析比较的结果可以反映驱鸟技术的科技含量，也可为研究改进驱鸟技术方法提出新的课题。

因此，驱鸟设备生产厂家与机场合作，评价设备技术的驱鸟效果是加强驱鸟技术研究、提升技术方法有效性的重要措施，有助于机场根据鸟情综合采用不同的设备和技术方法取得更佳的驱鸟效果。厂家、空勤、地勤和驱鸟工作相结合，共同实现科学的鸟撞防范。

复习思考题

1. 科学驱鸟的基本原理是什么？怎样科学驱鸟？
2. 各种驱鸟技术设备有什么特点？如何评价其功能？
3. 怎样选择最佳的驱鸟方法与技术？需要注意哪些问题？
4. 何为最佳驱鸟时机？
5. 怎样实施科学驱鸟？

参 考 文 献

安全文化网. 2009. 10. 13 事故归因理论——人物合一归因理论［2009-10-13］.

鲍连艳. 2005. 空军某机场及其周围鸟类群落生态与鸟撞相关性研究［D］. 山东师范大学硕士学位论文.

陈玉安，武卫. 2004. 机场鸟撞防治［M］. 徐州：蓝天出版社.

龚伦. 2007. 飞机结构的抗鸟撞设计与分析［D］. 西北工业大学硕士学位论文.

龚尧南，许素强. 1991. 飞机风挡透明件的鸟撞分析［J］. 航空学报年，12（2）：73-78.

黄建华，李汉华. 2001. 两江机场冬季鸟类群落生态研究［J］. 广西师范大学学报（自然科学版），19（4）：84-87.

黎红辉，沈猷慧，马再玉. 2005. 鸟类飞羽羽小枝的显微结构比较［J］. 动物分类学报（4）：666-675.

李俊红，何文珊，陆健健. 2001. 浦东国际机场鸟情信息系统的设计和建立［J］. 华东师范大学学报（自然科学版），（3）：61-67.

李其颖. 1988. 鸟撞飞机的一般规律和防撞措施［J］. 航空学报，9（8）：383-386.

李晓娟，周材权，胡锦矗，等. 2009. 南充高坪机场土壤及草丛动物群落特征和鸟类的关系［J］. 生态学报，29（2）：706-713.

李晓娟，周材权，金立广. 2007. 四川南充高坪机场秋冬季节鸟类多样性与鸟撞预防［J］. 动物学研究，28（6）：615-625.

李新，杨贵生，姜春扬，等. 2007. 呼和浩特白塔机场春季鸟类的鸟击危险等级评估（英）［J］. 动物学研究，28（2）：161-166.

李益得，杨道德，张志强，等. 2010. 湖南常德桃花源机场鸟类的时空分布与鸟击防范［J］. 四川动物，29（3）：446-451.

李英南. 2001. 昆明（巫家坝）国际机场生态环境调查及鸟害防治研究［D］. 昆明理工大学硕士学位论文.

卢盛忠. 2008. 管理心理学［M］. 杭州：浙江教育出版社.

陆健健，何文珊，童春富. 2005. 浦东国际机场生态建设与民航飞行安全［J］. 上海建设科技，（1）：33-35.

吕涛，赛道建，孙涛，等. 2012. 机场鸟情物候日历的编制与应用［J］. 山东师大学报，27（2）：192-195.

吕艳，孙涛，赛道建，等. 2008. 潍坊机场鸟类群落与鸟撞相关性研究［J］. 山东师大学报，23（4）：119-121.

宁焕生，刘文明，李敬. 2006. 航空鸟撞雷达鸟情探测研究［J］. 电子学报，34（12）：2232-2236.

邱春荣. 2003. 厦门高崎国际机场鸟类调查及鸟撞防治的对策［J］. 中国森林病虫，（22）：26-30.

赛道建. 2005. 动物学野外实习教程［M］. 北京：科学出版社.

赛道建. 2008. 普通动物学［M］. 北京：科学出版社.

随鹏程, 陈宝智. 1988. 安全原理与事故预测 [M]. 北京: 冶金出版社.

孙瑞山, 刘汉辉. 1999. 航空公司安全评估理论及实践 [J]. 中国安全科学学报, 9 (3):
　　69-73.

孙涛, 赛道建, 卫伟. 2011. 华东机场鸟撞鸟情规律及其相关性研究 [J]. 山东师大学报 (自然
　　科学版), 26 (2): 112-114.

孙涛, 卫伟, 赛道建. 2011. 机场鸟情研究方法探析研究 [J]. 山东师大学报 (自然科学版),
　　26 (4): 113-114.

谭建峰, 陈磊, 朱成方. 2007. 机场鸟害防治的重要性及方法 [J]. 中国媒介生物学及控制杂
　　志, 18 (4): 330-331.

田光. 安全心理学在安全管理工作中的应用. http://www.anquan.com.cn/[2012-03-15].

万斌. 2002. 鸟撞试验数据分析软件的设计与实践 [D]. 西北工业大学硕士学位论文.

王尚文. 1986. 飞行器结构动力学 [M]. 西安: 西北工业大学出版社.

王小立, 杨其仁, 戴宗兴. 1999. 天河机场夏季鸟类生态研究 [J]. 华中师范大学学报 (自然科
　　学版), 33 (4): 579-583.

王志高, 周放, 李相林, 等. 2007. 机场鸟撞防制中的鸟类风险评价 [J]. 生态科学, 26 (1):
　　69-74.

王志高, 周放, 张勇, 等. 2008. 南宁吴圩国际机场春季鸟类鸟撞风险分析 [J], 四川动物,
　　(4): 585-589.

魏天昊, 高育仁. 1992. 航空鸟类学 [J]. 生命科学, 4 (2): 27.

文颖娟. 2006. 叶片鸟撞击响应分析模化技术与验证研究 [D]. 南京航空航天大学硕士学位论文.

吴少斌, 吴法清, 刘家武, 等. 2004. 湖北老河口机场鸟类区系的初步研究 [J]. 华中师范大学
　　学报 (自然科学版), 38 (3): 362-366.

武存浩, 杨嘉陵, 臧曙光, 等. 2001. 鸟撞高速摄影试验与过程研究 [J]. 北京航空航天大学学
　　报, 27 (3): 332-335.

熊杰. 2003. 飞行中防止鸟撞的方法 [J]. 中国民用航空, 30 (6): 52-54.

徐伯龄. 1999. 前车之鉴——新中国民航飞行安全的回顾与思考 [M]. 北京: 中国民航出版社.

许青, 李炳辉, 林睿. 2003. 哈尔滨太平国际机场冬季鸟类组成及鸟撞预防措施效果的分析
　　[J]. 东北林业大学学报, 31 (3): 41-43.

杨步进. 2003. 鸟机空中相撞问题的研究 [J]. 飞行试验, 19 (4): 32-43.

杨贵生, 张世峰, 乌海林, 等. 2007. 呼和浩特白塔机场秋季鸟类及鸟击防范对策 [J]. 内蒙古
　　大学学报 (自然科学版), 38 (4): 428-433.

杨效东, 魏天昊. 1998. 重庆机场草地土壤动物群落特征及其与鸟类关系的初步研究 [J]. 动物
　　学研究, 19 (3): 209-217.

姚小虎. 2001. 鸟撞飞机圆弧风挡的实验研究及数值模拟 [D]. 太原理工大学硕士学位论文.

庾太林, 李汉华. 2002. 桂林两江国际机场夏季鸟类生态研究 [J]. 广西师范大学学报 (自然科
　　学版), 20 (2): 93-98.

臧曙光, 武存浩, 汪如洋, 等. 2000. 飞机前风挡鸟撞动力响应分析 [J]. 航空材料学报,
　　20 (4): 41-45.

张恩惠, 王知行, 钟诗胜. 2002. 一种新型的机场空中驱鸟方法的研究 [J]. 四川环境,

21 (1)：238-242.

张世峰，杨贵生，李并报. 2008. 呼和浩特白塔机场鸟类生态学研究 J. 内蒙古大学学报（自然科学版）39（1）：85-91.

张世峰. 2007. 呼和浩特白塔机场鸟类生态学调查及鸟击防范对策的初步研究 ［D］. 内蒙古大学硕士学位论文.

张志强，杨道德，胡毛旺. 2007. 长沙黄花国际机场鸟类群落物种多样性分析 ［J］. 动物学杂志，42（1）：112-120.

郑光美. 1995. 鸟类学 ［M］. 北京：北京师范大学出版社.

周加良. 1991. 我国鸟撞事故统计 ［J］. 国际航空，(9)：56-57.

周加良. 1994. 飞机鸟撞事故分析、预防及建议 ［J］. 宁波大学学报（理工），7（1）：16-23.

朱俊. 2002. 飞机鸟撞试验瞬时速度的连续测试方法研究 ［D］. 西北工业大学硕士学位论文.

朱世杰，常弘. 2005. 广东佛山机场鸟类群落生态及鸟撞预防的研究 ［J］. 应用与环境生物学报，11（5）：580-583.

Cecilia S, Vyron G, Patrizia T, et al. 2010. Albores-Barajas. An ecological approach to bird-strike risk analysis ［J］. European Journal of Wildlife Research，56（4）：623-632.

Cook A, Rushton S, Allan J, et al. 2008. An evaluation of techniques to control problem bird species on landfill sites ［J］. Environmental Man-Agement，41：834-843.

Darryl L Y, Richard M E, John L G, et al. 2001. A review of the hazards and mitigation for air-strikes from Canada geese in the Anchorange, Alaska Bowl. Integrated Pest Management Reviews，6：47-57.

David H V. 1995. Human Factors in Air Traffic Control ［M］. London：Tay & Francis.

Helmreich R L. 2002. Threat and error management——the Latest in CRM research and new outlooks for JAS CRM. Safety Bird，5. ICAO.

John R W, Tim W. 2000. Serius birdstrike accidents to military airport：updated list and summary ［J］. Amsterdam：International Bird Strike Committee（IBSC25/WP-SA1，17-21），(April)：67-81.

Snježana K, Jasmina M. 1998. Birds and air traffic safety on Zagreb airport (Croatia). The Environment，18：231-237.